航天科技图书出版基金资助出版

民用 P 波段 SAR 卫星原理及应用

陈筠力 陈 杰 汪长城 等 著

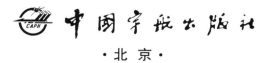

中国宇航出版社

·北京·

图书在版编目（CIP）数据

民用 P 波段 SAR 卫星原理及应用 / 陈筠力等著. -- 北京：中国宇航出版社，2023.7

ISBN 978 - 7 - 5159 - 2108 - 2

Ⅰ.①民… Ⅱ.①陈… Ⅲ.①P 波段－卫星遥感－研究 Ⅳ.①TP72

中国版本图书馆 CIP 数据核字（2022）第 155540 号

责任编辑　张丹丹　　　　**封面设计**　王晓武

出 版
发 行　　**中国宇航出版社**

社　址　北京市阜成路 8 号　**邮　编**　100830
　　　　（010）60286808　　（010）68768548
网　址　www.caphbook.com
经　销　新华书店
发行部　（010）60286888　　（010）68371900
　　　　（010）60286887　　（010）60286804（传真）
零售店　读者服务部　　　　（010）68371105
承　印　天津画中画印刷有限公司

版　次　2023 年 7 月第 1 版
　　　　2023 年 7 月第 1 次印刷
规　格　787×1092
开　本　1/16
印　张　16.25　　**彩　插**　18 面
字　数　423 千字
书　号　ISBN 978 - 7 - 5159 - 2108 - 2
定　价　128.00 元

航天科技图书出版基金简介

航天科技图书出版基金是由中国航天科技集团公司于 2007 年设立的，旨在鼓励航天科技人员著书立说，不断积累和传承航天科技知识，为航天事业提供知识储备和技术支持，繁荣航天科技图书出版工作，促进航天事业又好又快地发展。基金资助项目由航天科技图书出版基金评审委员会审定，由中国宇航出版社出版。

申请出版基金资助的项目包括航天基础理论著作，航天工程技术著作，航天科技工具书，航天型号管理经验与管理思想集萃，世界航天各学科前沿技术发展译著以及有代表性的科研生产、经营管理译著，向社会公众普及航天知识、宣传航天文化的优秀读物等。出版基金每年评审 1～2 次，资助 20～30 项。

欢迎广大作者积极申请航天科技图书出版基金。可以登录中国航天科技国际交流中心网站，点击"通知公告"专栏查询详情并下载基金申请表；也可以通过电话、信函索取申报指南和基金申请表。

网址：http://www.ccastic.spacechina.com

电话：(010) 68767205，68767805

前　言

在空间遥感技术中，光学与红外遥感技术具有较佳的分辨率和感官可视性，但易被云雨遮盖，而微波遥感具有全天时、全天候的特点，特别是 SAR 不仅具有全天时、全天候的特点，而且具有成像的能力，是继可见光和红外遥感之后又一个有效的对地观测成像手段。SAR 在遥感技术领域占有越来越重要的地位，已广泛应用于全球变化检测、空间定位、资源开发、环境保护以及其他民用和军事领域。1978 年 6 月 28 日，首颗 SAR 卫星——"SeaSAT‐1"卫星发射升空，随着 SAR 卫星及其成像技术的研究引起全世界的广泛关注，美国、俄罗斯、德国、意大利、英国、西班牙、芬兰、加拿大、阿根廷、日本、以色列、印度、韩国、中国、欧洲空间局等国家和组织都相继研制、发射了 SAR 卫星，并成功地投入应用。

随着科学技术的不断发展和人类认知水平的不断提高，人们逐渐认识到生存环境对生产、生活的重要制约作用，森林、土壤、冰川等自然资源的变化对人类的生存发展影响至关重要。有效获取森林蓄积量、植被覆盖下的地形、土壤湿度和西部地区冻土、全球电离层 TEC 等方面的数据，可以极大丰富完善人类对周围生存环境的感知，为国民经济建设提供信息支撑和决策支援。针对森林资源监测、次地表探测等，需要强穿透性，与其他遥感手段和常规 X、L、C 波段相比，P 波段 SAR 微波遥感除了具有穿透云层和雨区的能力之外，还能穿透一定深度的地表和植被，从而可以获取植被覆盖的地面信息以及地表下一定深度的信息。此外，P 波段 SAR 天基遥感还可以多极化、多模式获取多维度的观测信息，使得长波长 P 波段 SAR 天基微波遥感在遥感领域占有特别重要的地位。

本书是作者在 P 波段 SAR 卫星系统技术研究方面开展系列研究工作和成果的总结，全书共 8 章。第 1 章介绍了 P 波段 SAR 卫星的应用需求和发展现状及趋势；第 2 章从微波理论的角度分析了 P 波段空间传播和与地表多层作用的机理，并建立了雷达方程和分析了穿透性特征；第 3 章从 P 波段 SAR 卫星遥感探测的任务分析出发，对 P 波段 SAR 卫星工作原理进行了研究；第 4 章针对层析模式，主要介绍了层析模式的工作原理和轨道设计；第 5 章针对 P 波段星载 SAR 对电离层敏感的特征，介绍了电离层探测与补偿技术；第 6 章针对 P 波段 SAR 卫星易受干扰的特征，给出了抗干扰抑制的方法和试验验证结果；第 7 章针对高品质 P 波段 SAR 卫星成像数据的获取，给出了辐射定标、极化定标、波束指向在轨定标与修正、斜距定标与修正技术和方法；第 8 章给出了森林地上生物量反演、林高测量反演和林下地形测绘处理的方法。

本书第 1 章由陈筠力、陈尔学、葛家龙撰写，第 2 章由胡广清、艾韶杰撰写，第 3 章由陈筠力、姚佰栋撰写，第 4 章由张德新、汪长城撰写，第 5 章由陈杰、姚佰栋、陈筠力撰写，第 6 章由姚佰栋、陈筠力撰写，第 7 章由胡广清、陶满意撰写，第 8 章由汪长城、陈筠力撰写。全书由陈筠力统合定稿。

本书从星地一体化的角度把长波长 P 波段 SAR 天基遥感在对地观测方面的应用需求、国内外研究现状、散射理论、任务分析、轨道设计、电离层影响机理及探测补偿、数据处理及应用融合起来。在研究工作中，作者得到了龚健雅院士、李增元研究员的支持和帮助。

由于作者的水平有限，加上 P 波段 SAR 卫星系统技术属于国内外新领域，新技术、新应用、新方法在不断发展，书中难免存在疏漏和不足，敬请读者不吝指教。

目　录

第1章　P波段SAR天基遥感应用及发展现状 ···································· 1

1.1　概述 ··· 1

1.2　应用需求 ·· 1

1.2.1　森林资源监测管理和生态环境保护需求 ··························· 1

1.2.2　林下地形测绘需求 ··· 3

1.2.3　次地表探测需求 ··· 4

1.2.4　电离层TEC监测需求 ··· 6

1.2.5　其他需求 ··· 7

1.3　国内外发展现状及趋势 ·· 8

1.3.1　P波段SAR探测技术发展现状及趋势 ······························ 8

1.3.2　P波段SAR遥感数据应用处理技术发展现状及趋势 ················· 21

参考文献 ··· 27

第2章　微波理论 ·· 30

2.1　概述 ··· 30

2.2　微波基础理论 ·· 30

2.3　微波传输理论 ·· 33

2.3.1　与电离层相互作用 ··· 33

2.3.2　与地表多层相互作用 ··· 37

2.4　雷达方程 ·· 40

2.5　真实自然物体的微波特性 ·· 42

2.6　长波长电磁波信号穿透性特征分析 ·· 49

参考文献 ··· 51

第3章　P波段SAR天基遥感原理及系统设计 ···································· 53

3.1　星载P波段SAR行业应用产品需求分析 ···································· 53

3.1.1　行业应用需求分析 ··· 53

3.1.2　专题信息产品需求分析 ··· 54

3.1.3　卫星数据产品及参数配置需求分析 ······························· 54

3.1.4　应用指标需求分析 ··· 55

　　3.2　工作原理及系统设计 ································· 55
　　　　3.2.1　工作频率选择 ····························· 55
　　　　3.2.2　极化方式选择 ····························· 61
　　　　3.2.3　入射角范围选择 ··························· 66
　　　　3.2.4　系统灵敏度设计 ··························· 68
　　　　3.2.5　模糊度设计 ······························· 72
　　　　3.2.6　辐射分辨率 ······························· 74
　　　　3.2.7　几何分辨率 ······························· 74
　　　　3.2.8　成像带宽 ································· 75
　　　　3.2.9　极化性能指标 ····························· 76
　　　　3.2.10　工作模式设计 ··························· 77
　　　　3.2.11　轨道设计 ······························· 81
　　3.3　性能分析 ····································· 82
　　　　3.3.1　波位设计及成像性能分析 ··················· 82
　　　　3.3.2　辐射分辨率分析 ··························· 83
　　　　3.3.3　极化精度分析 ····························· 84
　　　　3.3.4　森林地上生物量探测精度分析 ··············· 85
　　参考文献 ··· 89

第 4 章　层析成像模式及轨道设计 ······················· 95
　　4.1　概述 ··· 95
　　4.2　层析成像模式原理 ····························· 95
　　4.3　轨道设计 ····································· 99
　　　　4.3.1　层析轨道的回归重访优化设计 ··············· 99
　　　　4.3.2　效能最优多任务规划 ····················· 105
　　　　4.3.3　层析轨道自主导航与控制 ··················· 107
　　参考文献 ··· 118

第 5 章　电离层影响机理及探测补偿 ····················· 119
　　5.1　概述 ··· 119
　　5.2　电离层建模及影响分析 ························· 119
　　　　5.2.1　电离层结构及信号传播 ··················· 119
　　　　5.2.2　色散效应误差建模及仿真分析 ··············· 125
　　　　5.2.3　闪烁效应误差建模及仿真分析 ··············· 131
　　　　5.2.4　法拉第旋转效应误差建模及仿真分析 ········· 149
　　5.3　P 波段 SAR 卫星电离层联合探测 ··············· 155
　　　　5.3.1　探测手段 ······························· 155
　　　　5.3.2　联合探测方法 ··························· 156

5.4　基于模型的电离层补偿技术 ·· 158

　　5.4.1　电离层色散效应误差补偿处理 ··· 158

　　5.4.2　电离层闪烁效应误差补偿处理 ··· 162

　　5.4.3　法拉第旋转效应误差补偿处理 ··· 165

　参考文献 ·· 173

第 6 章　射频干扰抑制技术 ·· 175

6.1　P 波段 SAR 干扰抑制需求分析 ··· 175

6.2　P 波段星载 SAR 潜在射频干扰建模与影响分析 ··································· 176

　　6.2.1　潜在干扰分析 ·· 176

　　6.2.2　干扰模型 ·· 176

　　6.2.3　影响分析 ·· 177

6.3　星载 SAR 系统抗干扰能力分析 ·· 180

6.4　干扰抑制算法 ·· 181

　　6.4.1　频域陷波法 ··· 181

　　6.4.2　最小均方算法 ·· 182

　　6.4.3　自适应线谱增强器算法 ··· 183

　　6.4.4　特征子空间分解法 ·· 183

　　6.4.5　时频域非相干滤波 ·· 184

　　6.4.6　时频域相干滤波 ·· 184

　　6.4.7　算法性能比较 ·· 185

6.5　干扰侦听与跳频规避方案 ·· 186

　参考文献 ·· 188

第 7 章　在轨定标 ··· 192

7.1　概述 ··· 192

7.2　辐射定标 ··· 192

　　7.2.1　图像产品的雷达方程 ·· 192

　　7.2.2　定标常数 ·· 193

　　7.2.3　辐射定标 ·· 195

7.3　极化定标 ··· 197

　　7.3.1　极化精度指标定义 ·· 198

　　7.3.2　极化定标的理论模型 ·· 199

　　7.3.3　极化定标的工作流程 ·· 201

　　7.3.4　极化外定标 ··· 202

　　7.3.5　极化内定标和极化校正 ··· 203

7.4　波束指向在轨定标与修正 ·· 204

　　7.4.1　概述 ··· 204

7.4.2 波束指向误差模型 ·································· 204

7.4.3 定标方案和流程 ···································· 206

7.4.4 数学推导 ·· 207

7.4.5 仿真试验 ·· 208

7.4.6 在轨试验 ·· 210

7.5 在轨联合斜距定标 ······································ 212

7.5.1 斜距测量误差建模 ·································· 212

7.5.2 在轨联合定标方法 ·································· 214

7.5.3 数学分析验证 ······································ 215

参考文献 ·· 219

第8章 P 波段数据应用处理 ·································· 221

8.1 概述 ·· 221

8.2 森林地上生物量反演 ···································· 221

8.2.1 基于 P 波段 SAR 生物量估算模型 ·················· 222

8.2.2 基于 P 波段 SAR 生物量估算实例 ·················· 223

8.3 森林高度及林下地形反演 ································ 225

8.3.1 PolInSAR 森林高度及林下地形反演基本原理 ········ 226

8.3.2 单基线 PolInSAR 森林高度与林下地形反演算法 ······ 227

8.3.3 多基线 PolInSAR 森林高度与林下地形反演算法 ······ 230

8.3.4 层析 SAR 森林高度与林下地形反演 ················ 231

8.3.5 P 波段 PolInSAR 森林高度及林下地形反演实例 ······ 236

8.3.6 P 波段层析 SAR 森林高度及林下地形反演实例 ······ 239

参考文献 ·· 246

第1章　P波段SAR天基遥感应用及发展现状

1.1　概述

随着科学技术的不断发展和人类认知水平的不断提高，人们逐渐认识到生存环境对生产生活的重要制约作用。森林、土壤、冰川等自然资源的变化对人类的生存发展影响至关重要。有效获取森林蓄积量、植被覆盖下的地形、土壤湿度和西部地区冻土、全球电离层TEC等方面的数据，可以极大丰富完善人类对周围生存环境的感知，为国民经济建设提供信息支撑和决策支援。

1.2　应用需求

1.2.1　森林资源监测管理和生态环境保护需求

森林动态是全球变化一个重要的因子。森林既是陆地生物圈的主体，在全球温室气体的排放和维护碳平衡中意义重大；又是陆地生态系统中最大的碳汇（约占全球植被碳库的86%以上），同时，也维持着巨大的土壤碳库（约占全球土壤碳库的73%）。与其他陆地生态系统相比，森林生态系统具有较高的生产力，每年固定的碳约占整个陆地生态系统的2/3，其碳蓄积量的任何增减，都可能影响大气中CO_2浓度的变化，因而在调节全球碳平衡、减缓大气中CO_2等温室气体浓度上升以及维持全球气候等方面，森林生态系统具有不可替代的作用。碳循环示意图如图1-1所示。

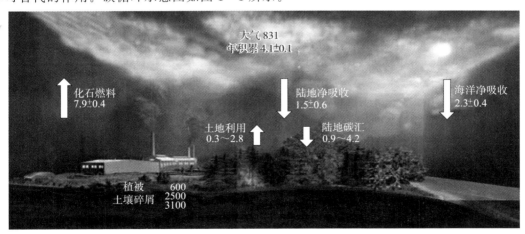

图1-1　碳循环示意图（数据单位：$PgCyr^{-1}$）

森林生物量直接且定量化地反映了森林碳储量的多寡，是衡量森林生态系统生产力、研究其碳循环过程最重要的指标和结构参数。森林生物量又是整个森林生态系统运行的能量和营养物质基础，是描述森林冠层表面物质和能量交换最直接的定量指标，因此成为很多气候模型和陆面模型的关键输入参数，也为森林生态系统的光合作用、水分平衡等研究提供了基础资料，同时，还影响着其他的陆表气候因子，如反照率、土地覆盖、光合有效辐射吸收系数、叶面积指数等。对森林生物量进行研究不仅可以丰富碳循环科学的研究理论与方法，而且更重要的是为全球气候变化研究提供科学依据。

准确估算森林生物量及其分布对区域乃至全球的碳循环及气候变化研究至关重要。森林生物量的精细观测也有助于更深入地研究我国在全球碳循环中的贡献和作用。我国是森林资源大国，森林面积居俄罗斯、巴西、加拿大、美国之后，列第 5 位，人工林面积位居世界首位。

森林是陆地生态系统中重要的组成部分。森林生物量既是表征森林固碳能力的重要指标，也是评估区域森林碳平衡的重要参数。《联合国气候变化框架公约》（UNFCCC）要求成员国定期报告其森林生物量及碳储量的变化，《京都议定书》允许通过保持及增加森林生态系统碳储量的方式协助签约国实现其减限排放承诺。

综上所述，急需对我国以及全球区域的森林资源现状进行动态监测，具体分析如下：

（1）我国森林资源的精细化、科学化经营管理迫切需要获取高精度的森林专题信息

依据国家林草局三定方案，林草局负责组织编制并监督执行全国森林采伐限额，管理重点国有林区的国有森林资源，这需要林草局能够实现对森林资源的精确高效监测。森林高度、蓄积量是反映森林资源保有量的重要指标，它们和森林生物量、森林碳储量有很好的相关性，监测森林高度、蓄积量的动态变化实际上就是对森林资源动态变化的监测。

（2）我国政府参与气候谈判和开展环境外交迫切需要科学监测数据支撑

中国是《联合国气候变化框架公约》和《京都议定书》的签约国。2020 年 9 月 22 日，习近平主席在第七十五届联合国大会上做出"中国承诺"，力争 2030 年前碳排放达到峰值，2060 年年前实现碳中和，彰显了大国担当。森林是陆地生态系统中最大的有机碳库，对全球森林蓄积量的监测等同于对全球碳储量分布格局的监测。目前，国家林草局正在积极开展林业碳汇计量与监测体系建设，针对全球气候变化提出林业的适应与减缓对策，积极参与国际气候涉林问题的谈判。掌握全球森林资源及碳储量的分布格局，有利于林草局制定更加科学的森林资源发展规划，参与国际社会制定碳贸易标准和技术体系，整合符合我国国家利益的碳贸易资源，在应对气候变化谈判与履行国际公约中更好地维护我国利益。

（3）我国生态保护及企业国外资源开发急需有效监测数据提供决策依据

近年来，在"一带一路"倡议和"企业走出去"发展战略的支撑下，我国林业经济快速发展。当前，我国是全球第二大木材消耗国和第一大木材进口国，年消耗量近 5 亿 m³，然而我国依然是一个缺林少绿、生态脆弱的国家，木材进口量超过全球贸易量的1/3，对

外依存度接近 50%。因此，在当前及未来较长的一段时期内，我国对国外木材仍然有较高的依赖度。获取国外森林高度、生物量、蓄积量以及碳储量的动态变化信息，对于我国随时掌握国外森林资源的分布情况具有重要作用，同时，可以为我国企业在林业外贸业务谈判中提供信息支撑。

（4）为全球碳循环科学研究提供森林动态监测信息支撑

由于全球变暖、森林资源退化等问题日益凸显，因此，全球碳循环科学研究受到了广大学者的热切关注，全球碳循环科学研究已经成为全球科学研究领域的主要课题之一。为全球碳循环科学研究提供森林动态监测信息支撑，对全球碳循环进行精确监测是全球碳循环科学研究的重要组成部分。提高陆地碳通量的估测精度，一是需要提高由森林砍伐、退化引起的陆地碳排放的估测精度；二是需要提高由森林更新、造林和再造林引起的陆地碳吸收估测精度。同时，生物量监测能力的保证和提升可以将森林扰动、更新等专题信息以及森林地上生物量的动态监测信息纳入全球碳循环模型，这样有利于完善全球碳循环模拟模型，进一步揭示全球碳循环的本质现象。

1.2.2　林下地形测绘需求

数字地形模型用于描述地貌形态的空间分布，其作为国家基础测绘数据，对于国家的重大基础设施建设、资源开发与利用、生态建设与环境保护以及军事中对目标的定位导航都有着十分重大的意义。据美国国家航空航天局（NASA）统计：全球约 30% 的陆地范围为森林所覆盖，对于这些地区，由于有大量的植被存在，传统测量方法获取的地形无法保证高的精度。对于我国一些大面积植被覆盖区域，由于受自然地理条件和技术水平的限制，缺乏高比例尺的基础地理图件，使得对这些地区的资源勘察和开发利用工作难以展开。

在实际测绘过程中，林地繁茂地区是常见的特殊地形，对于该地区来说，存在一定的隐蔽性，难以对其进行深入的测量，在一定程度上增加了测绘工作的难度。在应用测绘技术进行测量的过程中，会应用较为复杂的技术，如果工作人员不重视技术的应用，那么很有可能导致参考数据失去准确性。

国家基本比例尺地面高程（Digital Elevation Model，DEM）制作主要采用航测或遥感手段，测得的是植被表面的高程（DSM），为了得到准确的 DEM，必须从 DSM 中减去植被高度。为此，为精确计算植被覆盖下的 DEM 数据需要获取植被的高度信息。

林下地形测量示意图如图 1-2 所示。

综上所述，在植被覆盖区，传统航测及光学或高频微波遥感手段只能获取植被层表面高程信息，无法测绘"裸地球"真实形状，如何准确获得森林高度并将其从遥感或航测手段获得的高程中扣除，或直接得到不包含植被高的真实地形高程，对获取大范围高精度 DEM 极为重要。如何实现大范围、高精度植被覆盖层下地形测绘是长期困扰国际测绘界的一大难题。

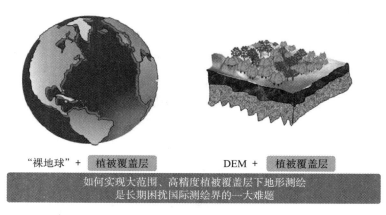

图 1-2　林下地形测量示意图

1.2.3　次地表探测需求

次地表的探测主要集中在土壤湿度、冻土层和冰川三方面。

（1）土壤湿度

在全球气候变化研究中，土壤湿度变化也是全球气候变化的重要组成部分。土壤水分是土壤的重要组成部分，在地-气界面间物质交换、能量交换中起着重要作用，对于大气圈、水圈以及生物圈三者之间相互作用的影响非常重要，是动物、植物等赖以生存的重要条件之一，掌控着陆地水循环、碳循环以及大气循环，它还是各研究中许多水文模型、气候模型和生态模型等的重要输入参数。土壤水分是农作物生长发育的基本条件和农作物产量预报的重要参数，是监控土地退化和干旱预测的重要指标，同时，也是水文、气候、农业和生态系统的关键组成要素。因此，在大范围和全球尺度上监测土壤含水量具有十分重要的意义和价值。

土壤水是重要的水资源，其控制着将入射辐射转化为显热通量和潜热通量，影响着降雨和渗透、径流和蒸发。同时，土壤水作为地表水和地下水能量的交换通路，控制着这两者的变化。土壤湿度是衡量土壤水分多少的重要参数，是进行农业、水文、减灾等方面研究的主要基础信息，也是进行土地退化评价及环境监测的重要指标，土壤湿度的遥感监测研究对于了解区域的干湿状况、提高农作物动态监测精度和水资源的利用率有着重要意义，同时，还可作为干旱和洪涝灾害预警的重要依据。

综上所述，土壤湿度是研究水文、气候、生态的一个重要的基本参数。当前的测量手段只能得到裸露土壤或低矮植被下土壤表层的湿度参数。在植被覆盖条件下，需要穿透到深层土壤。土壤湿度是随时间动态变化的。进行水文、气候、生态研究，所需要的深层土壤湿度时间间隔取样数远少于表层土壤湿度的时间间隔取样数。深层土壤湿度及其动态变化等参数控制全球水文变化、水分蒸发、运移、流失和排水，进行土壤深层湿度测量是十分有意义的工作。深层土壤湿度在农业生产、气候气象预报、水文地质勘查、碳平衡等领域发挥着极其重要的作用。山区土壤含水量估计对植被生长监测、滑坡预测和山火预警等应用有着重要意义。植被覆盖下的地表示意图如图 1-3 所示。

图 1-3　植被覆盖下的地表示意图

（2）冻土层

中国作为冻土大国，多年冻土面积达 22%，青藏公路全长 1 956 km，沿线穿越多年冻土区段长达 550 km。青藏高原是全球中低纬度海拔最高、面积最大的多年冻土分布区，现存多年冻土面积约 130 km×104 km，约占高原总面积的 56%。多年冻土是一种含有地下冰的岩土土体介质，对温度极为敏感。青藏高原的多年冻土大多属于高温冻土，在全球升温的背景下，极易受工程的影响发生融化下沉，而在多年冻土区筑路遇到的主要问题就是冻胀和融沉。

青藏高原冻土区是中国多数大河流域的发源地，为干旱地区和半干旱地区提供了主要水源。近年来，青藏高原气候变暖趋势明显，多年冻土出现了活动层增厚、范围缩小、厚度减薄等显著退化现象。多年冻土活动层内的水分随着温度的变化在固态和液态之间不断转换，土层发生冻胀融沉，导致多年冻土区大范围地面变形，严重破坏区域内重大工程基础设施（如青藏铁路、青藏公路）。同时，活动层变化导致冻土区水文地质条件发生改变，影响寒区河流的地表径流和水资源调蓄功能，进而影响区域水文过程及生态环境。因此，为深入认识青藏高原冻土退化对人类工程活动和区域可持续发展的影响，监测冻土变化规律，对青藏地区规划建设有着非常大的影响。

（3）冰川

冰川是由雪或其他固态降水通过压缩、重结晶、融化再冻结等方式积累演化形成的处于流动状态的冰体，占全球淡水资源总量的 70%。根据其规模不同，通常将冰川分为山地冰川和冰盖。冰川碳循环是全球碳循环的重要组成部分。据估计，冰川储藏有机碳超过 104 Pg。近半个世纪以来，在全球变暖的大背景下，冰川消融速率加快，部分有机碳随冰川融水释放，对生态系统产生重要影响。冰川生态系统的碳储量大小是评估其在全球碳循环中作用的主要因素。近些年来的估算研究认为，冰川潜藏大量有机碳，对全球碳循环具有直接或间接的影响。

冰下沉积物是冰川碳储量最高的部分。南极冰盖下沉积物储量最高，颗粒性有机碳（POC）储量为 6 000～21 000 Pg（1 Pg＝10^{15} g），比北半球永久冻土中 POC 储量（1 672 Pg）高 1～2 个数量级。北极格陵兰冰盖下沉积物潜在储量较小，POC 储量为 0.5～27.0 Pg，这主要是由于北极冰盖下沉积物层比南极冰盖下沉积物层薄。冰川冰是另一个重要的有机碳存储库。南极冰盖具有巨大的总体积（2 450 万 km^3，占世界陆地冰量的 90%），冰川冰中总有机碳（POC＋DOC）中 93% 储存在南极冰盖，5% 储存在格陵兰冰盖，2% 储存在山地冰川。Wadham 估算得出，南极冰盖冰中的总有机碳储量为 5.45 Pg，而北极冰盖冰中的总有机碳储量为 0.29 Pg。全球冰中 POC 储量为 1.39 Pg，91% 储存在南极冰盖，5% 储存在格陵兰冰盖，4% 储存于山地冰川。

因此，冰川不仅在水循环中起着重要的作用，还在碳循环中扮演着重要的角色，其所固定的有机碳储量以及释放量是生态系统可持续发展的基础，需要进行监测和系统化研究。P 波段 SAR 的穿透能力对获取冰盖冰层的大范围垂直信息非常有用。这独特的优势使得 P 波段 SAR 成为大尺度冰川监测中一种不可替代的技术，对全球和区域冰川的状况进行精确调查，为解决全球和区域冰川水储量估计不确定性的问题和全球变化研究提供科学观测数据。

1.2.4　电离层 TEC 监测需求

随着人类进入信息化时代，卫星通信、卫星导航和星载雷达系统已广泛应用于军事和民用的各个方面，这使得包括电离层在内的空间环境监测和技术保障愈显重要和迫切。电离层研究作为空间物理学中的重要研究方向之一，是实现远距离通信和航天技术发展的理论基础。对电离层分布结构有准确了解，在实际应用中可以提高通信质量、卫星导航精度、遥感图像质量。此外，通过预报电离层扰动情况，能够为地面通信等活动避免干扰提供重要的信息支持。由此可见，在民生需求方面，进行电离层探测同样具有非凡的意义和价值。电离层的影响如图 1 - 4 所示。

与此同时，随着我国国力逐年上升，电离层对卫星遥感技术的影响自然成为当前研究的热点方向之一，尤其是电离层空间结构与分布对遥感信号的影响研究越发受到重视。利用电离层精细结构的实时探测数据，可以实现受电离层效应影响下遥感信号的精细补偿，实现高精度成像，从而在一定程度上实现我国卫星遥感技术水平的提升。

由此可见，电离层结构的精细探测对于森林生物量观测、远距通信、卫星导航以及遥感遥测等诸多应用方面也具有极为重要的研究意义和应用价值。从深层次讲，实现电离层精细探测在科学需求、民生需求以及国家政治地位提升方面都有着深远的价值和意义。

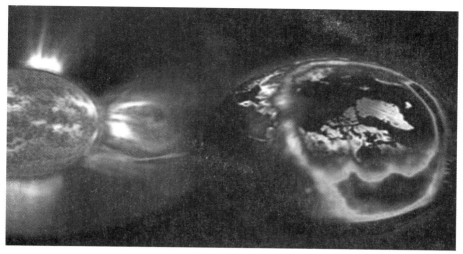

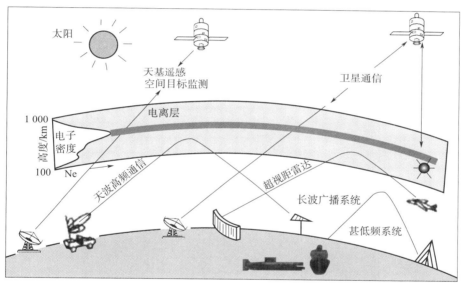

图 1-4　电离层的影响

1.2.5　其他需求

　　由于地质灾害多发生在山区，地形复杂且植被覆盖较密，为及时对灾害发生进行监测、对发生灾害地区的灾情进行评估和抢险搜救，急需进行穿透性探测，以克服震后地区复杂地形、地表覆盖条件，可对地震前后地层结构进行勘测，从而评估震后受灾情况，实现灾害监测。植被覆盖下地区如图 1-5 所示。

　　我国农村公路里程占比超过 80%，国省干线和农村公路受遮蔽情况比较严重，现阶段在轨运行的或已纳入规划的高分光学卫星和 SAR 卫星只能观测到公路沿线的树木，无法穿透枝叶获取到公路、机动车及交通基础设施等的信息（图 1-6）。P 波段 SAR 卫星具有

图 1-5　植被覆盖下地区

独特的优势，它的波长比 L、X、C、S 波段更长，能够有效穿透公路沿线两侧有一定间距的树木上的叶子和细枝，获取到其他较短波长 SAR 所无法达到的路面信息。

图 1-6　树林遮挡下的道路

1.3　国内外发展现状及趋势

1.3.1　P 波段 SAR 探测技术发展现状及趋势

合成孔径雷达（Synthetic Aperture Radar，SAR）技术是目前国际上主流的遥感对地观测技术之一，其起源可追溯到 20 世纪 50 年代，美国密歇根大学雷达与光学实验室研制成功了世界上首部 SAR，并获取了全球第一幅 SAR 影像。1978 年，美国成功发射了第一颗带有 SAR 载荷的卫星，其主要服务于海洋监测。自此，SAR 技术对地观测翻开了崭新的一页。几十年来，SAR 凭借其独有的全天时、全天候以及对地观测穿透性强的优势，已经在冰川探测、地壳形变、林业调查、地面沉降、变化监测、道路规划、环境监测、资源勘察、灾害评估以及地形测绘等多个领域得到了广泛应用，是当前国际上最前沿的对地观测技术之一。随着硬件技术的成熟和 SAR 理论的不断进步，在 SAR 对地观测领域不断涌现新技术，SAR 对地观测也由传统的二维信息探测逐步拓展到三维信息探测，在 SAR 林业应用技术研究中，先后出现了干涉合成孔径雷达（InSAR）技术、极化干涉合成孔径雷达（PolInSAR）技术和层析 SAR（TomoSAR）技术，这三种 SAR 技术也是森林垂直结构信息探测的重要技术手段。相比于目前现有卫星搭载的 SAR 载荷频段，P 波段 SAR 对于森林的穿透能力更强，更加适用于茂密森林的垂直结构信息探测。

1.3.1.1　国外现状

美国国家航空航天局早在 20 世纪 90 年代就已经基于机载 AIRSAR 系统率先开展了 P 波段全极化 SAR 的应用研究，美国、德国、法国、欧洲空间局等国家和机构近年来基于机载 P 波段以及 VHF/UHF 波段 SAR 系统开展了大量的研究工作。表 1-1 列出了国外主要 P 波段 SAR 系统。

表 1-1　国外主要 P 波段 SAR 系统

系统	国家或机构	平台	波段	极化	分辨率
OrbiSat	巴西	飞机	X/P	HH/全极化	0.5～10 m
GeoSAR	美国	飞机	X/P	HH/VV	X 波段 1.25 m；P 波段 5 m
雷达模拟器	法国	飞机	P		50 m/地下 5 m
E-SAR	德国	飞机	X/C/L/P	全极化	1.2 m
FAME	荷兰	卫星	P	圆极化	50～100 m
BIOMASS	欧洲空间局	卫星	P	全极化	
MIMOSA	欧洲空间局	卫星	P		50 m

鉴于 P 波段极化 SAR 数据的独特应用价值，自 20 世纪 80 年代起，世界各大研究机构相继设计了一系列 P 波段全极化 SAR 系统并陆续投入实验研究。20 世纪 80 年代，美国国家航空航天局喷气推进实验室（NASA/JPL）率先设计并实施了包括 P 波段（440 MHz）系统在内的多波段 AIRSAR 项目。该系统具有极化模式、地形测量模式以及顺轨干涉模式 3 种工作模式。1987 年年末该系统搭载 DC-8 飞机，在加州地区进行了首次飞行。此后，AIRSAR 系统在美洲、欧洲、澳大利亚以及亚洲等地执行了一系列数据采集和处理研究任务，获取了美国本土和其他国家的熔岩、农田、森林、海洋等不同地区地物的大量数据信息，为 P 波段机载 SAR 数据处理及应用研究的发展提供了大量的数据支持。

为了验证新的系统设计技术及数据处理算法，德国宇航中心（DLR）研制了多波段机载 SAR 实验系统 E-SAR。该系统搭载于 DOMIER DO 228 机载平台之上，能够提供经过极化定标的 P 波段（350 MHz）全极化数据和重轨极化干涉 SAR 数据。其中，针对开阔水域的成像分析显示，该系统的 HH 通道和 VV 通道等效噪声系数达到 -34 dB，HV 通道等效噪声系数达到 -32 dB，而成像旁瓣可以抑制在 -15 dB 以下。为有效降低无线电干扰对 P 波段回波的影响，该系统采用了"监听"（Listen‐Only）模式的数据处理方法，并取得了较好的效果。自 2003 年以来，该系统已经在 INDREX 项目框架之下围绕森林垂直结构参数反演、干涉地形测绘等应用开展了一系列数据处理方法研究。

RAMSES 是由法国国家空间研究中心（CNES）的电磁和雷达科学部门（French Aerospace Research Agency，ONERA）开发的多频全极化机载系统项目。2000 年年末，该系统拓展了 P 波段全极化应用，其工作频率为 435 MHz。法国国家空间研究中心低频雷达工作组（Low Frequency Radar Working Group）于 2001 年 4—5 月间依赖于该系统开展了"PYLA 01"实验项目，针对低频波段在次地表层湿度监测、生物量评估、海洋深度和盐度制图、考古学等方面的数据处理及其应用潜力研究展开了一系列实验，并为后续项目的进一步开展提供了大量的数据处理成果。

美国国家航空航天局喷气推进实验室与加利福尼亚州资源保护局以及 Calgis 公司联合开发了一套机载双天线双频极化 SAR 系统 GeoSAR，该系统由辉固地球数据有限公司（Fugro Earth Data，Inc.）拥有和运营。该系统是公开报道的唯一的 P 波段单航过柔性基线构型的机载全极化 SAR 系统，其主要组件包括安装于"湾流 Ⅱ"（Gulf Stream Ⅱ）机身上的一对 X 波段天线以及安装于机翼末端的一对 P 波段天线（350 MHz）。通过搭载于 Gulf Stream Ⅱ 飞机，该系统可以从 10 000 m 高空以 160 km²/min 的速度对地面信息进行绘制。该系统的 P 波段信号可以穿透植被，从而显示林下或浅表地层建筑，并提供隐藏于植被下的自然与人造地表要素 5 m 分辨率的影像。同时，其提供的 P 波段正射校正图像和数字高程（DEM）数据不易受到天气和土地植被覆盖类型的影响，因此尤其适用于在赤道地区进行高效地形制图。自 2002 年以来，辉固地球数据有限公司已经利用 GeoSAR 系统完成了全球 700 000 多 km² 的测绘。

从上面可以看出，国际上已经有多个 P 波段的机载 SAR 系统，但还没有工作在这个频段的星载 SAR 系统。国外对 P 波段 SAR 卫星的研制计划主要集中在欧洲空间局，已知的有 MIMOSA 冰层探测 SAR 卫星和 BIOMASS 极化 SAR 卫星，并先期开展了 P 波段大型天线的研制和展开技术研究。

P 波段的 MIMOSA 卫星是欧洲空间局的地球探测任务系列卫星之一，能够穿透地表，对地球内部以千米计的范围进行探测。其任务周期为两年，雷达载波频率为 300 MHz，带宽为 10 MHz，卫星飞行高度为 500 km，要求在两年内完成对南极洲和格陵兰岛的完全覆盖监测，具体卫星示意图及技术指标、功率和质量预算见图 1‐7、表 1‐2 和表 1‐3。

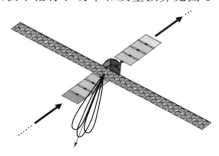

图 1‐7　P 波段 MIMOSA——冰层探测

表 1-2　MIMOSA 主要技术指标

项目	指标
载波频率/带宽	300 MHz/10 MHz
瞬时动态范围	＞60 dB
辐射精度/稳定度	3 dB/1 dB
天线孔径交轨/顺轨	5°
岩床层灵敏度	−60 dB

表 1-3　MIMOSA 功率和质量预算

子系统	质量/kg	平均功率/W
天线	2×20	—
雷达电子部分	12	10
数据处理系统	13	20
平台	350	300
总计	415	330

BIOMASS 计划是欧洲空间局为应对全球变暖等气候变化问题，进一步了解地球环境和气候的变化，制定的"生物量观测"计划之一。BIOMASS 计划将研制并发射一颗 P 波段全极化 SAR 卫星，来完成全球森林生物量的测量，实现对全球陆地碳循环变化的监测，其具有极为重要的科学意义和应用价值。该项目于 2009 年 1 月通过了欧洲空间局的方案评审，作为三项优选方案之一，进入了为期两年的关键技术攻关阶段。欧洲空间局的"BIOMASS"生物量探测 SAR 卫星研制计划已于 2013 年 9 月立项。作为第七个欧洲空间局地球观测任务，该计划预计在 2021—2023 年发射一颗全极化 P 波段 SAR 卫星，用于全球森林生物量的探测。

BIOMASS 卫星的 P 波段 SAR 载荷由德国宇航中心研制，工作频率为 435 MHz，为线性全极化或简缩极化方式（暂定）。该卫星任务周期为 5 年，覆盖范围为南北纬 80°，采用太阳同步晨昏轨道，轨道高度约为 622 km，以 50～100 m 的空间分辨率，大于 125 km 的观测带宽和全极化方式工作，每月完成一次全球森林失调和水灾普查，每年构建一幅全球森林生物量分布图，特别针对地表荒芜和极地地区的生物量进行监测，其中，图像相对辐射精度为 1 dB、绝对辐射精度为 1～2 dB，以满足对生物量监测和信息提取的精度要求，具体指标见表 1-4。BIOMASS 卫星有三种设计方案和三种构型，见表 1-5 和图 1-8。

表 1-4　BIOMASS 卫星指标

任务周期	5 年
轨道	太阳同步,晨昏轨道
观测的局部时间	凌晨,约 5:00
覆盖范围	全球,森林地区

续表

重访时间	≤45 天(最短);≤25 天(目标值)
设备类型	P 波段(435 MHz)SAR 雷达
极化类型	全极化模式 可选:组合极化模式(圆极化发射,双线极化接收)
入射角	≥25°
数据获取	单航过 / 双航过极化干涉
成像带宽	≥125 km
$NE\sigma^0$	≤−27 dB(最低);≤−30 dB(目标值)
空间分辨率	≤50 m×50 m(≤4 视)
总模糊率	≤−20 dB

表 1-5　BIOMASS 三种设计方案

项目	方案一	方案二	方案三
成像模式	全极化条带模式;组合极化条带模式	全极化条带模式;组合极化条带模式	全极化条带模式、SCANSAR 模式;组合极化条带模式、SCANSAR 模式
天线方案	平面阵列天线	平面阵列天线	网状抛物面天线
天线尺寸	27.5 m×2.82 m	20.2 m×3.26 m	14.7 m×9.7 m
平台	Snapdragon 平台	传统平台	—

　　在理论研究方面,国外从 20 世纪六七十年代开始就已开展了电离层对电磁波传播影响的理论分析和实验研究,并取得了大量研究成果。建立了描述电离层 TEC 全球分布的 IRI 模型和不规则体全球分布的 WBMOD 模型,为深入开展法拉第旋转、闪烁和色散等电离层效应补偿方法研究奠定了较为扎实的理论基础。近年来,随着欧洲空间局 BIOMASS 计划的提出,P 波段 SAR 卫星技术日益受到各国政府的广泛关注,针对电离层对 P 波段 SAR 卫星的影响与校正等瓶颈关键技术开展了深入的理论分析和实验研究,取得了一批研究成果。

　　从 20 世纪 70 年代开始,美国、苏联等国已经开展了对叶簇穿透雷达的研究。尤其是 20 世纪 90 年代以后,美国、瑞典等西方国家研制出了多种型号的 UWB 雷达并进行了叶簇穿透试验。麻省理工学院林肯实验室在 SAR 的自动目标检测与识别方面的技术处于领先地位,他们提出的三级自动目标检测与识别算法由于思路清晰、结构合理,成为 SAR 目标识别方面的一般结构。Loral 防御系统研究所与美国空军莱特实验室合作开展的 RADCON 计划,以 P-3 UWB-SAR 采集的全极化数据为基础,采用三级数据融合方法,实现对隐蔽目标的自动检测。此外,俄亥俄州立大学、马里兰大学、陆军实验室、杜克大学、密执安大学环境研究所等单位在美国国防高级研究计划局(DARPA)等机构的要求和资助下对低频 SAR 图像中的目标检测与识别相关问题进行了大量的研究。

　　目前,森林植被三维结构参数反演研究主要利用机载 P 波段 SAR 数据,在充分利用 SAR 的电磁波资源,结合多极化、多基线 SAR 数据的应用方法,主要的反演技术方法有

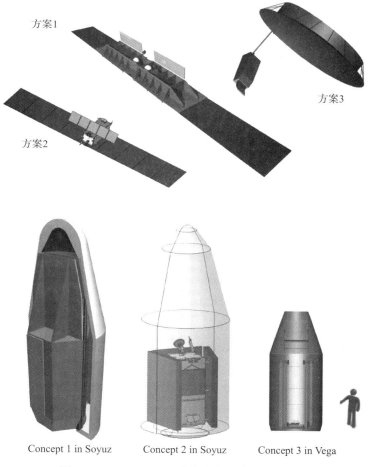

图 1 - 8　BIOMASS 三种方案的天线及卫星构型

幅度法、极化干涉 SAR 法和层析成像法。

（1）幅度法

微波信号对森林具有一定的穿透能力，雷达回波对森林的垂直结构信息具有明显的响应，对森林信息提取研究具有独特的优势。在雷达遥感应用中，对于图像的解译，特别依赖于对雷达后向散射过程的理解及对各种后向散射机制的充分认识。因此，森林微波后向散射特性的研究，在森林微波遥感应用中引起了众多研究者的重视。利用各种散射计测量数据和 SAR 数据，根据电磁波理论和辐射传输理论，开展了各种森林冠层、树干和地表散射特性的研究，以及冠层与地表、树干与地表之间相互作用的散射特性研究。从 20 世纪 70 年代后期开始，陆续发展了许多森林微波后向散射模型。大量的研究表明，SAR 后向散射系数与森林生物量之间具有较明显的相关性，因此，建立两者的经验关系模型是反演生物量的一个有效手段。

多极化 SAR 可为森林生物量反演提供更为丰富的信息，不同的极化对森林的穿透特性不同，其后向散射特性对森林生物量的响应也各不相同。因此，需充分利用多极化信息，提高反演的精度及其鲁棒性。HV 极化和 HH 极化与生物量有着很强的相关性，而 VV 极化与生物量之间的相关性相对较弱。HV 极化因为受时间去相关及地形的影响较小，并显示出在较大的生物量动态范围内都能有很好的相关性，被认为是生物量反演的最理想的极化通道。幅度法的主要局限在于：一方面多模式的 SAR 后向散射系数的离散度大，因此与森林生物量之间的关系模型复杂；另一方面不能有效地分离出地表反射信号的影响。

（2）极化干涉 SAR 法

自 Cloude 等人提出极化干涉 SAR 概念和最优相干分解理论以及 Treuhaft 等人提出极化干涉相干模型以来，极化干涉 SAR 测量已成功用于森林或农作物高度估计、目标三维结构估计、植被覆盖区地表参数估计、积雪以及冰盖参数估计等研究中。

在极化干涉 SAR 植被高度及生物量反演研究方面，Papathanassiou 等人基于机载 E-SAR 极化干涉数据提出了基于最优化方法的植被高度反演方法。Cloude 等人提出了基于随机体散射-地面散射（RVoG）模型的三阶段植被高度反演算法，是迄今为止在所有方法中利用机载数据可获得最高估测精度的方法。Liseno 等人提出了一种可以综合考虑衰减和垂直结构的半经验方法。由于 RVoG 模型只适用于均匀的植被层，对于更复杂的林分结构，如垂直剖面变化较大的情况则误差较大，考虑到这种情况，Garestier 和 Le Toan 提出了两个考虑森林自然结构的辅助模型：垂直方向的消光系数可变和垂直方向后向散射呈高斯分布，理论模拟和 P 波段实际数据分析结果表明：改进的模型可以提高植被高度反演的精度。Neumann 等人将 Freeman-Durden 三分量极化分解模型与极化干涉 SAR 相结合，提出了改进的植被参数估计方法，他们的方法改善了植被结构参数和特征估计，植被覆盖地表参量估计以及时间去相干估计及补偿。随着全球森林生物量观测任务的开展，科学家对于不同地区和不同频率极化干涉 SAR 植被高度反演的潜力和精度以及有关星载 L 波段和 P 波段极化干涉 SAR 观测植被高度的算法和需求均开展了较为深入的研究。目前，利用极化干涉数据进行植被高度反演的算法主要有三类：第一类是三阶段反演算法；第二类是基于样本相关矩阵的最大似然估计算法；第三类是基于旋转不变技术估计信号参数（ESPRIT）理论进行参数提取的算法。

极化干涉 SAR 在监测森林生物量方面有着自身的特性，但也存在着不足，主要表现如下：

1）极化干涉 SAR 基于一定的假设。目前，大部分的极化干涉 SAR 体相干系数模型的建立都是将森林场景概化为一定厚度且具有随机方向的各向同性粒子层，下部为具有散射幅度的地表层。在整个体积层内的消光系数假设不变，对复杂林分的结构形态描述不够精细。同时，在三阶段算法中通常采用 HV 作为完全体相干系数，对地表相干的幅度也假设为 1。这些假设都会给最后的反演结果带来误差。

2）时间去相关对极化干涉 SAR 的影响。极化干涉 SAR 模型和方法没有很好地解决时间去相关问题，森林的多态性会导致重复轨道极化干涉 SAR 系统存在着时间去相关，尤其是星载重轨干涉 SAR 系统。

3）生物量反演模型的不确定性。利用极化干涉 SAR 的结果参数来提取生物量的模型本身也存在着一定的不确定性，包括模型输入参数、模型适用尺度及物理过程模拟等一系列问题。目前，极化干涉 SAR 也只能提取植被层及结构组分的垂直分布参数，如何建立遥感可以直接观测的林分参数与森林生物量的精确反演模型十分重要。

（3）层析成像法

目前，已提出的传统 SAR 层析三维成像算法主要有基于谱估计的算法、基于极化相干的算法、基于逆问题建模的算法和基于插值的成像算法等。

Reigber 和 Moreira 等人首次获得了机载 L 波段 SAR 层析三维成像实验结果，并在 1999 年德国举行的 IGARSS 会议上报告。Reigber 首先分析了同一目标在不同轨迹上的成像结果的频率域分布特点，得出了目标分布与 SAR 二维成像轨迹高度的对应关系，并指出将 SAR 二维成像序列进行轨迹高度向去调频相位校正处理得到信号频率与目标高度一一对应。因此，可以通过对 SAR 二维成像序列进行傅里叶变换，获得高度向信号的频率，进而得到目标的高度向成像结果。同时，他分析了基于去调频傅里叶变换算法的高度向成像分辨率及三维成像系统对轨迹分布间隔的要求。2003 年，Lombardini 和 Reigber 将成像算法扩展到自适应谱估计方法，对德国 E‐SAR 系统多次二维成像实验数据进行了成像实验，得到了较傅里叶变换方法更好的成像结果。2005 年，Guillaso 和 Reigber 首次利用 Capon、MUSIC 等现代谱估计算法进行了极化 SAR 层析三维成像，并通过成像结果研究了目标的极化散射特性。Huang Yue、Laurent Ferro‐Famil、Stefan Sauer 和 Tebaldini 等人基于极化谱估计方法不仅实现了森林植被区的 SAR 层析三维成像，还能有效提取森林区不同目标的散射机制，如地面散射、冠层散射和林下人工目标的散射机制等。

Cloude 等人利用 PolInSAR 技术提出极化相干层析方法。该方法需要预先知道植被高度和地形相位，这些参数可以通过 PolInSAR 方法估计，但是存在植被高度低估的问题。该方法主要用于森林的多基线 SAR 层析成像。

在基于压缩感知（Compressive Sensing，CS）的层析 SAR 森林植被三维结构参数反演方面，Aguilera 和 Reigber 等人对基于 CS 技术的自然环境或分布式目标环境层析成像 SAR（Tomographic SAR 或 TomoSAR）做了一些具有建设性意义的研究分析，他们提出了利用小波基作为植被高度向信号的稀疏基，在此基础上利用 CS 技术对植被高度向信号进行 TomoSAR 反演，并且详细分析了基于小波基的 CS 层析 SAR 技术对植被高度向信号进行估计的性能。在此基础之上，Liang Lei 等人提出了基于小波基的分布式 CS 极化层析 SAR 技术，除了对植被高度向信号进行估计外，还能提取植被的极化散射信息。Filippo Biondi 提出利用 Gabor 基作为植被高度向信号的稀疏基，进而利用 CS 技术对植被高度向信号进行 TomoSAR 反演。Li Xinwu 等人提出了基于散射机制分解的 CS 极化层析 SAR 方法，该方法利用植被冠层和地面的极化散射差异分别对植被冠层和地面高度向信息进行稀疏重构，该方法有效提高了植被高度向信息的反演精度。

对于 P 波段 SAR 电离层补偿问题，人们对电离层效应的研究起步于 20 世纪 50 年代。

1986 年，英国 Quegan 等人利用相位屏模型模拟研究了电离层不规则体引起的闪烁效应导致星载 SAR 方位向信号的散焦。美国 Fitzgerald 仿真研究了电离层色散效应导致星载 VHF 波段 SAR 距离向散焦。

从 2000 年开始，俄罗斯 Goriachkin 等人探讨了低频段星载 SAR 的实现问题，重点分析了电离层对星载 VHF/UHF 波段 SAR 成像分辨率的影响。同时，美国 Ishimaru 等人总结了电离层对 UHF 波段和 VHF 波段 SAR 的影响，基于 SAR 模糊函数初步分析了电离层对星载 SAR 成像质量的影响，给出了电离层对 SAR 图像偏移、距离分辨率和方位分辨率等性能影响的分析方法，指出闪烁效应导致回波信号相干长度减小，引起方位分辨率显著下降；色散效应引起脉冲宽度增加，导致距离分辨率降低。在 2008 年和 2009 年，Tebaldini 等人重点分析了闪烁效应对方位相位的影响，并给出了极化 SAR 适用于森林生物量探测的结论。英国 Belcher 等人研究了色散效应和闪烁效应对长波长星载 SAR 的限制，基于相位屏模型开展了理论分析和仿真实验，定量分析了闪烁效应对 SAR 方位向分辨率和旁瓣性能的影响。2012 年，美国 Xiaoqing Pi 等人通过比较全球定位系统（Global Positioning System，GPS）与日本先进陆地观测卫星（Advanced Land Observing Satellite，ALOS）L 波段相控阵 SAR（Phased Array type L – band SAR，PALSAR）的南美洲低纬度地区数据，统计分析了电离层闪烁效应对 L 波段 SAR 的影响。英国 Rogers 等人利用 WBMOD 模型分析了闪烁效应对 BIOMASS 计划 SAR 卫星的影响，其中，高纬度地区冰原探测作为 BIOMASS 计划的第二任务，严重的闪烁效应不能忽略。

在电离层效应误差补偿方面，1999 年，俄罗斯 Shteinshleiger 等人提出了距离向自适应匹配滤波和方位向相位梯度自聚焦的方法来校正电离层对星载 SAR 的影响。自 2002 年开始，美国 Freeman 对法拉第旋转效应的自适应校正方法开展了深入的研究。2008 年，美国 Meyer 等人成功地将 Freeman 方法应用于 ALOS/PALSAR 的全极化数据处理，首次利用真实的星载全极化 SAR 数据实现了法拉第旋转角估计。

早期的电离层探测主要是利用地面雷达，通过依次发射多种频率的电磁波并接收底层电离层的反射回波，实现底层电离层电子密度分布的探测。由于地面探测有很大的局限性，除了难以组建全球性的观测网络之外，还无法探测顶层电离层。国外从 20 世纪 50 年代后开始利用星载设备探测电离层，包括两类：一类是使用专门设计的仪器进行某些电离层参数的直接测量，如用质谱仪测量电离层离子或中性粒子的质量，用朗缪尔探针测量电子和离子的密度；另一类是利用雷达无线电信号探测顶层电离层，与地面雷达相同，仍采用频率扫描的方式来测得顶层电离层电子密度分布。

第一颗电离层探测雷达卫星 Alouette - Ⅰ 于 1962 年发射成功。此后，许多国家相继发射了多颗电离层探测雷达卫星。20 世纪 90 年代后，星载电离层探测仪器向小型化、智能化方向发展。1995 年，英国萨里大学开发了一种电离层探测小卫星，质量只有 150～250 kg。2000 年，美国国家航空航天局发射了磁层探测 IMAGE 卫星，2001 年，乌克兰发射了顶层电离层探测 WARNING 卫星，它们分别搭载了无线电等离子体成像仪（Radio Plasma Imager，RPI）和顶层自动探测器（TOPside Automated Sounder，TOPAS）两种先进的探测雷达。RPI 主要用于获取磁层的大尺度电子密度分布图。TOPAS 则主要用于获取顶层电离层大尺度电子密度分布图，它的视在方位分辨率为 75 km。同时，可通过测量回波到达角实现中小尺度电子密度不规则体的定位，测角分辨率为 2°。由于探测分辨率较低，2001 年，美国遥感中心 Ganguly S 等人在新一代 TOPAS 方案中提出采用星载 SAR 来探测中小尺度不规则体的想法，以提高方位分辨率。

此外，随着 GPS 精密定位技术的发展，基于电离层对电波传播的效应，发展了新型的探测手段——电离层层析成像（Computerized Ionospheric Tomography，CIT）技术。这项技术在 20 世纪 80 年代由美国伊利诺伊大学 Austen 等人提出，近 20 年来逐步受到关注并发展起来，可以实现全球覆盖。目前，国际上公布了利用全球导航卫星系统（Global Navigation Satellite System，GNSS）获取的全球 TEC 数据——全球电离层地图（Global Ionosphere Maps，GIM），分辨率为经度 5°、纬度 2.5°。此外，国内外还发展了无线电掩星反演技术，具有较高的垂直分辨率，可以弥补电离层层析成像垂直分辨率低的缺点，但其水平分辨率不高。

1.3.1.2　国内现状

2006 年 4 月 27 日，我国首颗微波成像卫星遥感卫星一号成功发射，主要用于科学试验、国土资源普查、农作物估产和防灾减灾等领域，对我国国民经济的发展发挥了积极作用，开创了我国 SAR 卫星的先河。遥感卫星一号 SAR 工作在 L 波段，该卫星的成功在轨运行使我国首次实现了全天候、全天时、高分辨率对地观测。2007 年 11 月和 2010 年 8 月先后成功发射了第二颗、第三颗遥感卫星一号。

为进一步提高雷达图像的分辨率，从 2000 年开始进行小型雷达卫星的关键技术研究和攻关，采用新频段平面固态有源相控阵天线，图像分辨率提高了约一倍，攻克了 SAR 天线热变形控制、姿态偏航导引等关键技术，保证了中等分辨率 X 波段 SAR 的成像质量。2009 年 4 月，我国成功发射遥感卫星六号，运行于 514 km 的太阳同步轨道。卫星运行稳定，图像质量良好，分辨率等指标符合要求，该型卫星共发射了 4 颗。

2002 年 9 月，国防科学技术工业委员会立项研制用于环境和灾害监测预报的小 SAR 卫星（环境一号 C 星，简称 HJ-1C），HJ-1C 卫星采用网状抛物面天线，由中国空间技术研究院负责卫星总体、中国科学院电子学研究所负责 SAR 研制工作。该卫星于 2012 年 11 月成功发射，HJ-1C 卫星搭载了一部 S 波段 SAR 系统，具备分辨率 5 m/幅宽 40 km 的条带成像模式和分辨率 20 m/幅宽 100 km 的扫描成像模式（图 1-9）。

随着我国资源调查、减灾救灾、环境保护等众多领域需求的激增，我国在国家重大科技专项"高分辨率对地观测系统"民用领域项目中规划了一颗合成孔径雷达卫星，即高分三号卫星，于 2016 年 8 月 10 日发射成功，目前在轨稳定运行，设计寿命 8 年，搭载了一部 C 波段多极化 SAR 系统，最高分辨率达 1 m，具备 12 种成像模式，覆盖了传统的条带模式和扫描模式，以及面向海洋应用的波成像模式和全球观测成像模式。

自 2002 年后，我国持续开展了高分辨率雷达卫星、多极化雷达卫星和分布式雷达卫星系统（具有干涉测高和地面动目标检测功能）等新型雷达卫星的关键技术攻关，并分别

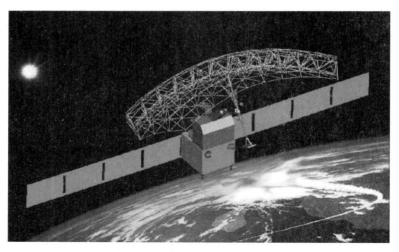

图 1-9　HJ-1C 卫星在轨飞行状态示意图

于 2015 年 11 月 27 日成功发射遥感二十九号卫星、2019 年 4 月成功发射天绘二号 01 组卫星、2019 年 10 月 5 日成功发射高分十号卫星、2019 年 11 月 28 日成功发射高分十二号卫星。其中，遥感二十九号卫星主要用于科学试验、国土资源普查、农作物估产及防灾减灾等领域；天绘二号 01 组卫星使我国首次实现 InSAR 测绘，该卫星主要用于地理信息测绘、科学试验研究、国土资源普查等领域；高分十号卫星是"高分辨率对地观测系统"国家科技重大专项安排的微波遥感卫星，地面像元分辨率最高可达亚米级，主要用于国土普查、城市规划、土地确权、路网设计、农作物估产和防灾减灾等领域，可为"一带一路"倡议等实施和国防现代化建设提供信息保障；高分十二号卫星也是高分辨率对地观测系统国家科技重大专项安排的微波遥感卫星，地面像元分辨率最高可达亚米级，主要用于国土普查、城市规划、农作物估产和防灾减灾等领域。

　　国内对 P 波段 SAR 卫星的研究较少，并且起步较晚，前期的研究主要集中在机载 P 波段 SAR 系统及其应用上。国防科技大学，中国科学院电子学研究所，中国电子科技集团公司第十四研究所、第三十八研究所等单位已开展 P 波段机载 SAR 的研制和飞行试验，最高分辨率优于 1 m，并对叶簇覆盖和浅层地表下的目标进行了成功探测，验证了 P 波段 SAR 在军事领域的应用潜力。中国电子科技集团公司第三十八研究所自 2001 年起开始机载 P 波段 SAR 载荷研究，承担了多项型号与课题，研制了多型机载 P 波段 SAR 系统，开展了大量应用研究飞行试验。

　　在 2008 年汶川地震中，中国电子科技集团公司第三十八研究所研制的机载 P 波段 SAR 系统成功实现失事直升机搜救任务。2009 年，中国电子科技集团公司第三十八研究所在国外技术封锁的情况下，自主研发成功国内首个 P 波段多极化测绘 SAR 系统，完成了我国自主创新研制的首个实际运行的 SAR 测图系统，也是我国首个 P 波段全极化 SAR 系统，率先在国内研制成功了 P 波段 1m 分辨率全极化系统，该项目获安徽省科技进步二等奖。该系统已成功应用于青海玉树地震灾情遥感和国家测绘局西部测绘重大工程，在地形测绘和减灾救灾两个方面进行典型应用示范，实现了以企业为主体的业务化运行，推动航空 SAR 遥感产业化发展。本项目已成功进行了 150 余架次西部测图任务，获取了约 10 万 km² 的西部地区 SAR 遥感影像，终结了该测图困难地区常年无高精度地图的历史。在玉树地震期间，该系统及时获取了震区 2 000 km² 区域的机载雷达影像，为抗震救灾指挥部指挥救援行动提供了实时信息，并为灾后重建工作提供了重要的决策依据，在灾情评估和救援决策方面发挥了重要作用。

2014—2019 年，中国电子科技集团公司第三十八研究所承担了国防科技工业局航空高分"多维度 P 波段雷达分系统"研制工作，该系统在国内首次采用全数字阵列收发技术体制实现，该 P 波段全极化 SAR 系统主要应用于森林生物量观测、地理测绘，2019 年已通过测试鉴定，装载在新舟 60 飞机上，"十四五"期间将投入业务化运营。

上述机载系统的研制成功为我国顺利研制 P 波段 SAR 卫星打下了坚实的基础。

国内对 P 波段 SAR 卫星前期的研究主要集中在军用方向，主要是针对叶簇或伪装网覆盖、沙土掩埋的高价值目标进行穿透成像侦察。"十二五"期间在原总装高分专项的支持下，航天八院 509 所、中国电子科技集团公司第三十八研究所联合北京航空航天大学、国防科技大学等单位针对星载 P 波段 SAR 载荷及其关键技术开展了研究，开启了国内星载 P 波段 SAR 技术研究的先河。目前，国内尚未提出 P 波段 SAR 卫星系统的研制计划，总体看我国处于国外先进理论和方法的跟踪、验证和改进阶段。

在理论方面，近年来随着欧洲空间局 BIOMASS 计划的提出，国内对于 P 波段 SAR 卫星的研究主要集中在电离层对 SAR 卫星系统的影响和校正方面，北京航空航天大学、复旦大学、国防科技大学等单位开展了电离层对 P 波段 SAR 卫星的影响与校正的详细理论研究，并利用国外机载 P 波段 SAR 真实数据进行了仿真验证。这些研究成果与国外的结论基本一致，一些校正方法的有效性也通过数值仿真得到了验证。

针对星载 P 波段 SAR 受电离层效应影响问题，北京航空航天大学陈杰教授与英国谢菲尔德大学 Shaun Quegan 教授就 P 波段 SAR 受电离层影响及相应补偿处理方法进行了长期合作研究，给出了 P 波段 SAR 受电离层效应影响误差模型并针对性地提出了基于相位梯度自聚焦算法闪烁效应补偿方法及基于精细法拉第旋转角估计的闪烁效应补偿方法等。

我国对 P 波段叶簇覆盖目标检测研究起步较晚，20 世纪末才开始了相关领域的研究工作，国防科技大学在国内率先研究了叶簇穿透 UWB - SAR 目标检测，对 UWB - SAR 目标检测以及图像中的人造目标识别问题进行了初步探讨。

国内的研究单位也在 SAR 层析三维成像方面积极地开展研究，如中国科学院遥感与数字地球所、中国科学院电子学研究所、中国林业科学院、电子科技大学、国防科技大学等都取得了很好的研究成果。

国内对电离层效应的研究起步较晚。自 2000 年以来，中国科学院、中国电波传播研究所、国防科技大学、复旦大学和北京航空航天大学等单位开展了电离层对长波长星载 SAR 图像质量影响的研究。2001 年，赵万里等人初步研究了电离层对 VHF/UHF 波段星载 SAR 的影响。2003 年，冯越研究了色散效应引起的 SAR 成像中距离向图像偏移和散焦的问题，讨论了闪烁效应引入的方位随机相位对方位成像质量的影响。2007 年，李廉林针对电离层闪烁效应，利用相位屏原理研究了适用于星载 SAR 信号传播特性的双频双点互相关函数，分析了电离层闪烁对不同波段星载 SAR 图像分辨率的影响。2011 年，刘钝等人结合电离层闪烁模型、卫星导航接收机模型和用户定位算法，研究了电离层闪烁效应对导航卫星系统定位性能的影响。2012 年，李力等人提出了利用多相位屏模型模拟电离层对星载 SAR 成像影响的新方法。在电离层效应误差补偿方面，2009 年，李力提出了利用双频法估计电离层 TEC 实现色散效应误差补偿的方法，也提出了利用自聚焦算法补偿电离层色散效应和闪烁效应误差的方法，利用点目标仿真进行了验证。2010 年，陈杰利用全球导航卫星系统提供的 TEC 监测数据，提出了法拉第旋转角估计改进方法，消除了常规估计方法中的角度模糊问题，利用真实数据进行了验证，还提出了基于定标器组的全极化与一种简缩极化 SAR 法拉第旋转角估计方法和定标处理方法，分析了估计精度。目前，国内外对电离层效应对低频段星载 SAR 的影响做了较多分析，但补偿技术的研究相对较少，主要集中在法拉第旋转效应误差补偿，提出了一些可行的方法并用真实数据进行了验证。色散效应和闪烁效应的补偿方法主要集中在自聚焦算法，但所有提出的方法都未进行深入分析和用真实数据验证。

　　目前，国内的电离层探测手段主要是基于地面雷达，在天基探测手段方面与发达国家相比还比较薄弱。至今，国内开展星载雷达探测电离层技术的研究较少。国防科技大学、四川大学、武汉大学、中国电子科技集团公司第二十二研究所等单位在电离层层析技术、无线电掩星反演技术、电离层参数联合反演技术等方面做了较多的研究工作。

1.3.1.3　发展趋势

　　综合考虑国内外 P 波段 SAR 发展现状及我国中长期发展规划关于 SAR 的发展要求，总结我国 P 波段 SAR 未来发展趋势如下：

　　（1）发展星载 P 波段 SAR 系统

　　当前，我国 P 波段 SAR 系统仍停留在机载水平，无论从国外 P 波段 SAR 系统发展进程还是 P 波段 SAR 潜在的应用需求来看，星载 P 波段 SAR 系统都是最为重要的发展方向之一。除此之外，发展低频段星载 SAR 同样是当前世界上美国、欧洲等国家和地区未来长期的发展战略之一。2013 年立项的欧洲空间局 BIOMASS 计划，即计划在 2022 年发射一颗星载 P 波段 SAR 用于测量全球森林生物量，从而实现全球碳循环监测。星载 SAR 宽覆盖、全天时、全天候的突出优势，会为 P 波段 SAR 诸多应用需求提供无法替代的帮助和贡献。

　　（2）发展多极化工作模式

　　与单极化 SAR 数据相比，多极化 SAR 拥有更加丰富的目标散射信息，能够提供更多的地面目标物的信息。依据国外 SAR 系统由单极化到多极化模式的发展规律，并结合我国多年来 SAR 的发展结果，多极化系统对地区分类、植被生物量测量、电离层 TEC 实时测量、冰雪覆盖测量、土壤湿度测量、溢油监测等均具有至关重要的作用。特别是多极化系统的引入将直接决定星载 P 波段 SAR 后期实现极化干涉测量、三维层析测量等诸多当前 SAR 先进研究方向的发展。因此，多极化是我国 P 波段 SAR 未来发展不可或缺的一个方面。

（3）发展极化层析 SAR 模式

TomoSAR 是近 10 年发展起来的一种获取目标高精度三维信息和四维信息的新兴前沿技术，层析 SAR 是传统 SAR 技术在高度维的扩展。层析 SAR 通过不同轨道高度航过的方式（多基线 SAR）对同一目标区域进行成像，相当于在垂直于地面的高度向上合成了一个较大的孔径，因而可以获得高度向上的分辨力，从而实现对高度向分布散射体的测量，与极化信息结合起来，还可以获得目标精细结构、物理成分和空间分布信息，区分不同高度多个散射体，监视散射体的空间位置变化情况等，是 SAR 应用技术发展的一个重要方向。该技术已成功应用于森林结构参数估计、城市三维重建和城市地表沉降等领域，在地质学、冰川学及地下埋藏物体的探测方面有着巨大的应用潜力。因此，极化层析 SAR 模式也是我国 P 波段 SAR 未来发展的一个重要方向。

1.3.2　P 波段 SAR 遥感数据应用处理技术发展现状及趋势

由于国外 P 波段 SAR 数据获取较早，其 P 波段 SAR 林业应用技术研究相对于国内更加系统和成熟，下面将从森林高度反演和森林地上生物量（蓄积量）估测两个方面展开 P 波段 SAR 林业应用技术发展现状的描述。

1.3.2.1　国外现状

（1）干涉 SAR 技术森林高度反演

在森林垂直结构信息提取中，InSAR 技术主要用于林下地形和森林高度的反演，其中，利用不同频率波段相结合进行森林高度估测也是 InSAR 估测森林高度的重要方向。其中，2001 年 Moreira 等人根据不同波长对森林穿透的能力也不同这一特性，分别利用 AES-1 机载 SAR 之 X 波段和 P 波段的数据提取小区域的热带森林数字表面模型（DSM）和地面表面模型（DTM）。2004 年，Moreira 等人利用 TOPOSAR 系统获取的 P 波段和 X 波段的 InSAR 数据，分别提取了美国华盛顿西部国家森林的树冠高度和树冠基底高度，并估计了该森林区的树冠体积，与真实结果有很好的一致性。随着 SAR 技术理论的发展，国外研究团队将精力逐渐转移到了极化干涉和层析 SAR 森林高度反演研究领域。

（2）极化干涉技术森林高度反演

森林垂直结构信息估测是极化干涉 SAR 技术的重要应用方向之一。极化干涉 SAR 技术基于植被体散射去相干和相干散射模型，可定量反演森林结构参数和林下地形等参数。反演的精度受限于干涉相干质量、相干模型对结构参数的描述性能和反演方法的稳健性。2003 年，Cloude 等人利用描述植被高度和极化相干之间关系的 RVoG 模型，提出了单基线 PolInSAR 森林高度三阶段反演方法。2005 年，Krieger 等人详细地分析了雷达的配置参数对反演精度的影响，提出用相位管道参数作为配置参数的评价指标。在极化干涉 SAR 森林高度反演中，由于干涉基线对干涉相干性的质量影响较大，Cloude 等人对用于反演的最佳基线进行了研究。随后，Lee S K 等人基于多基线 PolInSAR 数据提出并分析了多基线组合的 PolInSAR 森林高度反演方法，将多个 PolInSAR 高度估测结果相结合，提高了森林高度反演的精度。此外，Cloude 在极化 SAR 技术的基础上，提出了极化相干层析技术，该技术的主要思路是通过构造森林结构函数，并利用傅里叶-勒让德级数展开进而参数化森林结构剖面，提取反映森林结构变化的反射率函数。

（3）层析 SAR 技术森林高度反演

层析 SAR 是近年来出现的一种新型 SAR 技术，并在 P 波段 SAR 森林高度反演研究中得到了广泛应用。2008 年，Frey 等人利用 P 波段多基线机载数据对森林场景进行层析成像，高度维成像结果表明大部分高能量点集中分布在林下地表。2012 年，Tebaldini 分别利用 L 波段和 P 波段的多基线 PolInSAR 数据对北方森林进行层析成像，成像结果显示 P 波段各极化通道的相位中心均固定在地表，L 波段的后向散射功率垂直分布相对较为均匀，利用代数合成方法提取体散射结构矩阵，对其进行层析成像并通过信号门限阈值提取森林高度，发现反演出来的森林高度与 LiDAR 数据具有较好的一致性。2015 年，Dinh 等人利用机载和 BIOMASS 卫星仿真数据对热带雨林进行层析成像，根据后向散射功率垂直分布形状，再次应用信号门限阈值的方法提取森林高度。2019 年，Tebaldini 等人进一步总结并讨论了 P 波段层析 SAR 技术在森林高度反演研究中的应用前景。

综上所述，随着 SAR 理论和技术的不断进步，国外 P 波段 SAR 森林高度反演研究从干涉 SAR 逐步发展到极化干涉和层析 SAR 技术，其技术手段不断丰富，研究理论也越发成熟，这些都为 P 波段 SAR 卫星的推广和应用奠定了基础。

（4）基于极化 SAR 强度信息的森林地上生物量估测

当前利用极化 SAR 数据强度信息进行森林生物量估测的主要方法是通过建立生物量和全极化数据强度信息的回归关系进行生物量估测。研究发现，雷达的后向散射强度随着森林生物量的增加而线性增加，但当森林地上生物量达到一定水平时，后向散射强度趋于饱和，进而影响森林生物量估测。后向散射强度对森林地上生物量的敏感性依赖于雷达的频率，其对森林生物量及其变化的敏感性随着波长的增大而增强，其中，P 波段是森林地上生物量估测的首选波段。从极化方式来看，HH 极化后向散射主要来自树干-地面散射，VV 极化后向散射同时受体散射和地面散射的影响，HV 极化后向散射主要受木质材料的体散射作用主导，因此，HV 极化更大程度上反映了森林地上生物量的信息，其后向散射强度与森林地上生物量的相关性较大。Sandberg 等人发现针对 L 波段 HV 极化后向散射系数，当森林地上生物量高于 $150 \ t/hm^2$ 时就已"饱和"，针对 P 波段 HV 后向散射系数，其饱和点相对高一些，但当森林地上生物量较高时，其相对关系不再呈线性。针对高生物量的热带雨林地区（生物量大于 $250 \ t/hm^2$），研究发现，常规的后向散射系数与森林地上生物量之间的相关性很小。当前通过对极化 SAR 数据进行精确定标，然后使用极化 SAR 强度信息实现大区域乃至全球的森林地上生物量估测仍是 P 波段 SAR 技术森林地上生物量估测研究的重要思路。

（5）基于极化干涉技术的森林地上生物量估测

目前，在 P 波段 SAR 森林地上生物量估测研究中，基于极化干涉技术的森林地上生物量估测是研究热点之一。极化干涉 SAR 森林地上生物量估测研究有两种方法，主要包括基于干涉相干性的估测方法和基于异速生长方程估测法。基于干涉相干性的估测方法主要思路是：受植被体去相干的影响，森林覆盖区域的相干性相比非植被覆盖区域要低，其干涉相干系数与森林地上生物量之间存在负相关关系，且其对森林地上生物量的敏感性相比后向散射系数要高，因此可利用统计回归的方法对森林地上生物量进行估测。相关学者进一步讨论了气候对相干性的影响，指出利用相干系数进行森林地上生物量估测需要考虑物候信息。基于异速生长方程估测法主要是通过极化干涉技术或干涉 SAR 技术进行森林高度估测后，利用森林高度和生物量之间的相对生长关系进行森林地上生物量估测。通过该方法可以获取到森林地上生物量，并且生物量水平较高时不存在饱和现象，但森林高度的估测精度会直接影响森林地上生物量的估测精度。

（6）基于层析 SAR 技术的森林地上生物量估测

当前，国外的层析 SAR 技术估测森林生物量主要通过提取不同高度的层析相对反射率，建立特定高度层析相对反射率与生物量关系进行森林生物量估测。相比于利用强度信息估测生物量时容易出现 SAR 信号饱和现象，层析 SAR 技术能够有效解决信号饱和问题，提高森林生物量估测精度。2012 年，Mariotti D 等人利用 P 波段 SAR 数据对热带雨林进行层析成像，发现森林内部的层析相对反射率受地形的影响较小。针对该层析结果，Dinh 等人进一步分析了不同高度处的层析相对反射率与森林地上生物量之间的相关性，发现森林内部 30 m 高度处的层析相对反射率与森林地上生物量有较高的相关性，且在生物量高达 450 t/hm^2 时仍未出现饱和现象。此外，利用层析 SAR 剖面特征进行森林地上生物量估测是近年来出现的一种森林地上生物量估测新思路。Caicoya 等人提出了基于实地测量的森林地上生物量三维信息探索层析 SAR 森林地上生物量三维探测的新方法。Blomberg 等人则利用层析 SAR 剖面能量积分作为新特征发展了一种层析 SAR 森林生物量估测的新方法。

综上所述，国外基于 P 波段 SAR 的森林地上生物量估测研究具有了较好的积累，并达到了一定的成熟度，为 P 波段 SAR 卫星应用于森林地上生物量估测奠定了较好的基础。

1.3.2.2　国内现状

（1）P 波段 SAR 森林高度反演研究

在 SAR 森林高度反演中，干涉 SAR 数据的时间基线和空间基线对于森林高度反演精度具有很大影响。在国内，部分学者对极化干涉 SAR 森林高度反演的最佳基线的确定及影响因素进行了分析。除了干涉基线和雷达相关配置参数对干涉相干有影响外，时间去相干是另一个主要的误差源。在重复轨干涉方式中，由于两次数据采集间隔内散射体的变化引起的干涉相干性的降低，就是时间去相干。对于时间去相干问题，已有学者分别对时间去相干进行了专门的研究，但是时间去相干的模型化还有待进一步发展。

SAR 森林高度的反演精度除了受干涉相干质量的影响外，反演模型的稳健性是另一个重要的影响因素。国内学者也发展了多种基于 RVoG 模型或其简化形式解算森林高度的方法，如果模型未知数大于观测量数，可用信息处理中的优化算法，寻找使观测值和模型预测值相差最小的模型参数，目前，主要有 Nelder - Mead 单纯形优化方法、最大似然法、遗传算法、模拟退火等。当然，也可采用增加观测量的方法来改善反演精度。从几何的角度看，2003 年，Cloude 基于复相干满足"线模型"的假设，对多极化的复相干进行直线拟合，去除地形对植被高度估计的影响，采用二维查找表法对植被高度和衰减系数进行反演，效果较好；在国内，2010 年，白璐等人对相干区域的形状进行了研究，并用于森林高度的反演，提高反演性能；另一方面，从散射机理的角度出发，利用超分技术，也可实现森林高度的反演；2007 年，陈尔学等人利用 E - SAR 采集的 PolInSAR 数据和林分高度实测数据对各种反演方法和模型进行了比较评价。从这些研究中可以看出，对于极化干涉技术森林高度反演研究而言，相干模型的可反演性、稳健性和泛化能力是极化干涉 SAR 技术研究的重点。

在 P 波段 SAR 森林高度反演应用技术研究中，李文梅和陈尔学等人在前期 L 波段极化干涉 SAR 森林高度反演研究的基础上，进一步探索了 P 波段极化干涉 SAR 森林高度反演技术。通过对比分析同一研究区的极化相干层析反演森林高度和单基线极化干涉 SAR 反演森林高度说明了极化相干层析剖面提取的相关参数在森林地上生物量估测研究中的可行性。李兰等人（2016）通过 P 波段 SAR 空间基线优化配置分析，发展了基于最优空间基线选取的极化干涉 SAR 森林高度反演方法。除此之外，该研究团队还对层析 SAR 技术进行森林高度反演进行了探索性研究，并提出了基于样地定标的层析 SAR 森林高度反演方法。王磊和汪长城等人（2017）基于 P 波段极化干涉 SAR 森林高度反演的分析，结合主流的森林高度反演算法，提出了一种适用于 P 波段极化干涉 SAR 高度反演的新方法。该方法通过对非线性迭代算法的初始值进行有效约束，从而解算出相对可靠的消光系数，同时考虑地体幅度比对森林高度的影响，最终得到相对准确的森林高度。廖展芒和何彬彬等人（2019）通过量化森林高度极化干涉 SAR 反演误差，遴选最优空间基线长度，降低森林高度反演中的不确定性，并在此基础上发展了一种多基线极化干涉 SAR 森林高度反演方法，并通过实地调查数据对该方法的有效性进行了验证。此外，梁雷等人（2015）和PENG 等人（2018）则从层析成像算法的角度，对成像算法进行优化，进一步提升 P 波段层析 SAR 森林高度反演的精度。

综上所述，在国内的 P 波段 SAR 森林高度反演研究中，采用的数据基本都来自于国外的 P 波段机载飞行试验。通过这些研究，为国内的 P 波段 SAR 卫星和载荷的发展提供了技术支撑。

（2）P 波段 SAR 森林地上生物量估测研究

在 P 波段 SAR 森林地上生物量估测研究中，国外 P 波段 SAR 机载数据仍然扮演着重要角色。其中，中国林业科学研究院资源信息研究所李增元团队对 P 波段 SAR 森林地上生物量估测开展了大量的研究。这些研究主要包括：李文梅、陈尔学等人（2014）利用极化相干层析技术提取了森林垂直剖面，并在剖面参数化的基础上，提取了森林地上生物量估测特征,实现了森林地上生物量的估测。李兰等人(2015)则利用层析 SAR 技术提取了森林多个高度的层析 SAR 后向散射能量,并提出了利用多个高度后向散射能量结合进行层析 SAR 森林地上生物量估测的方法。最近,研究团队基于层析 SAR 森林剖面后向散射能量分布规律和影响森林地上生物量的主要测树学因子,提出了一种基于层析 SAR 森林剖面拟合的森林生物量估测方法,进一步提升了层析 SAR 森林地上生物量估测精度(Wan 等人,2021)。除了基于国外数据的研究外,该团队结合国内相关单位开展了 P 波段 SAR 机载飞行试验,获取了国产 P 波段 SAR 数据,赵磊等人(2015)利用国产 P+X 波段 SAR 数据发展了多波段 SAR 协同的森林 AGB 估测方法,并实现了复杂地形下的森林 AGB 估测。此外,中国电子科技大学廖展芒等人(2019)利用国外 P 波段 SAR 数据,通过优化空间基线获取更好的森林高度估测精度,进而优化森林地上生物量估测结果。该研究团队还基于层析 SAR 技术,提出了层析 SAR 与图像纹理特征结合的一种森林地上生物量估测方法,并取得了较好的估测精度。

综上所述,国内对于 P 波段 SAR 数据森林地上生物量估测的研究较少,但是已经有关于国产 P 波段 SAR 数据的研究。这些研究对 P 波段 SAR 森林地上生物量估测进行了探索,对未来 P 波段 SAR 林业应用研究具有很高的参考价值。

1.3.2.3　发展趋势

(1) P 波段 SAR 森林高度反演发展趋势

从 P 波段 SAR 数据角度看,随着 P 波段 SAR 数据质量的提升以及数据获取模式的丰富,P 波段 SAR 森林高度反演不断涌现出新的方法。其中,较为典型的是随着极化干涉 SAR 数据基线数量的增加,由基于单一基线的极化干涉技术森林高度反演发展到了多基线极化干涉技术森林高度反演,通过基线数量的增加,可以进行基线选择的优化,从而进一步提升极化干涉 SAR 森林高度的反演精度。对于多基线极化干涉 SAR 森林高度反演研究,基线优化方法如何与森林高度反演模型进行结合,仍然会是当前乃至今后一段时间的研究热点。

在层析 SAR 森林高度反演中,除基线因素外,P 波段 SAR 数据极化信息的有效利用同样也是未来研究的一个重要方向。举例来说,基于 P 波段 SAR 对森林区域穿透性能更强的优势,利用全极化 P 波段 SAR 数据对森林的散射机制如何进行有效分离,通过极化信息的加入更加有效地将地面和森林的散射机制进行区分和提取,可以更加有效地反演地面信息或者森林信息,从而进一步提升林下地形和森林高度反演的精度。此外,随着简缩极化和圆极化数据的出现,这些极化模式的 P 波段 SAR 数据如何应用于森林高度反演,也将是未来研究的一个重要课题。

总的来说,提升 P 波段 SAR 森林高度反演精度,制作高精度的森林高度专题产品,仍是未来 P 波段 SAR 森林高度反演研究的主旋律。

(2) P 波段 SAR 森林地上生物量估测的发展趋势

对于 P 波段 SAR 森林地上生物量估测研究,从 P 波段 SAR 在森林地上生物量估测研究中的应用场景进行分析,主要可以分为大尺度甚至全球尺度的森林地上生物量快速估测以及典型区域的森林地上生物量高精度估测。

　　针对大尺度甚至是全球尺度的森林地上生物量估测，能够更加快速地进行大区域的森林地上生物量制图将会为全球气候变化以及碳循环等重大科学问题研究提供数据支撑。通过更加准确地进行 P 波段 SAR 数据定标，在一定程度上提升 SAR 强度信息与森林地上生物量的相关性。通过模型更加简单快速地进行大尺度的森林地上生物量估测，对于全球或者全国生物量的变化监测具有重要意义，这也将会是未来研究的重点之一。

　　针对典型区域的森林地上生物量高精度估测研究，如何发挥 P 波段 SAR 对森林穿透性能好的优势，更好地利用 P 波段 SAR 探测到的森林垂直结构信息，例如层析 SAR 森林剖面信息的提取和利用问题也将会是未来研究的重点。此外，国外已有基于 L 波段 SAR 数据的层析 SAR 森林三维生物量估测的研究，学者通过对层析 SAR 后向散射能量的曲线和实测数据的森林三维生物量曲线进行匹配和校正，实现了某区域的森林三维生物量精细探测，这对于目标林区的森林管理和经营具有较大的意义。对于 P 波段 SAR 森林地上生物量探测而言，在数据允许的条件下，发展利用 P 波段 SAR 实现森林三维生物量估测的技术也是未来发展的趋势之一。

　　综上所述，P 波段 SAR 森林地上生物量估测的发展趋势是在典型区域内进一步提升森林生物量的估测精度以及在保证一定精度的前提下，能够更加快速地获取大区域的森林生物量专题产品。此外，值得注意的是，在大数据和人工智能迅速发展的背景下，将 P 波段 SAR 森林参数估测技术与人工智能技术结合也将是未来 P 波段 SAR 森林参数估测的一个发展趋势。

参 考 文 献

［1］ SUZUKI S，et al. The Post – ALOS Program ［C］. 27th ISTS，2009.

［2］ KANKAKU Y，et al. The Overview of the L – band SAR Onboard ALOS – 2 ［C］. 27th ISTS，2009.

［3］ LEE P F，JAMES K. The RADARSAT – 2/3 Topographic Mission ［J］. Proceedings of IGARSS 2001，Sydney，Australia，July 2001.

［4］ ATTEMA E. Mission Requirements Document for the European Radar Observatory Sentinel – 1 ［J］. ES – RS – ESA – SY – 0007，Issue 4，July 2005.

［5］ LI F K，GOLDSTEIN R M. Studies of Multibaseline Spaceborne Interferometric Synthetic Aperture Radars ［J］. IEEE Transaction on GeoScience and Remote Sensing，Vol. 28，No. 1，January 1990.

［6］ MEISL P，THOMPSON A，LUSCOMBE A P. RADARSAT – 2 mission：Overview and Development Status ［C］. Proceedings of EUSAR，2000.

［7］ SUESS M，RIEGGER S，PITZ W R. Werninghaus. TerraSAR – X – Design and Performance ［C］. Proc. of EUSAR2002，Köln，Germany.

［8］ BUCKREUSS S，BALZER W，MÜHLBAUER P，et al. The TerraSAR – X Satellite Project ［C］. Submitted for IGARSS 2003.

［9］ MITTERMAYER J，ALBERGA V，BUCKREUSS S，RIEGGER S. TerraSAR – X：Predicted Performance ［J］. Proc. SPIE 2002，Vol. 4881，Agia Pelagia，Crete，Greece，22 – 27 September 2002.

［10］ MITTERMAYER J，RUNGE H. Conceptual Studies for Exploiting the TerraSAR – X Dual Receive Antenna ［C］. Submitted for IGARSS 2003.

［11］ STANGL M，WERNINGHAUS R，ZAHN R. The Terrasar – X Active Phased Array Antenna ［C］. Submitted for Phased Array，2003.

［12］ WERNINGHAUS R，ZERFOWSKI I. The TerraSAR – X Mission ［C］. Proc. of ASAR – Conference 2003，Montreal，CANADA.

［13］ ZINK M，MOREIRA A，BACHMANN M，et al. TanDEM – X Mission Status：the Complete New Topography of the Earth ［C］ //Geoscience and Remote Sensing Symposium （IGARSS），2016 IEEE International. Beijing：IEEE，2016.

［14］ GRIMANI V，BUSSI B，SALEMME P，et al. CSK Mission Status and Experimentation Results：EUSAR 2016 ［C］ //11th European Conference on Synthetic Apertrue Radar，Proceedings of VDE VERLAG GmbH. Hamburg：［s. n.］，2016.

［15］ SACCO P，PARCA G，GODISPOTI G，et al. The Italian Assets for the CLOSEYE EU Project：Cosmo – skymed and Athena – Fidus Satellite Systems ［C］ //Geoscience and Remote Sensing Symposium （IGARSS），2016 IEEE International. Beijing：IEEE，2016.

［16］ FASANO L，CARDONE M，LOIZZO R，et al. COSMO - Skymed Strategies and Actions to Successfully Increase the Life of both Ground Segment and Space Segment ［C］ // Geoscience and Remote Sensing Symposium （IGARSS），2016 IEEE International. Beijing：IEEE，2016.

［17］ KANKAKU Y，SUZUKI S，MOTOHKA T，et al. ALOS - 2 Operation Status ［C］ // Geoscience and Remote Sensing Symposium （IGARSS），2016 IEEE International. Beijing：IEEE，2016.

［18］ DESNOS Y L，FOUMELIS M，ENGDAHL M，et al. Scientific Exploitation of Sentinel - 1 within ESA's SEOM Programme Element ［C］ //Geoscience and Remote Sensing Symposium （IGARSS），2016 IEEE International. Beijing：IEEE，2016.

［19］ QIN Y，PERISSIND. Sentinel - 1 ATOPS Interferometry Application over the Dead Sea ［C］ // Geoscience and Remote Sensing Symposium （IGARSS），2016 IEEE International. Beijing：IEEE，2016.

［20］ SCHWERDT M，SCHMIDT K，RAMON N T，et al. Sentinel - 1B Independent In - orbit System Calibration - first Results ［C］ //EUSAR 2016，11th European Conference on Synthetic Aperture Radar，Proceedings of VDE VERLAG GmbH. Hamburg：［s. n.］，2016.

［21］ VALENTINI G，MARI S，SCOPA T，et al. COSMO - Skymed di Seconda Generazione System Access Portfolio ［C］ //Geoscience and Remote Sensing Symposium （IGARSS），2016 IEEE International. Beijing：IEEE，2016.

［22］ CALABRESE D，CARNEVALE F，MASTRODDI V，et al. CSG System Performace and Mission ［C］ // EUSAR 2016，11th European Conference on Synthetic Aperture Radar，Proceedings of VDE VERLAG GmbH. Hamburg：［s. n.］，2016.

［23］ 刘佳. 2014 年世界遥感卫星回顾 ［J］. 国际太空，2015 （434）：56 - 62.

［24］ 李悦，李健良，房莹. 2015 美军军用卫星现状和发展特点浅析 ［J］. 中国电子科学研究院学报，2015，10 （6）：667 - 674.

［25］ 刘韬. 2016 年国外军用对地观测卫星发展回顾 ［J］. 国际太空，2017 （458）：43 - 46.

［26］ 徐冰，龚燃，何慧东. 2016 年国外民商用对地观测卫星发展回顾 ［J］. 国际太空，2017 （458）：47 - 54.

［27］ 刘韬，徐冰. 2017 年国外军用对地观测卫星发展综述 ［J］. 国际太空，2018 （470）：37 - 42.

［28］ 龚燃. 2017 年国外民商用对地观测卫星发展综述 ［J］. 国际太空，2018 （470）：44 - 50.

［29］ 何慧东，付郁. 2017 年全球小卫星发展回顾 ［J］. 国际太空，2018 （470）：51 - 56.

［30］ 王振力，钟海. 国外先进星载 SAR 卫星的发展现状及应用 ［J］. 国防科技，2016，37 （1）：19 - 24.

［31］ 葛之江，张润宁，朱丽. 国外星载 SAR 系统的最新进展 ［J］. 航天器工程，2008，17 （6）：107 - 112.

［32］ 杨海燕，安雪滢，郑伟. 美国"未来成像体系结构"关键技术及失败原因分析 ［J］. 航天器工程，2009，18 （2）：90 - 94.

［33］ 张绍华，徐大龙. 美国商业遥感卫星的发展 ［J］. 测绘与空间地理信息，2016，39 （12）：135 - 138.

［34］　徐冰. 美国新一代成像侦察卫星概况 ［J］. 国际太空，2011（11）：47 - 50.

［35］　陈元伟. 美欧遥感卫星公私合营对我国遥感产业发展的启示 ［J］. 中国航天，2018（3）：57 - 61.

［36］　龚燃，刘韬. 2018 年国外对地观测卫星发展综述 ［J］. 国际太空，2019（482）：48 - 55.

［37］　魏雯，李浩悦. 俄罗斯军事成像侦察卫星的现状与发展 ［J］. 中国航天，2011（7）：23 - 26.

［38］　李春升，王伟杰，王鹏波，等. 星载 SAR 技术的现状与发展趋势 ［J］. 电子与信息学报，2016，38（1）：229 - 240.

第 2 章　微波理论

2.1　概述

微波是电磁波，它具有电磁波的诸如反射、透射干涉、衍射、偏振以及伴随着电磁波能量传输等波动特性，且微波频率比一般的无线电波频率高，这就决定了微波的产生、传输、放大、辐射等问题都不同于普通的无线电、交流电。在微波领域，通常应用所谓的"场"的概念来分析系统内电磁波的结构，并采用功率、频率、阻抗、驻波等作为微波测量的基本量。

在研究微波问题时，一是需要使用电磁场的概念，许多高频交变电磁场的效应不能忽略；二是由于微波的频率高，其辐射效应更为明显，需要研究电磁波空间传输的特性，由于微波在传输过程中遇到不同的介质或材料，会产生反射、吸收和穿透现象，需要研究这些相互作用和其程度；三是根据微波探测目标的影响因素，给出一般雷达方程；四是给出自然界一般真实物体的微波特性描述，包括其发射特性和散射特性。本章将重点从这 4 个方面进行论述。

2.2　微波基础理论

（1）微波简介

微波是波长很短的电磁波，其波长范围在 1 m～0.1 mm 之间，其对应的频率范围在 300 MHz～3 000 GHz 之间，此波段称为微波波段。微波频率很高，故又称为超高频电磁波。微波处于超短波与红外光之间，如图 2-1 所示。

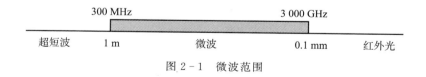

图 2-1　微波范围

在实际应用中，为了方便，常把微波波段简单地分为：分米波段［频率从 300～3 000 MHz，也称为超高频（Ultra High Frequency，UHF）］、厘米波段［频率从 3～30 GHz，也称为特高频（Super High Frequency，SHF）］、毫米波段［频率从 30～300 GHz，也称为极高频（Extremely High Frequency，EHF）］及亚毫米波段［频率从 300～3 000 GHz，也称为超极高频（Super Extremely High Frequency，SEHF）］。

　　图 2 - 2 所示为宇宙电磁波谱，微波虽然在电磁波谱中仅是很小的一个波段，但是占有很重要的地位。

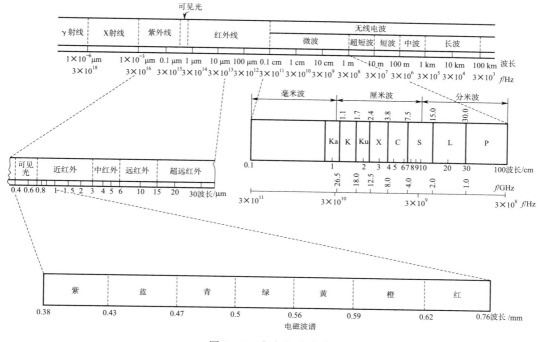

图 2 - 2　宇宙电磁波谱

　　在雷达、通信及常规微波技术中，又将微波进一步划分为 17 个波段，并以英文字母命名，见表 2 - 1。

表 2 - 1　常用微波波段代号

波段代号	频率范围/GHz	波长范围/cm
UHF	0.3～1.12	100～27
L	1.12～1.70	27～18
LS	1.70～2.60	18～12
S	2.60～3.95	12～7.6
C	3.95～5.85	7.6～5.1
XC	5.85～8.20	5.1～3.7
X	8.20～12.40	3.7～2.3
Ku	12.40～18.0	2.3～1.7
K	18.00～26.5	1.7～1.1
Ka	26.5～40.0	1.1～0.75
Q	33.0～50.0	0.91～0.6
U	40.0～60.0	0.75～0.5
M	50.0～75.0	0.6～0.4

续表

波段代号	频率范围/GHz	波长范围/cm
E	60.0~90.0	0.5~0.33
F	90.0~140.0	0.33~0.21
G	140.0~220.0	0.21~0.14
R	220.0~325.0	0.14~0.09

（2）电磁波的极化

在空间任意给定点上，电磁波电场强度 E 的方向随时间变化，这种现象称为电磁波的极化。电磁波的极化表征在空间定点上 E 的取向随时间变化的特性，并以 E 随时间变化的轨迹来描述，根据轨迹变化形状可以分为线极化波、圆极化波和椭圆极化波。

在自由空间传输的电磁波一般是平面波，它是一种电场和磁场相互垂直的横电磁波，如图 2-3 所示，在 Z 方向传播的平面波电场在 XY 平面内，且垂直于 Z 轴，电场矢量的顶端在 XY 平面内画出一条轨迹曲线。

当这条轨迹为直线时，称为线极化波，它分为两个方向的极化，即平行极化和垂直极化。平行极化是指电场矢量与入射面平行，而垂直极化是指电场矢量与入射面垂直。当边界平面为地面时，习惯上将垂直于入射面极化，即电场矢量平行于地面的极化，称为平行极化；而将平行于入射面极化称为铅直极化或垂直极化，即电场矢量垂直于地面的极化。若发射和接收的都是平行极化（或垂直极化）电磁波，则得到同极化 HH（VV）图像；若发射和接收的都是不同极化的电磁波，则所得图像为交叉极化图像（HV 或 VH）。

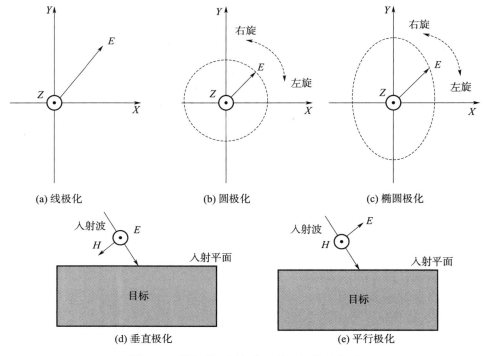

图 2-3　线极化、圆极化、椭圆极化示意图

当轨迹曲线为圆形，称为圆极化波，圆极化波根据 E 的旋转方向，分为左旋圆极化波和右旋圆极化波，当旋转方向与传播方向成左手螺旋关系，称为左旋圆极化波；当旋转方向与传播方向成右手螺旋关系，称为右旋圆极化波。

当轨迹曲线为椭圆形，称为椭圆极化波，椭圆极化波根据 E 的旋转方向同样分为左旋椭圆极化波和右旋椭圆极化波。

2.3　微波传输理论

2.3.1　与电离层相互作用

微波易于实现窄波束定向的通信，但其在电离层的传播时受电离层中的折射率变化影响，波束传播的方向会发生弯折，传播速度也会改变。通过研究其折射率的变化可以得到微波在电离层中传播的宏观特性和规律，而电离层中的大气折射率与相应层面的电子密度有关。

2.3.1.1　电离层的组成与分布特性

在距地面 $60 \sim 1\,000$ km 的高度处，太阳辐射的紫外线和 X 射线以及太阳的微粒子辐射和宇宙线使得大气发生电离，形成带正电荷的电子和带负电荷的离子，这段被电离的区域，称为电离层。电离层主要包含氧气、氮气和氧原子等气体成分。受到光照辐射的影响，有部分粒子被电离成离子和电子，但从整体上来看仍然保持电中性。由于存在地球自然磁场的作用，带电粒子在运动时受到自然磁场的影响，所以又把电离层称作磁化等离子体介质，是一种各向异性介质。

电离层的电子密度是描述电离层的主要参数之一，其单位是个电子 / m³，用字母表示为 N_e。在地球重力及其他影响大气分子电离的因素的影响下，电离层电子密度随高度呈现出分层结构。除了背景电离层分层结构外，电子密度还存在各种尺度的不规则结构。因此，要完整地描述电离层的状态，必须包含背景电离层和电离层不规则体的分布特性。

（1）背景电离层

按照电子密度峰值高度可以将电离层分为 D 区、E 区、F1 区和 F2 区 4 个区域。在 D 区及 E 区（$80 \sim 105$ km），流星常年穿过，由于流星消融的作用，在该区域注入大量的金属成分（如钠、铁、钾等），使该区域形成一个金属层。电离层分层的详细情况见表 2-2。

为了描述电离层电子密度在高度方向的分层结构，发展出了各种电离层理论模型和经验模型。典型的理论模型包括查普曼模型、抛物分层模型、线性分层模型和指数分层模型等，这些模型是在各种假设和近似条件下得到的；而经验模型包括国际参考电离层（International Reference Ionosphere，IRI）模型、bent 模型、Nequick 模型，它们是由大量电离层探测资料统计分析得到的。

在理论模型中，使用较多的是查普曼模型

$$N_e = N_{\text{emo}} \exp\left[1 - \frac{h - h_{\text{emo}}}{H} - \sec\chi \cdot \exp\left(-\frac{h - h_{\text{emo}}}{H} \right) \right] \qquad (2-1)$$

式中，N_{emo} 为太阳天顶角 $\chi = 0°$ 时的最大电子密度；h_{emo} 为密度峰值高度；H 为大气高度。

表 2 - 2　电离层分层结构

区域名称	D 区	E 区	F1 区	F2 区
区域范围/km	60~90	90~150	150~200	200~500
电子密度峰值高度/km	70	110	180~200	300
电子密度峰值/（个电子/m³）	$10^9 \sim 10^{11}$	$10^9 \sim 10^{11}$	10^{11}	$10^{11} \sim 10^{12}$
中性分子密度/（个电子/m³）	$4 \times (10^9 \sim 10^{21})$	$7 \times (10^{16} \sim 10^{19})$	$8.5 \times (10^{15} \sim 10^{16})$	$2 \times (10^{11} \sim 10^{12})$
大气成分 *	N₂,O₂,少量 NO	N₂,O₂,O₂	O,N₂,O₂	
电离原因	X 射线、黎曼射线的光电离,宇宙射线碰撞电离	X 射线及紫外线的光电离	$\lambda_0 = 200 \sim 800$ Å 的紫外线光电离	
基本特点	夜间消失	电子密度白天大,夜间小	F1 区夜间消失,常出现于夏季 F2 区电子密度白天大,夜间小,冬季大,夏季小	

注：* 表示"大气成分"中各元素按所占成分的多少顺序排列。

在经验模型中，IRI 模型得到了广泛使用。IRI 模型是国际无线电科学联合会（Union Radio - Scientifique Internationale，URSI）根据地面观察站测到的大量资料和多年电离层模型研究结果得到的电离层经验模型，反映的是宁静电离层的平均状态，而不能得到精确的电离层状态。根据输入的经纬度、时间、太阳黑子数等参数，IRI 模型可以给出电子密度在高度维分布的经验值。

除了电子密度之外，电离层总电子含量（Total Electron Content，TEC）是描述电磁波传播的一个更为直接的参数。其定义为传播路径上的电子密度积分值。由于传播路径的不确定，一般使用垂直方向的总 TEC 衡量电离层 TEC 水平。由于电离层电子密度随地理位置、当地时间变化，TEC 也表现出对地理位置的依赖性和随时间的变化特性。与电子密度的变化规律类似，TEC 在当地时间中午达到最大值，在午夜时达到极小值，在赤道和极地的值可能大于其他地区。

（2）电离层不规则体

实际上电离层并不像上面所说的划分为规则的、不同高度的层，而是以不规则的团状或块状的形式存在。电离层电子密度相对于其背景的变化量 ΔN_e 称为电离层不规则体。

2.3.1.2　微波电离层传输理论

电磁波在介质中的传播是受到了介质中带电粒子，特别是电子在电磁波的作用下以电磁波的频率振动时激发电磁辐射的结果。电磁波在电离层中传播的宏观现象实质上是电磁波在其中折射的结果；从微观来讲，电磁波通过改变带电粒子的速度分布，使电离层介质的宏观特性发生变化。要想认识其中的特性以及规律，就需要去求微波在电离层中的介电常数和折射率。

（1）微波在电离层中的反射

当微波在电离层传播时，电子和离子都会受到电磁场的作用而运动，但因自由电子的质量远小于离子的质量，一般电子的作用是主要的，只要考虑电子就够了。暂不考虑微波传播过程中可能引起的非线性效应，且不考虑地磁场的作用和电离层对电波的吸收，将电离层某一高度传播的微波视为单色平面波，其电场强度可表示为

$$\boldsymbol{E} = \boldsymbol{E}_0 e^{i(\boldsymbol{k} \cdot \boldsymbol{r} - \omega t)} \tag{2-2}$$

式中，E_0 为电场强度幅度；$\boldsymbol{k}$ 为传播矢量；$\boldsymbol{r}$ 为位置矢量；ω 为电磁波的角频率。电离层中电子在微波电场作用下的运动方程为

$$m \frac{\mathrm{d}^2 \boldsymbol{z}}{\mathrm{d} t^2} = e \boldsymbol{E} \tag{2-3}$$

式中，m 为电子的质量；e 为电子载荷；$\boldsymbol{z}$ 为位移。

设电子的初速度为 0，由式（2-2）和式（2-3）可推得

$$\frac{\mathrm{d} \boldsymbol{z}}{\mathrm{d} t} = \frac{-e \boldsymbol{E}_0}{i m \boldsymbol{\omega}} e^{i(\boldsymbol{k} \cdot \boldsymbol{r} - \omega t)} = \frac{-e \boldsymbol{E}}{i m \omega} \tag{2-4}$$

设电子密度为 N_e（个电子/m³），则电离层中的传导电流密度为

$$\boldsymbol{j}_e = \sigma_c \boldsymbol{E} = N_e e \frac{\mathrm{d} \boldsymbol{z}}{\mathrm{d} t} = -\frac{N_e e^2}{i m \omega} \boldsymbol{E} \tag{2-5}$$

可得电导率为

$$\sigma_c = -\frac{N_e e^2}{i m \omega} \tag{2-6}$$

可认为等离子体是电中性的，但其中的传导电流不等于零，平面电磁波在其中传播时，它的波矢和频率之间的关系为

$$-k^2 + \frac{\omega^2}{c^2} + i \frac{\sigma_c}{\varepsilon m} = 0 \tag{2-7}$$

将式（2-6）代入式（2-7），可得

$$k^2 = \frac{1}{c^2}(\omega^2 - \omega_p^2) \tag{2-8}$$

$$\omega_p^2 = \frac{N_e e^2}{\varepsilon_0 m} \tag{2-9}$$

式中，ω_p 为等离子体角频率。

按照等离子体理论，当忽略地磁场的影响以及电子与离子、分子之间的碰撞效应时，电离层介质的介电常数 ε 和大气折射指数 n 可表示为

$$\varepsilon = n^2 = 1 - \frac{\omega_p^2}{\omega^2} = 1 - \frac{f_p^2}{f^2} \tag{2-10}$$

式中，ω 为电磁波角频率；f 和 f_p 分别为电磁波频率和等离子体频率。

由此可知，当 $\omega > \omega_p$ 时，$k^2 < 0$，k 为纯虚数。此时入射到等离子体上的电磁波都将被反射回去；当 $\omega < \omega_p$ 时，k 为实数，电磁波可以在其中传播。当 $\omega = \omega_p$，$f = f_p$ 时的频率 f 称为临界频率，以 f_c 表示

$$f_c = \sqrt{\frac{e^2 N_e}{4\pi^2 m\varepsilon_0}} = 8.9787 \times 10^{-6} N_e^{\frac{1}{2}} \tag{2-11}$$

当电磁波超过临界频率时，穿过电离层将不再反射。如果要实现地球与卫星间的通信，就必须使得电波频率高于临界频率，所以卫星与地面的通信会使用短波或者微波频段。

（2）微波在电离层中的吸收

电离层中受电磁波激发的电子将与离子和中性粒子发生频繁地碰撞，此时电子的振动能量会转变为热能，其辐射本领随之降低，以至于完全消失，这个过程称为电磁波能量被部分吸收。

设电子碰撞频率为 υ，每次碰撞中损失的动量为 $m\dfrac{\mathrm{d}z}{\mathrm{d}t}$，电子运动方程可写成

$$m\frac{\mathrm{d}^2 z}{\mathrm{d}t^2} = eE - m\upsilon\frac{\mathrm{d}z}{\mathrm{d}t} \tag{2-12}$$

令电子的振动规律为 $z = z_0 e^{\mathrm{i}w}$，则式（2-12）可转换成

$$\frac{\mathrm{d}z}{\mathrm{d}t} = \frac{eE}{m}\frac{\upsilon - \mathrm{i}\omega}{\upsilon^2 + \omega^2} \tag{2-13}$$

所以，电子碰撞时电离层中的运流电流密度为

$$j_e = N_e\frac{\mathrm{d}z}{\mathrm{d}t} = \frac{N_e^2 E}{m}\left(\frac{\upsilon - \mathrm{i}\omega}{\upsilon^2 + \omega^2}\right) \tag{2-14}$$

电波的电场强度为 $E = E_0 e^{\mathrm{i}\omega t}$，则有 $E = \dfrac{1}{\mathrm{i}\omega}\dfrac{\mathrm{d}E}{\mathrm{d}t}$，式（2-14）变为

$$j_e = -\left[\frac{N_e^2}{m(\upsilon^2 + \omega^2)} + \frac{\mathrm{i}N_e^2 \upsilon}{m\omega(\upsilon^2 + \omega^2)}\right]\frac{\mathrm{d}E}{\mathrm{d}t} \tag{2-15}$$

这样，电离层中总电流密度为

$$j = j_e + j_d = \frac{1}{4\pi}\left[1 - \frac{4\pi N_e^2}{m(\upsilon^2 + \omega^2)} - \frac{\mathrm{i}4\pi N_e^2 \upsilon}{m\omega(\upsilon^2 + \omega^2)}\right]\frac{\mathrm{d}E}{\mathrm{d}t} = \frac{1}{4\pi}\left(\varepsilon - \frac{\mathrm{i}4\pi\upsilon}{\omega}\right)\frac{\mathrm{d}E}{\mathrm{d}t} \tag{2-16}$$

其中，$\varepsilon = 1 - \dfrac{4\pi N_e^2}{m(\upsilon^2 + \omega^2)}$，$\upsilon = \dfrac{N_e^2 \upsilon}{m(\upsilon^2 + \omega^2)}$

此时，电离层的介电常数和折射率均表示为复数形式

$$\varepsilon^* = n^2 = \varepsilon - \frac{\mathrm{i}4\pi\upsilon}{m\omega} \tag{2-17}$$

由于实际能在电离层中传播的电磁波是中波、短波，因此，一般满足 υ 远小于 ω，故有

$$\varepsilon = 1 - \frac{4\pi N_e^2}{m\omega^2}，\upsilon = \frac{N_e^2 \upsilon}{m\omega^2} \tag{2-18}$$

可见，在考虑了电子碰撞后的电离层的介电常数的实数部分仍与无碰撞时相同，在 N_e 较小的 D 区和 E 区，对于频率较高的电磁波而言，其值接近于 1。介电常数的虚数部

分中的 ν 称为电离层的电导率，是一个与热效应有关的量，反映了电离层对电磁波的吸收。而微波波长比超短波还要短，其频率远大于电离层穿透频率，所以微波在电离层中的吸收效应小。

（3）微波在电离层中的折射

由于电离层处于近地空间，其受到基本地磁场的作用，其中，运动的自由电子将受洛伦兹力，电子将沿磁力线方向或者反磁力线方向依螺旋轨道前进（其旋转频率依赖于地磁场，故称为旋磁频率），在垂直于磁力线方向的运动则受到限制，从而使电离层变为各向异性介质。

以麦克斯韦方程为基础，根据磁离子介质的结构关系式可以得到电离层折射系数

$$\varepsilon^* = n^2 = 1 - \frac{X}{U - \dfrac{Y^2 \sin^2\theta}{2(U-X)} \pm \left[\dfrac{Y^4 \sin^4\theta}{4(U-X)^2} + Y^2\cos^2\theta \right]^{\frac{1}{2}}} \tag{2-19}$$

式中，n 为电离层中的折射系数。$X = \omega_p^2/\omega^2$，$\omega_p = \sqrt{N_e e^2/\varepsilon_0 m}$ 为等离子体角频率，$Y = \mu_0 H_e/m\omega$；$U = 1 - j\nu/\omega$；$\omega = 2\pi f$ 为信号角频率；N_e 为电子密度；$e = 1.602\,177\,33 \times 10^{-19}$ 为电子电荷；$\varepsilon_0 = 1/36\pi \times 10^{-9}$ 为真空介电常数；$\mu_0 = 4\pi \times 10^{-7}$ 为真空磁导率；$m = 9.109\,382\,15 \times 10^{-31}$ 为电子质量；$H = B/\mu_0$ 为地磁场强度；B 为地磁感应强度；ν 为自由电子与重粒子的碰撞频率；θ 为传播矢量与地磁场的夹角。式（2-21）就是磁离子理论中的色散公式，即 Appleton-Hatree 公式。

对于远大于电离层穿透频率的电磁波，可以忽略电离层中的吸收项，即令式（2-17）中 $\nu = 0$，从而 $U = 1$。因此，对于远大于电离层穿透频率的电磁波

$$n \approx 1 - r_e \lambda \left(1 \pm \frac{e\mu_0 H}{c} \lambda \cos\theta \right) N_e \tag{2-20}$$

式中，r_e 为经典电子半径。

$$r_e = e^2/(4\pi m\varepsilon_0 c^2) \tag{2-21}$$

由以上描述可见，对于传播于其中的电磁波而言，电离层是色散的各向异性介质。在电离层中传播的电磁波受到的色散效应等都和电离层的这些性质息息相关。

2.3.2　与地表多层相互作用

微波具有穿透性较强的特性，且不同深度、不同介质电磁波传播时延的不同，使得不同层次的目标在时域上进行区分成为可能，对于地表多层介质中电磁波反射与折射机理的推导基于以下几点假设：

1）介质分界面为光滑平面；

2）介质为均匀介质，不同介质的磁导率近似相等；

3）介质为理想介质（即电导率 $\sigma = 0$），即电磁波在介质内部传播时无损耗。

电磁波在多层均匀理想介质中传播主要在分界面处产生反射和折射，本章节以 4 层介质为例，给出电磁波反射和折射的几何关系推导，如图 2-4 所示。第 0 层为空气，第 1～3 层为 3 种不同的均匀介质，空气以及 3 层介质的磁导率和介电常数参数分别为 μ_i 和

$\varepsilon_i(i=0，1，2，3)$。每一层介质的厚度分别记为 $d_i(i=1，2，3)$。3 层介质中传播常数 k_i 与波阻抗 η_i 分别为

$$k_i = w\sqrt{\mu_i \varepsilon_i} \qquad (2-22)$$

$$\eta_i = \sqrt{\frac{\mu_i}{\varepsilon_i}} \qquad (2-23)$$

其中，$\omega = 2\pi f$，$i=0，1，2，3$。入射角和折射角的计算公式为

$$k_1 \sin\theta_i = k_2 \sin\theta_t \qquad (2-24)$$

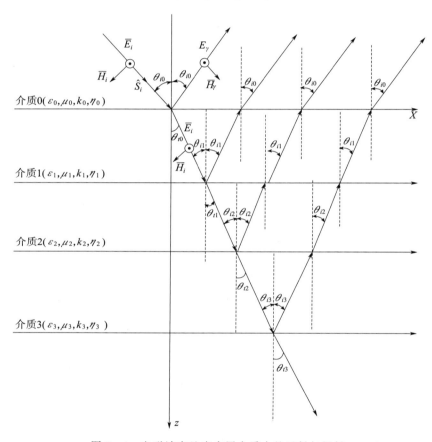

图 2-4 电磁波在地表多层介质中的反射与折射

由于任意一个电磁波都可以分解为垂直极化波（V）分量和水平极化波（H）分量，因此，此处以垂直极化波（V）为例进行推导，水平极化波的情况可以类推得出。

空气中入射波的电场和磁场表达式为

$$\overline{E_{i0}} = \hat{y}E_{i0}e^{-jk_0(x\sin\theta_{i0}+z\cos\theta_{i0})} \qquad (2-25)$$

$$\overline{H_{i0}} = (-\hat{x}\cos\theta_{i0} + \hat{z}\sin\theta_{i0})\frac{E_{i0}}{\eta_0}e^{-jk_0(x\sin\theta_{i0}+z\cos\theta_{i0})} \qquad (2-26)$$

由于磁场和电场存在固定的关系，并且雷达系统探测的也是电场信息，因此，以下推导均针对电场进行。

当空气入射至第一层介质时，反射波和折射波分别为

$$\overline{E_{r0}} = \hat{y} R_{01} E_{i0} e^{-jk_0(x\sin\theta_{i0} - z\cos\theta_{i0})} \tag{2-27}$$

$$\overline{E_{t0}} = \hat{y} T_{01} E_{i0} e^{-jk_1(x\sin\theta_{t0} + z\cos\theta_{t0})} \tag{2-28}$$

式中，θ_{i0} 为从空气（介质 0）入射到介质 1 时的入射角和反射角；θ_{t0} 为从空气（介质 0）入射到介质 1 时的折射角；R_{jk} 为从第 j 层介质入射至第 k 层介质时的反射系数；T_{jk} 为从第 j 层介质入射至第 k 层介质的折射系数，计算公式为

$$R_{jk} = \frac{E_r}{E_i} = \frac{\eta_k\cos\theta_i - \eta_j\cos\theta_t}{\eta_k\cos\theta_i + \eta_j\cos\theta_t} \tag{2-29}$$

$$T_{jk} = \frac{E_t}{E_i} = \frac{2\eta_k\cos\theta_i}{\eta_k\cos\theta_i + \eta_j\cos\theta_t} \tag{2-30}$$

在第二层介质分界面处，入射波电场为

$$\overline{E_{i1}} = \overline{E_{t0}} e^{\left(\frac{jk_1 d_1}{\cos\theta_{t0}}\right)} = \hat{y} T_{01} E_{i0} e^{-jk_1(x\sin\theta_{i1} + z\cos\theta_{i1})} e^{\left(\frac{jk_1 d_1}{\cos\theta_{t0}}\right)} \tag{2-31}$$

从介质 1 到介质 2 的反射波电场和折射波电场为

$$\overline{E_{r1}} = \hat{y} T_{01} R_{12} E_{i0} e^{-jk_1(x\sin\theta_{i1} - z\cos\theta_{i1})} e^{\left(\frac{jk_1 d_1}{\cos\theta_{t0}}\right)} \tag{2-32}$$

$$\overline{E_{t1}} = \hat{y} T_{01} T_{12} E_{i0} e^{-jk_2(x\sin\theta_{t1} + z\cos\theta_{t1})} e^{\left(\frac{jk_1 d_1}{\cos\theta_{t0}}\right)} \tag{2-33}$$

其中，反射波还会进一步从介质 1 折射到介质 0 中，其表达式为

$$\overline{E_{t10}} = \hat{y} T_{10} T_{01} R_{12} E_{i0} e^{-jk_0(x\sin\theta_{i0} + z\cos\theta_{i0})} e^{\left(\frac{jk_1 2d_1}{\cos\theta_{t0}}\right)} \tag{2-34}$$

以此类推，电磁波在多个介质（$i = 0,1,2,\cdots,n$）中入射时，其中，每一层介质的厚度分别为 d_i。假设电磁波从介质 j 至介质 k（相邻的两个介质）时反射系数为 R_{V_jk}，折射系数为 T_{V_jk}，则从第 i 层介质表面反射回来的电场强度为

$$\overline{E_{\mathrm{V}ri}} = \hat{y} \left(\prod_{j=0,k=1}^{j=i-2,k=i-1} T_{\mathrm{V}\_jk} T_{\mathrm{V}\_kj}\right) \cdot R_{(i-1)i} \cdot E_{\mathrm{V}\_i} \cdot e^{-jk_0(x\sin\theta_{i0} - z\cos\theta_{i0})} \cdot \prod_{j=1}^{j=i-1} e^{\left(\frac{jk_j 2d_j}{\cos\theta_{t(j-1)}}\right)} \tag{2-35}$$

其中

$$T_{\mathrm{V}\_jk} = \frac{E_t}{E_i} = \frac{2\eta_k\cos\theta_i}{\eta_k\cos\theta_i + \eta_j\cos\theta_t} \tag{2-36}$$

$$R_{\mathrm{V}\_jk} = \frac{E_r}{E_i} = \frac{\eta_k\cos\theta_i - \eta_j\cos\theta_t}{\eta_k\cos\theta_i + \eta_j\cos\theta_t} \tag{2-37}$$

式中，θ_i 为从介质 j 到介质 k 时的入射角；θ_t 为从介质 j 到介质 k 时的折射角；E_{V_i} 为入射波的电场强度幅值。

同理，水平极化波（H）的电场强度可以表示为

$$\overline{E_{\mathrm{H}ri}} = -(\hat{x}\cos\theta_{i0} + \hat{z}\sin\theta_{i0})$$

$$\left(\prod_{j=0,k=1}^{j=i-2,k=i-1} T_{\mathrm{V}\_jk} T_{\mathrm{V}\_kj}\right) \cdot R_{(i-1)i} \cdot E_{\mathrm{H}\_i} \cdot e^{-jk_0(x\sin\theta_{i0} - z\cos\theta_{i0})} \cdot \prod_{j=1}^{j=i-1} e^{\left(\frac{jk_j 2d_j}{\cos\theta_{t(j-1)}}\right)}$$

$$\tag{2-38}$$

其中

$$R_{\text{H}\_jk} = \frac{E_r}{E_i} = \frac{\eta_j \cos\theta_i - \eta_k \cos\theta_t}{\eta_j \cos\theta_i + \eta_k \cos\theta_t} \tag{2-39}$$

$$T_{\text{H}\_jk} = \frac{E_t}{E_i} = \frac{2\eta_k \cos\theta_i}{\eta_k \cos\theta_i + \eta_j \cos\theta_t} \tag{2-40}$$

2.4　雷达方程

根据前文所述的微波理论可得：一是根据物体对外微波辐射的独特性，且辐射特性不受云层和太阳照射的影响，可以通过被动微波遥感接收的形式监测全球尺度动力学的若干过程；二是根据物体的散射特性，可以通过仪器本身产生的微波照射，测量目标散射的回波特性来实现观测，即"主动"微波，通常也被称为雷达。本章节将给出主动微波探测的一般雷达方程，具体描述如下：

使用增益为 G 的有方向性天线，距离雷达 R 处的功率密度为

$$P_D = \frac{P_t G}{4\pi R^2} \tag{2-41}$$

式中，P_t 为峰值发射功率；$4\pi R^2$ 为半径为 R 的球的表面积。

当雷达辐射的能量打到目标上时，目标上引起的表面电流向所有方向辐射电磁能量。辐射能量的多少与目标的大小、指向、物理形状与材料成比例，所有这些因素综合在一个专门的目标参数中，称为雷达截面面积（RCS），用 σ 表示。

经目标反射回雷达天线的功率为

$$P_{Dr} = \frac{P_t G}{4\pi R^2} \cdot \sigma \cdot \frac{1}{4\pi R^2} \cdot A_e \tag{2-42}$$

将式（2-41）代入式（2-42），得到

$$P_{Dr} = \frac{P_t G^2 \lambda^2 \sigma}{(4\pi)^3 R^4} \tag{2-43}$$

令 $S_{\min}$ 表示最小可检测信号功率，那么最大的雷达距离 $R_{\max}$ 为

$$R_{\max} = \left[\frac{P_t G^2 \lambda^2 \sigma}{(4\pi)^3 S_{\min}} \right]^{\frac{1}{4}} \tag{2-44}$$

在实际情况中，雷达接收的回波信号会被噪声污染，在所有雷达频率上引入不想要的电压。噪声在本质上是随机的，可以用它的功率谱密度（PSD）函数来描述。噪声功率 N 是雷达工作带宽 B 的函数，更准确地表示为

$$N = 噪声 \text{ PSD} \cdot B \tag{2-45}$$

无损耗天线的输入噪声功率为

$$N_i = kT_e B \tag{2-46}$$

式中，$k = 1.38 \times 10^{-23}$ J/K，为玻耳兹曼常数；T_e 是有效噪声温度（K）。一般总是希望最小可检测信号功率（$S_{\min}$）大于噪声功率。雷达接收机的保真度通常用一个称为噪声系数

的性能指标 F 来描述，噪声系数定义为

$$F = \frac{(\text{SNR})_i}{(\text{SNR})_o} = \frac{S_i/N_i}{S_o/N_o} \qquad (2-47)$$

式中，$(\text{SNR})_i$ 和 $(\text{SNR})_o$ 分别为接收机输入端和输出端的信噪比；S_i 为输入信号功率；N_i 为输入噪声功率；S_o 和 N_o 分别为输出信号功率和噪声功率。将式（2-46）代入式（2-47），并且重新排列，得到

$$S_i = k T_e B F (\text{SNR})_o \qquad (2-48)$$

因此，最小可检测信号功率可以写成

$$S_{\min} = k T_e B F (\text{SNR})_{o\min} \qquad (2-49)$$

雷达检测门限设置为等于最小输出 SNR，即 $(\text{SNR})_{o\min}$。将式（2-49）代入式（2-44），得

$$R_{\max} = \left[\frac{P_t G^2 \lambda^2 \sigma}{(4\pi)^3 k T_e B F (\text{SNR})_{o\min}} \right]^{1/4} \qquad (2-50)$$

或者等效为

$$(\text{SNR})_{o\min} = \frac{P_t G^2 \lambda^2 \sigma}{(4\pi)^3 k T_e B F R_{\max}^4} \qquad (2-51)$$

考虑系统损耗 L 后，雷达方程可以修正为

$$R_{\max} = \left[\frac{P_t G^2 \lambda^2 \sigma}{(4\pi)^3 k T_e B F L (\text{SNR})_{o\min}} \right]^{1/4} \qquad (2-52)$$

或者等效为

$$(\text{SNR})_{o\min} = \frac{P_t G^2 \lambda^2 \sigma}{(4\pi)^3 k T_e B F L R_{\max}^4} \qquad (2-53)$$

若考虑电波单程传播衰减为 $\delta\, \text{dB/km}$，则雷达接收机所收到的回波功率 S_i' 与没有衰减时的功率 S_i 的关系为

$$
\begin{aligned}
10 \lg \frac{S_i'}{S_i} &= \delta \cdot 2R \\
\lg \frac{S_i'}{S_i} &= \frac{\delta \cdot 2R}{10} \\
\ln \frac{S_i'}{S_i} &= 2.3 \frac{\delta \cdot 2R}{10} = 0.46 \delta \cdot R \\
\frac{S_i'}{S_i} &= e^{0.046 \delta \cdot R}
\end{aligned}
\qquad (2-54)
$$

考虑传播衰减后，雷达方程可以修正为

$$R_{\max} = \left[\frac{P_t G^2 \lambda^2 \sigma}{(4\pi)^3 k T_e B F L (\text{SNR})_{o\min}} \right]^{1/4} e^{0.115 \delta R_{\max}} \qquad (2-55)$$

或者等效为

$$(\text{SNR})_{o\min} = \frac{P_t G^2 \lambda^2 \sigma}{(4\pi)^3 k T_e B F L \left(R_{\max} / e^{0.115 \delta R_{\max}} \right)^4} \qquad (2-56)$$

2.5　真实自然物体的微波特性

　　真实自然物体包括地球大气中的氧、海洋和湖泊、水汽凝结物、冰和雪、裸露的岩石和沙漠、土壤、植被等，为更好地通过星载微波载荷系统进行相关真实自然目标的探测，就需要获取各目标的微波特性，进而有针对性地进行微波遥感探测。物体的微波特性主要指物体本身对外微波辐射特性和接收外界微波辐照而发生的散射特性或反射特性。

　　"散射"的概念一般可以被描述成目标对入射电磁能量的转向，它通常是指电磁波被与它的波长大小相当或较小的目标作用的随机变化过程，其中，反射是光滑目标（目标特性比电磁波长小得多）的规律性的散射。

　　散射体的有效性可以使用"散射截面面积"来度量，一般用 σ（sigma）表示。总的来说，入射能量会在任意方向发生散射，而散射大小不一定在各个方向相等。可以定义某个方向的散射截面面积（是观测角 θ 的函数）为

$$\sigma(\theta) = \frac{\theta \text{ 方向每单位立体角散射功率}(\mathrm{W \cdot \Omega^{-1}})}{\text{入射平面波散射强度}\ /4\pi\ (\mathrm{W \cdot \Omega^{-1} \cdot m^{-2}})} \tag{2-57}$$

式中，Ω 为立体角；4π 为平面波总立体角的归一化因子。

　　式（2-57）的定义中有一些特殊情形需要讨论，首先需要考虑散射的总功率。为了获得总散射截面面积，需要将式（2-57）在目标周围各个方向积分，总散射截面面积是总散射功率和入射平面波散射强度的比值

$$\sigma_T = \frac{\text{总散射功率}(\mathrm{W})}{\text{入射平面波散射强度}(\mathrm{W \cdot m^{-2}})} \tag{2-58}$$

　　对于一个"完美"的散射体，此数值等于实际截面，所有的入射能量都被转向，这不一定符合实际情况，比如散射体可能吸收部分能量。目标吸收能量的效率因此被类似地定义为"吸收截面"，和式（2-58）相同，只是分子变为"总吸收功率"。

　　除散射能量外，还需考虑散射波和入射波的方向，在微波雷达中，通常对"后向"散射更感兴趣，即散射方向和入射方向相反，称为后向散射截面。

　　σ 依赖于目标的多个性质：形状、介电特性、朝向和表面粗糙度等。这些特性也会随着不同的观测角、频率和极化变化而变化，而且 σ 与目标的实际面积无关。在微波应用观测方面，不仅观测单个离散目标，还观测分布式目标，或者是离散目标和分布式目标的结合体，因此，σ 可能指分布式目标散射能量的比例，在这种情况下，将雷达测量的散射截面和目标的几何面积 A 联系起来，定义（归一化）散射系数为

$$\sigma^0 = \sigma/A \tag{2-59}$$

　　发射是指物体对外辐射能量，任何具有物理温度的物体都将发射一些电磁辐射，一般用发射率 ϵ 表示，是通过与黑体比较，来描述某物体在某频率上辐射能量的效率的量，公式为

$$\epsilon = \frac{\text{温度为 } T \text{ 的物体的亮度}}{\text{温度为 } T \text{ 的黑体的亮度}} \tag{2-60}$$

　　发射率依赖于物体的多个性质：形状、介电特性、朝向和粗糙度等，不同的物体会对

外辐射不同频率、不同能量的电磁辐射，可以通过对电磁辐射的接收和积累反演物体的亮温水平，进而获取其物理特性。

由基尔霍夫定律可知，发射率和散射率是互补关系：好的散射体是弱的发射体，反之亦然。对于地球表面的被动微波特性来说，在一个大区域中温度是均匀的，因此，在陆地表面，影响亮温观测的因素主要是地面发射率，而不是其物理温度，可以用发射率来表征自然表面。海洋是个例外，因为其发射率相对稳定时，温度却是变化的，不论是陆地还是海洋，都可以用亮温对观测量进行表征。对于主动微波特性来说，归一化雷达截面面积 σ^0 被用来表征表面特性，因为它不依赖于任何具体仪器的地面足迹或分辨率。真实测量的发射率和后向散射系数是观测几何、反射率（介电常数）和表面粗糙度（与波长成正比）等因素混合作用的结果。下面主要介绍一些常见地表类型的发射率和散射系数。

（1）地球大气中的氧

地球大气的微波特性大多由水（水汽或液态的水汽凝结物）和氧决定，氧分子的频率在 50～70 GHz 范围内，并在 118 GHz 处存在序列谱线。氧在大气中混合均匀，而且随着时间变化不大，所以对大气氧的微波测量主要作为大气的温度和气压的重要指示进行的。

（2）海洋和湖泊

海洋的微波特性主要与水温、盐度和海面粗糙度有关。平静的海面反射率可以由一个很成熟的函数来表示，变量为水温和盐度，海水的盐度约为 3.2%，但在近海岸地区要小得多，因为那里是咸海水和冰川淡水的混合物。发射率随着物理温度和频率的升高而增加，也随着盐度的增加而增加，但后者只有当频率小于 6 GHz 时才比较明显。由于有风，空气和水面之间的摩擦会造成尺度为毫米～厘米的毛细重力波，这些小尺度的波只会存在很短的时间，即它和水面的瞬时气流密切相关。大的水体中还有大尺度（米级）重力波，在海洋中还有由涌浪和大尺度洋流造成的表面起伏。这些波的尺度为数米至数千米，时间尺度也长很多。在实际中，海面的特征会由于泡沫的存在变得更加复杂，泡沫会降低海面的反射率；石油泄漏会通过降低表面张力来抑制波浪。石油泄漏可能是自然产生的，也可能是由油轮泄漏引起的。

因此，将海洋表面建模为一系列不同波长和振幅的波形的叠加，波形的范围称为"波谱"。通常，用一个波长来描述海洋表面是不够的，至少需要包含双尺度粗糙度模型，即较大的重力波以及叠加在其上的毛细胞。

风和波浪谱之间的关系并不简单，总的来说，风速越高，各种尺度的海面粗糙度越大。发射率和散射系数都随着海面粗糙度的增大而变化，并且当非天底点指向入射时，它们还随着极化方式的不同而变化。海面粗糙度越大，H 和 V 两种极化之间的差距越小。以上这些规律意味着，无论是主动还是被动两种极化微波遥感都可以提供海面粗糙度（从而得到风速）的信息。近天底点指向入射时，H 和 V 两种极化的差别主要由毛细波决定，因为它们都有一定的方向（此时，极化差别和毛细波的取向有关）；较大入射角下，H 和 V 两种极化的差别取决于反射系数和入射角的变化关系。

海洋散射的另一个关键方面是波浪谱和风速之间的方向有一个相对的关系，这个解释了波的两个特性，其一是极化，其二是方位角上发射率和散射系数的各向异性，即当测量是在相同的俯仰角和不同的方位角时，散射系数变化规律基本为：迎风向最大、顺风向略小、侧风向最小。因此，产生的散射功率和相对于风向的夹角之间具有一个确定的关系。散射的绝对强度由风速决定。散射功率最适合测量当风吹过海面时产生的小毛细波。因此，在该环境下，总的回波是每个单独的波浪起伏之间的相干叠加，所以即使单个波浪的贡献很小很小，总的归一化散射截面也可能会非常大。

（3）水汽凝结物

"水汽凝结物"是指大气中悬浮或坠落中的（液态或冻结态）水微粒。在对流层和平流层底部它们通过吸收作用和散射作用对高频电磁波（大于 10 GHz）的传输产生影响。它们的物理温度并不明显变化（即处于热平衡状态），但毕竟有物理温度，能发射各种电磁波，即微波。吸收、发射和散射可以改变亮温，因此可以通过被动遥感测量云和水汽凝结物的特性。在主动微波遥感中，它们对雷达脉冲产生衰减，在穿过大气层对地表进行观测时，是雷达杂波（不需要的信号）的一个重要来源。反之，这种衰减特性也有用武之地：既然水汽凝结物影响雷达回波，雷达也可以通过检测这些回波测量水汽凝结物的特性。这些雷达就是电视天气预报提供雷达图像的"降雨雷达"。

受云的类型和降水事件的影响，水汽凝结物的尺寸和分布变化非常大。空气温度、地点和季节等因素也会影响水汽凝结物的特性。水汽凝结物通常是很稀薄的。地球大气中的非降水云微粒半径一般不超过 0.1 mm。积云和层云，以及雾霾，其半径一般不超过 50 μm。这些微粒十分有效地吸收电磁波，很少散射。这些大气很像无降水的大气，只是出现了吸收和发射。

当云微粒结合成雨，其尺寸（0.1~5 mm）可接近高频的微波；由于微粒尺寸（从而其后向散射截面）经常随着降雨率的增加而增加，通过测量降雨单元的微波散射，可获得降雨的分布信息和强度信息。

冻结的水汽凝结物可以分为两类：前者是小于 1 mm 的颗粒（经常是针形或平板形微粒）和介于 1~10 mm 之间的颗粒（雪或冰雹），后者是液体水、冰以及其中小气囊的混合物。

较大液态水汽凝结物（如降雨）和所有固态降水（雪和冰雹）的散射相对较强，尤其是随着微波频率增加而更加明显。当对这些散射过程建模时，假定每个微粒都是球形和均匀的，虽然这些假定只对于小的降水才近似成立。大的雨滴由于重力的作用会变扁；冰微粒的形状更是非常复杂，在进行极化测量时必须考虑这些因素。

因此，在用星载雷达或机载雷达观测地面目标时，采用受降水影响较小的低频率（长波长）微波是合适的。在瑞利区，水汽凝结物的散射系数和频率的四次方成正比，因此，通过将电磁波频率降低一半，回波功率衰减 1/16。这种对于波长的高度敏感性，使得双频测量可以直接反演水汽凝结物的尺寸，从而更好地估计降雨。

（4）冰和雪

在微波波段，冰有几个很有趣的性质。液态水的介电常数极高，几乎不允许穿透；但当它结晶为冰时，其介电常数急剧下降，使它对微波几乎透明。笼统地说，雪与冰常以简单的层的形式出现，覆盖在一个有相对高介电常数的表面上，如土壤、石头和水面。几何因素很重要，因为层的上边界，层体本身和其他层之间（可能有很多层，因为存在雪、冰、土壤和水的混合层，如积雪覆盖的结冰的湖）都可能出现散射。边界的散射依赖于边界的粗糙度和材质的相对介电常数。在这种情况下，决定介电常数的首要因素是液态（或自由）水含量。因此，湿雪就比"干"雪的介电常数高。雪和冰层都倾向于产生体散射，和植被层差别不大，因此更似于各向同性的散射。

冰可以分为淡水冰、冰川冰和海冰，具体微波特性如下：

1) 淡水冰：当水凝固时，水分子键合在一起，它们的旋转状态不再能与微波发生相互作用。因此，淡水冰可以看成是一个介电常数非常低的各向同性介质。由于介电常数极小，穿透深度很大，即使 C 波段的微波也可以穿透 10 m，所以，所有的微波发射和散射只存在于冰层和其下的表面（水或陆地）的界面上。起初，液态水是个很好的散射表面，对回波信号影响最大的是风引起的粗糙度。通常，当淡水变冷，它的密度会变大，因而沉入水底；但在较低的温度下，接近于凝固点的水实际上密度较低，因此，其浮上表面直至结冻成冰。表面的冰有两个界面：上方的空气和下方的水。因为冰实际上对微波是透明的，散射都发生在冰-水交界面，而不是冰-气交界面。散射特性依赖于冰的成因，冰中可能有气泡（相当于离散的散射点），但这些通常在回波中贡献很小。

冰-水交界面是个很光滑的界面（即使对短波长），散射近似为镜面反射。如果水面持续结冰，直至整个湖都结冰，这样界面就不再是冰-水交界面，而是冰-土（冰-石）交界面，这就是个相对粗糙的界面了。

2) 冰川冰：冰川和冰原也是淡水冰，但它们是多层雪压缩而形成的。这种冰的垂直结构受到很多因素的影响，比如季节性的再融化、变形和其他的季节相关变化。结果形成一系列具有截然不同的介电常数或结构特性的水平层。在每一层的边界都会发生微波相互作用。在聚集区域（此时冰川是由层层积雪压缩而成的），冰层上可能还有雪覆盖，使得冰和大气的界面变得不是那么明显。从雪到冰的变化还包括水在积雪中的渗透和结冻，从而形成水平的冰透镜和垂直的冰腺，这些都是很有效的散射体。在更深的冰层中，雪被充分压缩形成高密度冰。在消融区域，冰通过融化和蒸发消失，这种高密度冰在散射中起主要作用。

冰川和冰原的动力学也会造成大尺度特征，如裂缝。多数裂缝在冰河的边缘，这会形成一个不同发射特性和散射特性的表面。

当冰足够干且足够均匀时，L 波段和 P 波段以及更长的波，可以穿透 100 m 甚至更深的深度，而当冰很薄时，可以到达冰床下的岩石。

3) 海冰：海冰之所以被单列出来，是因为盐度对冰的介电常数有着巨大的影响。海冰是海水结冻而不是积雪形成的，与冰川冰有不同的结构特性。尤其是极冰，它是盐、盐水囊和气泡等离散散射体的混合物。这些散射体占海冰体积的 5%～20%。彼此之间并不一定满足远场条件。基于冰类型的多样性，海冰散射特性的差异非常大。

垂直结构和介电常数的变化主要由冰的演变程度而定，可分为新冰（厚度小于 0.3 m）、头年冰（厚度介于 0.3～2 m 之间）和多年冰（厚度超过 2 m）3 种类型。这些类型的散射规律和发射规律随着频率的变化趋势都不同。新冰和头年冰都是盐化的，头年冰甚至有被飞沫盐化的雪覆盖的情况，因此其发射率很高。新冰上面通常没有覆盖雪，介电常数比较适中。

北冰洋（远离陆地）的海水盐度为 3.2%。然而，一旦海水结冰，冰中的盐分将会向下渗透到海水中，这个过程中在冰里形成盐水囊。头年冰的盐度垂直廓线为：顶部 0.5%～1.6%；主体部分 0.4%～0.5%；低端 3%。老一些的海冰顶端盐度 0.1%，主体部分 0.2%～0.3%。因为盐水囊会收缩而被空气取代。

咸冰是微波的强吸收体，而非好的散射体，但它和脱盐的冰相比是个很好的发射体。脱盐冰也接近于体散射体，因为其中的盐水囊和气囊是冰中的介电不连续点，如果它们数目很大，将在散射中占主要地位。它们在整个冰体中都有分布，所以咸冰产生的散射相对于体散射。当盐水囊体积比例小于 5%，则主要散射来自表面。若冰有很多分层，或冰上覆盖着雪，发射特性和散射特性会更加复杂。

冰的特定特性依赖于盐水囊或气囊的大小和观测波长的比、每层厚度和散射体所占比例。当散射体增大或增多，以及冰层变厚时，体散射的贡献越大。表面发射和散射随着冰类型变化，除了由脱盐过程导致，还与老冰对应于较粗糙的表面有关。

冰块聚合成的压力脊，可增大本地区域的粗糙度，这在任何一种类型的冰上都有可能出现。

在观测中需要考虑的一个重要因素是，不同类型的冰和周围海洋之间的差别，无论是关于频率还是关于极化。在海洋中不论 H 极化或 V 极化都有很高的发射率，而且都随着频率升高；多年冰的发射率在低频域很高，随着频率的增加而降低，当频率为 20 GHz 时，其值开始低于海洋。

除了最低频率域，在所有的海冰中，头年冰都有最高的发射率。

在散射的情形中，光滑、盐化的新冰和头年冰会导致相干性很强的镜面散射。这就意味着入射角很小时，镜面的后向散射起主要作用，而入射角很大时镜面的前向散射起主要作用。多年冰则相反，其盐分已被抽干，电导率较低，允许较深的穿透。高度计仍会接收强回波，但比新冰的回波弱，然而多年冰对成像雷达的回波却是增强了的。

雪中的液态水含量是判别它是干雪还是湿雪的因素。完全的干雪是紧密排列的冰针，其中的宿主介质只有空气。冰针排列得足够紧密，可以相互支撑，其体积占了整个新雪的 10%～20%，当它变形之后（通过融化和重凝固），该比例可达 40%。虽然冰针不是球形，但其方向是随机的，总体看来可等效为球形。作为一种疏松材料，新鲜的干雪介电常数很低，因此，微波和冰针之间的相互作用很小，可以穿透至干雪层以下的表面。在高频微波的情况下，确实存在相互作用的可以看成体散射。

当冰微粒中有水滴存在时，雪被看成是"湿"的。液态水的平均尺寸远小于冰微粒，因此在整个散射中贡献不大，但它对吸收贡献却很大。雪介质中液态水的存在会增加吸收，从而降低散射。湿雪中的水也可以看成是一种宿主介质。

任何特定雪层的介电常数随测量频率、雪的湿度和体积比例而变化。在一个雪层的总体介电常数变化也受到（冰）颗粒尺寸和雪深度影响，因此，发射率和散射随着雪的厚度变化决定了整个雪的贡献。在干雪中，穿透能力是如此之强，以至于地面雪层的发射率和散射都依赖于雪的厚度。这种变化使得测量雪厚度成为可能。

颗粒尺寸是重要的，因为发射率和散射系数依赖于观测波长和体元素（冰颗粒）的尺寸之比。这一点很重要，因为它意味着，微波可以用来估计积雪率。较低的积雪率导致冰颗粒较大，从而带来较强的散射和较弱的发射率。如在 10 GHz，当雪积得很慢时，发射率为 0.65；当积雪较多时，发射率可达 0.9。

但是，雪的覆盖、积雪率、深度、再融化和其他物理变化之间有复杂的相互作用，会使得反演任何一个参数都变得很困难。

（5）裸露的岩石和沙漠

热的和冷的沙漠和裸露岩石一起在土壤之前讨论，因为它们几乎不受土壤湿度的影响，还因为它们和干燥的行星（如金星和火星）接近。裸露岩石和沙漠的关键因素是它们的散射和发射会出现在空气和岩石的界面，因此，占主导作用的是表面粗糙度。另一个有时也很重要的因素是，干燥表面的介电特性。一个经典的例子是盐滩，它有极高的反射率，因为盐度较高。另一个极端是干旱沙漠，其介电常数极低，以至于微波将穿透数十倍甚至数百倍波长的深度。这种环境下几乎没有散射，微波只会一直前行，直至遇到界面。比如岩床，或者最终完全衰减。这是微波一个很有趣的特性，可以用波长很长的微波在沙漠上调查非常深的地下特征，另一个实际应用是寻找沙漠下面的水源，因为干沙和湿沙散射特性截然不同。

干沙上即使发生散射，也倾向于体散射，因为并没有明确的边界。但是，有一个例外，即由风的起伏造成的布拉格散射。风吹的沙通常呈现一个起伏的表面，类似于海面，起伏的空间分辨率（波长）和高度由风速和沙粒的尺寸及湿度决定。这些起伏的波长从厘米级到米级变化很大，但在给定的地区起主要作用的是一个波长的尺度。因为这些起伏沿着沙丘波动，任何经过一个沙丘区域的观测都会包括许多区域，在那里本地入射角和起伏波长刚好满足共振散射的条件。

（6）土壤

土壤对微波的响应和裸露岩石极为不同，因为它是由松软的土壤颗粒、空气和水构成的混合物。总的来说，土壤中随着水含量增高，反射系数增加而发射率降低。在微波遥感中，土壤的总体特性要比微观特性重要很多，因为土壤的精细尺度结构要比电磁波长小得多。

不能直接确定土壤的总体介电特性，因为它不是单纯的土壤和水的加权平均，而需要考虑土壤里的水是自由的还是束缚的。自由水分子的旋转能量状态被激活，介电常数实部约为 80，而水分子首先会被土壤微粒表面吸收，因此不能自由旋转。自由分子和束缚分子的比例取决于土壤性质，如表面面积（由土壤微粒的含量、形状和大小决定）。然而，的确存在某些根据土壤物理特征和含水量确定土壤体介电特性的算法。

当土壤中加入了水分，其介电常数的实部缓慢增加，因为此时的水分子是束缚在土壤中的。在微波波段内，空气的介电常数是 1，土壤约为 4，水约为 80，液态水是影响土壤介电常数最重要的因素。饱和土壤的介电常数接近于水（频率大于 1 GHz 时为 80）。虚部也随着湿度增加而增加，不过更慢一些。在一个给定的波长，其净效应就是穿透深度随着土壤湿度的增加而减小。信号穿透程度随着自由水分子增加而减弱的事实也表明土壤比人们预想的复杂，因为在不同深度的土壤中土壤湿度的变化是不同的。

非常干的土壤是体散射体，和沙类似，即微波穿透土壤进行散射和发射。非常湿的土壤可以看成一个粗糙表面，散射特性和发射特性由表面粗糙度决定，严格说，由土壤含水量在垂直方向上的分布决定。

直接利用微波数据反演土壤湿度有个最大的困难，即没有简便的方法来区别地面粗糙度和土壤湿度的影响，正因为如此，关于用微波发射率和散射系数反演土壤湿度的研究开展着很多工作。

土壤的体介电特性由它的体密度和结构决定，且体密度在一个地区变化不大，对某特定地区的观测不受体密度的影响。土壤结构基于其质地变化，质地变化由沙和黏土的比例或集聚方式，即"结块"的变化引起。

集聚方式可能会随着本地降雨条件的变化而变化，这意味着在估计土壤湿度时，它是一个非常值得考虑的因素。影响土壤湿度测量的主要原因有两个：首先，土壤湿度的变化和垂直截面湿度情况可能影响测量，因为短波长传感器可能对最表层土壤变化更敏感，而长波长传感器更适合对长期湿度条件的观测；其次，如果这些灵敏度依赖于波长，可以利用多通道传感器来确定土壤湿度特性。

土壤的表面粗糙度是很重要的因素。入射角增大时，H 极化和 V 极化的发射率和散射系数之间的差别会减小，因为此时表面粗糙度增加了，方向性信息就衰弱了。对于某些高频段辐射计（>80 GHz），微结构变得很重要，土壤看起来变得完全粗糙。这时 H 极化和 V 极化的差异减小了，而发射率对表面粗糙度不再敏感了。

虽然越深的土壤贡献越小，但是土壤发射的微波是所有深度向上辐射的叠加。土壤上层的发射贡献很显著，实际的深度取决于土壤对特定电磁波的介电特性。土壤的响应将会被土壤中的异质物（如气囊和大石）以及植被变得异常复杂，这些物质甚至可能完全掩盖对土壤的观测。

另外一个讨论的特征是冻结而不能自由旋转的水分子，即冻土中的水分子，它们有非常低的介电常数（和融化的土相差数十倍甚至更多）。这个变化是很可观的，冻土和融土的空间和时间边界有极高的差别。干旱沙漠的极低介电常数也是它不含液态水的自然结果。基本原则是：土壤中的液态水含量决定了它的介电特性，尤其是穿透深度。因此，测量湿土得到的是土壤最表层的特性信息，此时的观测对表面粗糙度非常敏感。更干的土壤会对较深层的特性敏感，此时，土壤更接近于体散射。所以，土壤湿度垂直剖面是非常重要的参数，而不是仅仅考虑直接平均的湿度。

（7）植被

微波和植被的相互作用相对来说比较复杂，因为总体而言，植被是各向异性的散射体，结构成分有尺寸和数量密度的变化。散射元为叶或树枝，在森林中有各种形状和各种尺寸的散射元。随着小散射元的增多，数量密度趋于增大。另外，通常可以认为，大的散射元集中于靠近地面的部分，而小的散射元在植被冠层更多。

因为微波的波长和植被中散射体的尺度相当，散射的机理异常复杂，而且米氏共振散射会进一步加剧其复杂程度。在植被环境中可以出现从瑞利散射到光学散射的整个范围的散射。散射元的平均面积越大，后向散射系数越强，植被衰减越严重。植被深度会决定其衰减量。因此，较短波长（如 X 波段或 C 波段）的电磁波不太可能穿透植被，因为植被散射元的尺寸要比这些波长长。

更低频率（如 L 波段和 P 波段）的波长比冠层散射元的尺寸略大，因此，电磁波可以穿过冠层。以 P 波段为例，在散射中起主要作用的是主干和较粗的树枝，而不是较小的树冠散射元。在 VHF 波段（波段大于 1 m），信号几乎全部来自地面和最大的树干。

想要对植被的发射特性和散射特性有更详细的了解需要对单个散射元进行完全描述，包括它们的位置、数量密度、形状、大小、介电特性和取向角。简单地说，森林冠层太复杂了，以至于将其近似为随机散射体。该假定将冠层散射的累积作用表现为一些理想的、一致的散射体，每个散射体的特性或多或少代表了森林冠层的"平均"特性，这些散射体的方向服从均匀分布，对应于实际取向角的大范围变化。

在树结构的单个柱体散射元的层面上，我们可以预期后向散射系数在瑞利区随着其体积的平方成正比增加，在光学区随着其物理截面面积成正比增加。这种对尺寸的敏感是雷达后向散射在长波长对地面生物量密度、茎体积或基本面积敏感的原因之一。然而，随着频率升高（波长减小），森林冠层对电磁波的衰减的增加，任何对这些参数的反演都需要长波传感器（L、P 波段或更长）。在雷达中，观测到的散射和生物量呈正相关，直到饱和，偶尔出现负相关。

生物量和后向散射的相关性在波长较长和交叉极化观测时（因为交叉极化的回波主要来自冠层，而同极化来自地面），表面通常是最好的。

植被的去极化效应在散射和亮温中都可以观测到，因此，当植被数量增多时，H - V 差异减小（和裸露地面的高 H - V 差异相反）。

散射特性和波长成比例，这就是说，X 波段对微型盆景树的响应类似于 P 波段对较大盆景的响应。然而，低矮植被的规律性比成熟森林冠层要强，它们的树荫深度导致长波长的地面散射很明显。小麦等庄稼基本是垂直分布的，而土豆等作物分布平坦：水平分布的叶子占主要地位。这两种结构的差别可以通过极化反映出来，小麦的茎会增加任何垂直方向的散射或发射，而大且平坦的叶的 H - V 差异相对较小。

农业植被的另一个重要特征是它们随时间变化很快，这和变化缓慢的森林相反。土壤湿度和植被特性的联合观测在农业中尤其重要，目的是估计农业生长情况。农业测量的另一个困难是庄稼是成行种植的，下面的土壤也表现出周期特性，这可能会产生相干效应，如布拉格散射。

2.6　长波长电磁波信号穿透性特征分析

一般定义电磁波能量衰减 $1/e$ 倍时在介质中的传播距离为穿透深度，表示为

$$d = \frac{\lambda}{2\pi\varepsilon''}\sqrt{\varepsilon'}$$

式中，ε' 和 ε'' 分别为介质的复介电常数的实部和虚部，针对土壤的复介电常数是入射波频率、土壤类型、土壤湿度的非线性函数，其中，土壤由黏土、沙土、有机物和水组成，水分为束缚水和自由水。

植被覆盖下的土壤，雷达信号除了与雷达设置参数及地表粗糙度和土壤含水量有关外，还与植被含水量和植被冠层的形状、大小和分布有关。雷达回波信号经辐射校正处理后表征为目标后向散射系数，后向散射系数主要取决于植被信息、土壤湿度和地表粗糙度。设植被层和土壤层两项后向散射系数分别为 σ_l 和 σ_g，为此总的后向散射系数表示为

$$\sigma_{\text{total}} = \sigma_l + \Gamma_l \sigma_g \Gamma_l$$

式中，Γ_l 为植被层的衰减系数，考虑了双程植被衰减。

从回波信号中得到的结果是后向散射系数，需要从后向散射系数反演获得湿度信息，属于非线性的估计问题，通常分为以下两步：

第一步：从回波信号总后向散射系数（已进行幅度校正处理）中扣除植被后向散射系数和消除地表粗糙度的影响；

第二步：建立土壤后向散射系数的散射模型，进行反演求解水分含量。

L 波段、C 波段、X 波段和 Ku 波段通常仅能穿透稀疏的植被（生物量在 4 kg/m²），P 波段（435 MHz）能够穿透生物量达 20 kg/m² 以上的植被，在 P 波段植被的散射系数较小，L 波段植被的散射系数与粗糙地表的散射系数相当，为此，在土壤湿度探测时，需要采用更低频段实现散射能量主要聚焦在土壤介质。

P 波段土壤湿度探测的敏感深度在 10～60 cm 范围内。

土壤介电常数主要与频率、含水量、物理温度和土壤类型（结构）等有关，P 波段（350 MHz）下土壤介电常数表达为：$\varepsilon = \varepsilon' + i\varepsilon''$，其中，$\varepsilon' = 93.1w^{1/0.65} + 3.79$，$\varepsilon'' = 4.9w + 0.47$，$w$ 表示土壤中水的质量分数（图 2-5）。

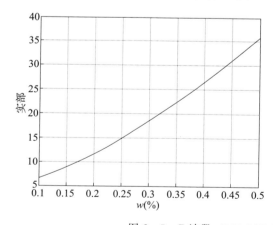
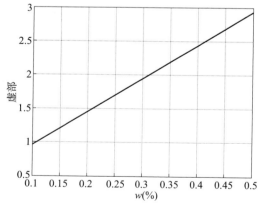

图 2-5　P 波段（350 MHz）土壤介电常数仿真计算值

参 考 文 献

［1］ 江潮. 常用雷达波段名称及其频率、波长范围对照与划分［J］. 航天电子对抗，1985（2）：60－64.

［2］ SKOLNIK M，斯科尼克，左群声，等. 雷达系统导论［M］. 3 版. 北京：电子工业出版社，2014.

［3］ 杨淋，赵宁，姚佰栋，等. 高分辨率星载 P 波段 SAR 系统参数设计［J］. 雷达科学与技术，2017，15（1）：19－28.

［4］ 谢处方，杨显清，等. 电磁场与电磁波［M］. 4 版. 北京：高等教育出版社，2006.

［5］ 邵小桃，李一玫，王国栋. 电磁场与电磁波［M］. 北京：清华大学出版社，2014.

［6］ HITNEY H V . Engineer's Refractive Effects Prediction System（EREPS）Revision 2［J］. Interim Report Naval Ocean Systems Center San Diego Ca，1994，95.

［7］ 黄纪军. FOPEN SAR 地面目标散射特性分析及检测研究［D］. 长沙：国防科技大学，2005.

［8］ 伍光新，邓维波，姜维. 雷达目标瑞利区划分和散射特性研究［J］. 电波科学学报，2007（3）：476－480.

［9］ SKOLNIK M I. Radar Handbook［M］. 3rd ed. New York：McGraw－Hill，1990.

［10］ 李杏朝. 微波遥感监测土壤水分的研究初探［J］. 遥感技术与应用，1995（4）：1－8.

［11］ 成跃进. P 波段 SAR 的独特作用及意义［J］. 空间电子技术，1996（1）：41－42.

［12］ VEGH M E. Exact Result for the Grazing Angle of Specular Reflection from a Sphere［J］. SIAM Review，1993，35（3）：472－480.

［13］ HITNEY H V. Refractive Effects from VHF to EHF. Part B：Propagation Models［C］. In AGARD，1994.

［14］ RICE S O. Reflection of Electromagnetic Waves by Slightly Rough Surfaces［J］. Commun. Pure Appl. Math.，1951（4）：351－378.

［15］ SCHOOLEY A H. Upwind－Downwind Ratio of Radar Return Calculated from Facet Size Statistics of a Wind－Disturbed Water Surface［J］. Proceedings of the Ire，1962，50（4）：456－461.

［16］ SPETNER L，KATZ I. Two Statistical Models for Radar Terrain Return［J］. IEEE Transactions on Antennas and Propagation，1960，8（3）：242－246.

［17］ BASS F G，FUKS I M，KALMYKOV A I，et al. Very High Frequency Radiowave Scattering by a Disturbed Sea Surface Part Ⅱ：Scattering from an Actual Sea Surface［J］. IEEE Transactions on Antennas and Propagation，1968，16（5）：560－568.

［18］ 周智敏，黄晓涛. VHF/UHF 超宽带合成孔径雷达穿透性能分析［J］. 系统工程与电子技术，2003，25（11）：1336－1340.

［19］ 陈述彭. 遥感信息机理研究［M］. 北京：科学出版社，1998.

［20］ ZHAO N，LU J，GE J L，et al. Comparison of P/L Band Digital Array SAR for the Foliage/Sands Subsurface Penetration Detection［C］// Eusar：European Conference on Synthetic Aperture Radar. VDE，2016.

［21］ 杨淋，赵宁，姚佰栋，等. 高分辨率星载 P 波段 SAR 系统参数设计［J］. 雷达科学与技术，2017，

15 (1)：19 - 28.

［22］ DOERRY ARMIN W. A Model for Forming Airborne Synthetic Radar Images of Underground Targets ［R］. Sandia Report，SAND94 - 0139. UC - 906，1994.

［23］ BINDER B T，TOUPS M F，AYASLI S，et al. SAR Foliage Penetration Phenanenology of Tropical Rain Forest and Northern U. S Forest ［C］. IEEE International Radar Conference，1995.

［24］ ULABY F T，MCDONALD K ，SARABANDI K，et al. Michigan Microwave Canopy Scattering Models（MIMICS）［C］// Geoscience and Remote Sensing Symposium，1988. IGARSS'88. Remote Sensing：Moving Toward the 21st Century. International. IEEE，1988.

［25］ 黄燕平，陈劲松 . 基于 SAR 数据的森林生物量估测研究进展 ［J］. 国土资源遥感，2013（3）：10 - 16.

［26］ LE TOAN T，BEAUDOIN A，RIOM J，et al. Relating Forest Biomass to SAR Data ［J］. IEEE Transactions on Geoscience and Remote Sensing，1992，30（2）：400 - 411.

［27］ SANTORO M，ASKNE J I H，WEGMULLER U，et al. Observations，Modeling，and Applications of ERS - ENVISAT Coherence Over Land Surfaces ［J］. IEEE Transactions on Geoscience and Remote Sensing，2007，45（8）：2600 - 2611.

［28］ PATTERSON W L. Advanced Refractive Effects Prediction System（AREPS） ［C］. 2007 IEEE Radar Conference，2007：891 - 895.

［29］ 赵万里，梁甸农，周智敏 . VHF/UHF 波段星载 SAR 电离层效应研究 ［J］. 电波科学学报，2001（2）：189 - 195＋199.

［30］ 李力，杨淋，张永胜，等 . 电离层不规则体对 P 波段星载 SAR 成像的影响 ［J］. 国防科技大学学报，2013，35（5）：158 - 162.

［31］ ISHIMARU A，KUGA Y. Ionoshperic Effects on Synthetic Aperture Radar at 100MHz to 2 GHz ［J］. Radio Science，1999，34（1）：257 - 268.

［32］ WRIGHT P A，QUEGAN S，WHEADON N S，et al. Faraday Rotation Effects on L - band Spaceborne sar Data ［J］. IEEE Transactions on Geoscience and Remote Sensing，2003，41（12）：2735 - 2744.

［33］ 赵建华 . 对流层大气对电波传播的影响 ［J］. 科技视界，2015（19）：136.

［34］ 陆春晖 . 平流层与对流层相互作用的研究进展 ［J］. 气象科技进展，2013（2）：6 - 20.

第 3 章　P 波段 SAR 天基遥感原理及系统设计

3.1　星载 P 波段 SAR 行业应用产品需求分析

紧密围绕碳达峰和碳中和，重点针对森林资源、森林地上生物量（AGB）、林下地形测绘、次地表探测（土壤水分、冻土层、冰川等）、林下交通、灾害应急观测等行业相关业务应用，将应用需求转化为对森林资源等专题信息产品的需求。下面给出各行业具体的应用产品需求。

3.1.1　行业应用需求分析

一是针对国家林草局当前重大业务对新一代对地观测技术的迫切需求，紧密结合林草局十四五科技发展规划，深入分析和梳理国家林草局在如下核心业务应用上对 P 波段 SAR 卫星的应用需求：

1）森林资源宏观调查监测（一类清查）；

2）森林资源规划设计调查（二类调查）；

3）森林资源年度更新；

4）森林资源管理一张图；

5）森林经营方案编制；

6）天然林保护规划；

7）国家森林生态安全评价；

8）森林生态修复和保护；

9）森林质量精准提升工程；

10）境外森林资源监测和开发；

11）国际生态环境公约履约；

12）全球气候变化和碳循环研究。

二是围绕 P 波段 SAR 卫星系统具有强穿透性和极化干涉能力，重点梳理和分析如下应用场景和具体应用需求：

1）植被覆盖下深层土壤湿度在农业生产、气候气象预报、水文地质勘察、碳平衡等领域发挥着极其重要的作用。

2）测绘科学领域，如何提取植被林下地形是获取高精度 DEM 亟须解决的问题。

3）监测冻土层变化对青藏高原等地区基础设施规划和建设有着非常大的影响，也是水循环、碳循环、碳储量研究的重要参数。随着全球气候变暖，对青藏高原等地区多年冻土的监测尤为紧迫。

4）全球冰川面积约占陆地总面积的 11%，据估计冰川储藏有机碳超过 104Pg，冰川碳循环是全球碳循环的重要组成部分。大范围的冰盖能反射大量太阳光，有助于保持地球温度不至于升高。在全球变暖的大背景下，冰川消融速率加快，部分有机碳随冰川融水释放，对生态系统产生重要影响，反过来会加速气候变暖。为此，监测冰川变化对全球气候研究至关重要，也是碳循环研究的重要表征参数。

5）地质灾害多发生在山区，地形复杂且植被覆盖较密，亟须进行穿透性探测，对灾害发生进行监测，支持抢险搜救，并对灾情进行评估。

6）我国农村公路里程占比超过 80%，受遮蔽情况严重，需要有效穿透公路沿线两侧有一定间距的树木上的叶子和细枝，获取路面信息。

3.1.2　专题信息产品需求分析

将林草等行业业务应用需求转化为几大专题信息产品，如森林平均高（森林高度）分布图、森林蓄积量分布图、森林地上生物量分布图、植被覆盖下次地表探测参数、复杂植被山区灾害应急观测等的具体需求，分别给出每个专题信息产品的如下指标：

（1）森林资源（生物量）

1）应覆盖的区域范围；

2）最小制图单元；

3）时间分辨率（更新周期）；

4）产品精度。

（2）次地表探测

1）次地表穿透深度；

2）土壤湿度测量精度；

3）冻土层形变和活动层厚度测量精度；

4）冰川流动和冰体结构探测精度。

（3）林下测绘及其他

1）测高精度；

2）应急灾害观测分辨率。

3.1.3　卫星数据产品及参数配置需求分析

采用确定的专题信息制图方法，针对 P 波段卫星 SAR 数据获取和专题信息制图链路中的关键因子，通过仿真分析其对专题信息产品精度的影响，从而将专题产品需求转化为对卫星数据产品的需求，即明确输入专题信息产品制图流程的 P 波段 SAR 数据级别及具体要求。

通过全链路模拟仿真分析，进一步确定对 P 波段 SAR 载荷和卫星主要参数的优化配置需求，如对卫星和载荷的极化、入射角、不同模式数据获取计划安排等进行优化配置。

3.1.4　应用指标需求分析

　　森林生物量是森林系统长期生产与代谢过程中积累的结果，是森林生态系统运转的能量基础和物质来源。森林生物量包括林木的生物量（根、茎、叶、花果、种子和凋落物等的总重量）和林下植被层的生物量，以单位面积的质量来表示，单位为 t/hm^2，以地上部分生物量进行测量统计。森林群落的生物量是森林生态系统结构优劣和功能高低最直接的表现，是森林生态系统环境质量的综合表现。森林生物量的定量估算为全球碳储量、碳循环研究提供了重要的参考。为精确评估我国和全球的碳储量，森林生物量的测量误差需要小于 20%。

3.2　工作原理及系统设计

　　由于电离层效应对 P 波段 SAR 卫星的影响并且电离层全球不同区域、不同时段的影响不同，P 波段 SAR 卫星的成像时间、区域对成像质量有一定影响，需要基于应用需求，并综合考虑 SAR 系统工作时间、数传、地面接收站分布、卫星过境时间、卫星机动能力等因素，协调与六大系统的接口，对 P 波段 SAR 卫星系统观测任务开展研究，分析轨道高度、降交点地方时、轨道覆盖、重返能力等轨道特性，以及相应的平台选择、工作频率、极化方式、入射角范围、工作模式等，提高全球区域的时间分辨率以及重点区域的快速探测能力，充分发挥和体现 P 波段 SAR 卫星对我国对地遥感观测的作用。

3.2.1　工作频率选择

　　本系统工作频率的选择由多种因素决定，需从国内外法律法规用频规定、任务类型对穿透能力的需求、单星重轨干涉时间去相干影响三个因素出发，并充分借鉴国外同类型卫星相关指标设计来进行。

　　（1）国内外法律法规用频规定

　　国际电信联盟（International Telecommunications Union，ITU）为雷达指定了特定的波段。根据国际电信联盟的规定，在 UHF（300～1 000 MHz）的波段内，雷达的工作波段主要为 420～450 MHz 和 890～942 MHz。

　　而根据《中华人民共和国无线电频率划分规定》第 64～71 页，国内雷达的工作波段主要为 410～606 MHz 和 798～960 MHz。在 P 波段其他频率，与通信、导航、广播电视等频率交叠，互相形成强烈干扰。P 波段无线电频率划分表见表 3-1。

表 3-1　P 波段无线电频率划分表

P 波段无线电频率划分/MHz		
中国内地		国际电信联盟第三区
281～312	航空移动　[无线电定位]	273～312 固定　移动

续表

P 波段无线电频率划分/MHz	
中国内地	国际电信联盟第三区
312～315	航空移动　[卫星移动（地对空）]　[无线电定位]	固定　移动　卫星移动（地对空）
315～322	航空移动　[无线电定位]	固定　移动
322～328.6	射电天文航空移动　[无线电定位]	固定　移动　射电天文
328.6～335.4	航空无线电导航	航空无线电导航
335.4～387	固定　移动卫星移动　[无线电定位]	固定　移动
387～390	固定　移动卫星移动（空对地）　[无线电定位]	固定　移动[卫星移动（空对地）]
390～399.9	固定　移动卫星移动　[无线电定位]	固定　移动
399.9～400.05	卫星移动（地对空）　卫星无线电导航	卫星移动（地对空）　卫星无线电导航
400.05～400.15	卫星标准频率和时间信号	卫星标准频率和时间信号
400.15～401	气象辅助　卫星气象（空对地）　卫星移动（空对地）　空间研究（空对地）　[空间操作（空对地）]　[无线电定位]	气象辅助　卫星气象（空对地）　卫星移动（空对地）　空间研究（空对地）　[空间操作（空对地）]
401～402	气象辅助空间操作（空对地）卫星地球探测（地对空）卫星气象（地对空）[固定]　[移动（航空移动除外）][无线电定位]	气象辅助空间操作（空对地）卫星地球探测（地对空）卫星气象（地对空）[固定]　[移动（航空移动除外）]
402～403	气象辅助卫星地球探测（地对空）卫星气象（地对空）[固定]　[移动（航空移动除外）][无线电定位]	气象辅助卫星地球探测（地对空）卫星气象（地对空）[固定]　[移动（航空移动除外）]
403～406	气象辅助[固定]　[移动（航空移动除外）][无线电定位]	气象辅助[固定]　[移动（航空移动除外）]
406～406.1	卫星移动（地对空）	卫星移动（地对空）
406.1～410	固定　移动（航空移动除外）　射电天文	固定　移动（航空移动除外）　射电天文
410～420	固定　移动（航空移动除外）空间研究（空对空）　无线电定位	固定　移动（航空移动除外）空间研究（空对空）

续表

P 波段无线电频率划分/MHz		
	中国内地	国际电信联盟第三区
420～425	固定　移动(航空移动除外) 航空无线电导航　[无线电定位]	固定　移动(航空移动除外) [无线电定位]
425～430	航空无线电导航　无线电定位	
430～440	无线电定位　航空无线电导航　[业余]	430～432　无线电定位　[业余]
		432～438　无线电定位　[业余] [卫星地球探测(有源)]
		438～440　无线电定位　[业余]
440～450	无线电定位　航空无线电导航	固定　移动(航空移动除外)　[无线电定位]
450～460	固定　移动 [航空无线电导航]　[无线电定位]	固定　移动
460～470	固定　移动　卫星气象(空对地) [无线电定位]	固定　移动 [卫星气象(空对地)]
470～485	广播空间操作(空对地) 空间研究(空对地) [固定]　[移动]　[无线电定位]	470～585 固定　移动　广播
485～566	广播　[固定]　[移动]　[无线电定位]	
566～606	固定　移动　无线电导航　无线电定位	585～610 固定　移动　广播　无线电导航
606～610	广播无线电导航　射电天文 [固定]　[移动]	
610～614	广播　射电天文　[固定]　[移动]	610～890 固定　移动　广播
614～798	广播　[固定]　[移动]	
798～806	固定　移动　广播　[无线电定位]	890～942 固定　移动　广播[无线电定位]
806～960	固定　移动　[无线电定位]	942～960 固定　移动　广播
960～1164	航空无线电导航	航空无线电导航　航空移动(R)

（2）任务类型对穿透能力的需求

从国内外已有 SAR 系统的成像结果来看，P 波段 SAR 具有较强的穿透植被和地表成像能力，且频率越低，穿透能力越强。在进行森林生物量探测时，雷达波须完全穿透叶冠到达地表后与树干完全作用，因此，须考虑双程叶簇衰减对此表层目标信杂比的影响。美国麻省理工学院林肯实验室 1993 年利用瑞典国防研究所（FOA）的机载 P 波段 SAR CARABAS 和美国斯坦福研究所（SRI）的机载 P 波段 SAR，进行了较大规模的叶簇穿透电磁散射表象学试验研究。其试验目的是定量得出各个频段的雷达波在穿透叶簇时的衰减量和叶簇的后向散射系数。巴拿马试验场是单覆盖层和双覆盖层相结合的雨季森林场地，上层与下层之间的高度在 25～35 m 范围内。缅因州试验场是一个针叶树和落叶树混杂而生的场地，树与树之间的高度在 10～15 m 之间。对叶簇衰减量的统计测量结果如图 3-1 所示，图中横坐标为双程衰减，纵坐标为累积概率。

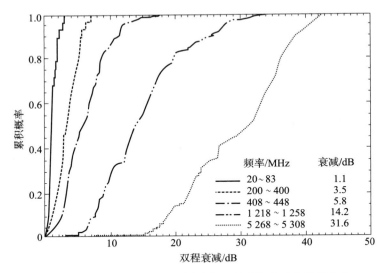

图 3-1　美国缅因州丛林不同波段双程叶簇衰减实测值分布

以森林结构参数测量及生物量反演为例，国内外试验结果表明，由于低频段良好的穿透成像能力，尤其适用于森林参数反演。而在低频段中，P 波段相比 L 波段具有更强的穿透能力，其饱和度相比 L 波段更高，更适用于茂密森林参数反演（图 3-2）。

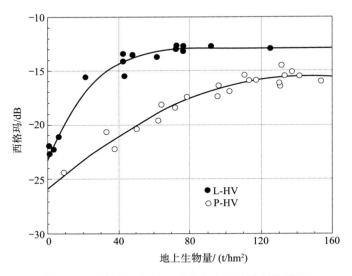

图 3-2　P 波段、L 波段森林生物量估计实测结果

为满足森林观测的需求，需要采用相对较长的波段，在森林观测中具有更高的饱和点，可以对更密的森林进行观测研究。从上述国外试验结果可以看出，随着地上生物量的上升，L 波段饱和点约为 80 t/hm²，而且动态范围小，约为 10 dB；而中心频率工作在

435 MHz 的美国国家航空航天局的 AIRSAR P 波段 SAR 回波强度随地表生物量的变化呈现非线性，其饱和点约为 160 t/hm²，后向散射系数动态范围在 15～20 dB，可以实现对高生物量森林区域进行有效监测。

除森林观测外，次地表穿透成像进行地下结构、土壤湿度等参数反演也是本项目重要的应用方向之一。对于土壤穿透来说，频率对穿透深度的影响尤为突出。以探地雷达为例，若勘察深度在 5～30 m 范围内，则选择低频探测，要求探测频率低于 100 MHz。对于浅部地质，探测深度在 1～10 m，探测频率可选择 100～300 MHz；对于探测深度在 0.5～3.5 m 的环境，探测频率可选用 300～500 MHz；对于 0～1 m 左右的检测，探测频率一般选用 900 MHz～2 GHz。图 3-3 为 1993 年美国 Yuma 沙土穿透试验结果。通过计算，得到含水量达到 0.8% 时，P 波段、L 波段双程沙土衰减分别为 10.12 dB、17.08 dB。

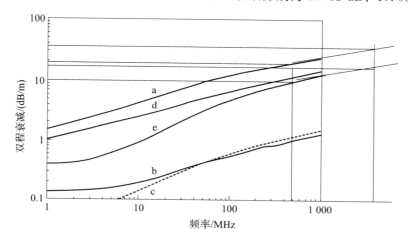

图 3-3　1993 年美国 Yuma 沙土穿透试验结果（0.5 m 深度处不同频率下的双程衰减量）

a—水分含量 1.5%；b—真空干燥无水分；c—水分 0.1% 的表层；

d—含水量 1.7% 的 0.1 m 深度处；e—含水量 0.6% 的煤仓表面

图 3-4 所示为 2015 年中国电子科技集团公司第三十八研究所的 P 波段、L 波段 SAR 对干燥沙土（湿度 0.8%）的穿透对比试验结果，可以看出：在 290～490 MHz 频率范围内，沙土穿透深度最高达 3 m；在 1.2～1.4 GHz 频率范围内，沙土穿透深度达 1.2 m。2015 年 12 月，中国电子科技集团公司第三十八研究所的 P 波段 SAR 对潮湿沙土（湿度 2.4%）进行穿透试验，在 500～700 MHz 频率范围内，沙土穿透深度最高达 2.4 m。P 波段 SAR 沙土掩埋目标切片结果如图 3-5 所示。

从以上试验结果可以看出，频率越低，叶簇、沙土等地物对雷达波的双程衰减越小，对次表层地物的信杂比提升越有利，进而可提升森林生物量、沙土结构和湿度等参数反演精度。

（3）单星重轨干涉时间去相干影响

由于 P 波段波长长，其时间去相干相对不明显（图 3-6）。适合单星重轨极化干涉、重轨层析干涉模式工作，进一步提升森林参数探测能力及探测精度。国外利用 BioSAR-1

成像地区：陕西韩城市龙门镇
工作频段：P 波段（290~490 MHz）
　　　　　L 波段（1.2~1.4 GHz）
分辨率：1.5 m×1.5 m
NESZ：−37 dB（P 波段）
　　　−27 dB（L 波段）
成像日期：2015 年 8 月 14 日

P 波段最大穿透深度 3 m，L 波段最大穿透深度 1.2 m

图 3-4　P、L 波段 SAR 沙土掩埋目标探测结果

机载 SAR 系统进行的试验研究表明，在 30 天的时间间隔内，P 波段在温带森林仍然保持很高的相干性（相干性为 0.9），而 L 波段的相干性则低得多（相干性为 0.65）。因此，采用单个 P 波段 SAR 系统的重返能力即可满足全球大部分地区的森林重复观测需求。

（4）工作频率选择结论

根据前面分析，P 波段雷达可用工作频率为 410～606 MHz（《中华人民共和国无线电频率划分规定》中国际电信联盟规定 420～450 MHz）和 798～960 MHz（《中华人民共和国无线电频率划分规定》中国际电信联盟规定 890～942 MHz），而 798～960 MHz 部分与 L 波段接近，波长相对 410～606 MHz 短很多，时间去相干效应影响较大，且其穿透探测能力及次表层地物参数反演能力也较差。

因此，本系统选择 410～606 MHz 开展系统设计。根据表 3-1 所示，在该频段范围内主要有固定、移动、航空无线电导航、广播、无线电定位等业务，为此，严格按照《中华人民共和国无线电频率划分规定》和国际电信联盟的相关规定合理使用频段。

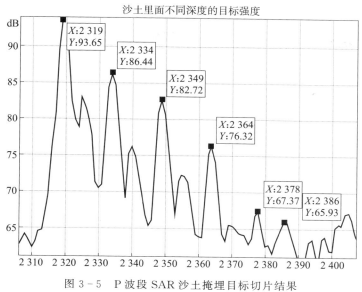

图 3-5　P 波段 SAR 沙土掩埋目标切片结果

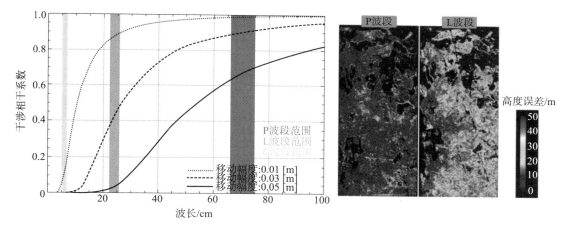

图 3-6　植被时间去相干随波长的变化（BIOSAR 试验结果，见彩插）

3.2.2　极化方式选择

目前，多极化 SAR 已成为遥感应用领域的一个重要方向，与单极化 SAR 系统相比，多极化 SAR 极大地提高了对目标散射信息的获取能力。此外，同样目标在不同极化下能呈现出不同的散射特性，使用多极化 SAR 图像可以较完整地反映目标信息，有利于目标检测、识别和信息反演。进行森林生物量、电离层 TEC 等信息反演时，通过多极化信息处理获取更高精度的数据是 P 波段多极化 SAR 系统的重要应用方向。

（1）森林等地物参数反演需求

不同的极化方式对森林冠层和林下土壤性质的反映不同，可以获得森林结构不同的信息，提供更加丰富的反演方法。采用全极化模式，可以实现多极化及全极化干涉 SAR 的应用，同时，有利于消除电离层的影响，而且全极化也可以为基于幅度反演森林生物量的技术提供更为丰富的信息。此外，采用多极化数据融合技术，可更加精确地反映森林的生长或毁坏状态。图 3-7 是利用 HH 极化、HV 极化、VV 极化融合得到的美国黄石国家公园的森林生长情况，不同颜色分别反映了不同时期森林火灾后的森林毁坏和恢复情况。

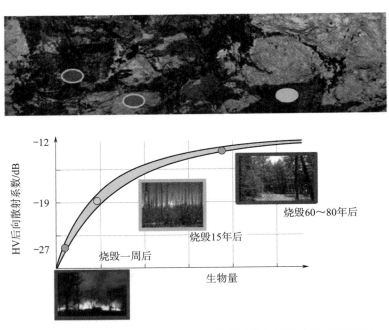

图 3-7　不同生物量与 HV 极化后向散射系数之间的关系（见彩插）

　　图 3-8 表示的是利用全极化数据极化层析干涉反演森林树高试验结果。试验证明，极化层析干涉处理可精确获取测绘区域树木高度，从而可进一步得到裸露地表的真实DEM 数据。

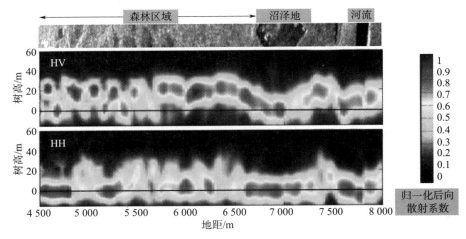

图 3-8　极化干涉森林树高测量（见彩插）

　　P 波段 SAR 的另一重要应用是利用其穿透性实现一定深度次地表土壤湿度的测量。通常来说，P 波段可实现 1 m 深度以内的沙土穿透成像，对于干燥的土壤或者沙漠区域，其穿透深度甚至达到数米至数十米。不同波段探测深度对比如图 3-9 所示。

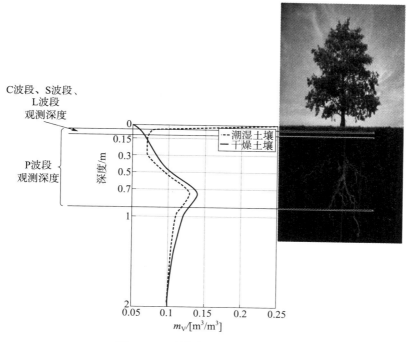

图 3-9　不同波段探测深度对比

　　图 3-10 所示为利用 P 波段全极化 SAR 数据反演不同深度土壤湿度的试验结果。

　　此外，多极化 SAR 可获取目标的多极化散射矩阵，使人们可以对目标的物理特性（如方向、形状、粗糙度、介电常数等）进行更为深入的分析与提取，极大地促进各类参数反演。

　　(2) 电离层效应影响及参数反演需求

　　还需要考虑的是，对于线极化和圆极化波，都会出现法拉第极化偏转现象。若用圆极化天线发射时，可克服法拉第极化旋转对接收信号功率的影响。对于线极化波，接收的信号幅度发生极化衰落现象，接收功率减小。线极化波经电离层传播在接收点的合成波表现为椭圆极化，椭圆长轴随传播条件变化而不断旋转。当电波的极化长轴与接收天线的极化方向一致时，接收机的输入电压达到最大。当电波的极化长轴与接收天线的极化方向垂直时，接收机的输入电压最小，从而使接收端电压发生衰落。短波段的极化衰落实验表明，发生极化衰落时，接收功率的平均值比没有衰落时的接收功率降低 50%，即 3 dB。一般而言，P 波段的极化衰落要远低于短波段。

　　美国喷气推进实验室 (JPL) 发表的研究论文表明，在线极化情况下，某些地物的后向散射系数 (σ) 随着法拉第旋转角的变化而快速起伏。图 3-11 所示为 L 波段 HH 极化

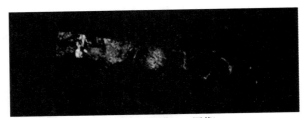

研究区P波段全极化SAR图像

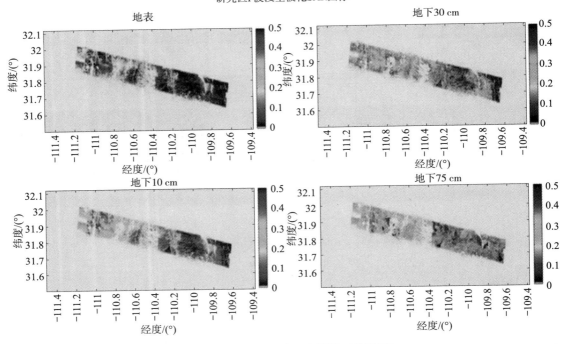

图 3-10　全极化土壤湿度测量（见彩插）

下，各种地面目标的后向散射系数（σ）与法拉第旋转角的关系，可以看出在某些角度、某些场景，σ 的损耗高达 10 dB 以上，这将会造成系统信噪比的急剧下降，使 SAR 系统的图像质量恶化。并且由于电离层是时变和空变的，从而法拉第旋转角也是时变和空变的，所带来的影响是地物的后向散射系数（σ）在合成孔径期间是随机的大范围的起伏，甚至在某些情况下接收机无法获得最小可用信号 S_{min}。尽管这里给出的是 L 波段的结果，但 JPL 指出，在 P 波段有着与此相似的特性。

美国洛斯阿拉莫斯国家实验室（LANL）对电离层法拉第旋转效应做了深入的研究，LANL 的电离层效应专家 Sigrid Close 发表的研究结果表明，在电离层法拉第旋转的影响下，线极化时目标的 RCS 散射特性存在很大的起伏（20 dB 以上），而圆极化情况下，大多数地物的 RCS 受法拉第旋转的影响非常小。法拉第旋转角对极化融合的影响如图 3-12 所示。

因此，在空间电离层效应对 P 波段 SAR 影响明显时，采用简缩极化的方式可大大减轻法拉第旋转效应的影响，从而反演出高精度的地物信息。简缩极化作为一种新的极化体

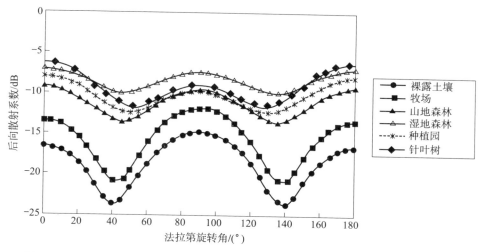

图 3 - 11　L 波段 HH 极化下各种目标后向散射系数与法拉第旋转角的关系 （JPL）

极化方式：蓝色—HH，绿色—VV，红色—HV

图 3 - 12　法拉第旋转角对极化融合的影响 （见彩插）

制，通过发射一路具有特定极化状态的电磁波，并接收两路正交极化波，可以在获得与全极化数据近似极化信息的同时，有效减轻极化系统的负担。鉴于简缩极化在极化信息获取能力和系统设计方面具有很大的发展潜力，已经升空的印度 RISAT - 1、日本 ALOS - 2以及筹备中的欧洲空间局的 BIOMASS P 波段 SAR、加拿大 Radarsat 星座任务、阿根廷SAOCOM - 1，都已将简缩极化模式纳入系统设计。将简缩极化与干涉相结合的简缩极化干涉合成孔径雷达 （Compact Polarimetric Interferometric SAR，C - PolInSAR） 技术也成为近年的研究热点。

　　（3）高分辨率成像对电离层效应影响校正需求

　　由于电离层对 P 波段 SAR 卫星影响较为严重，进行电离层效应校正时，除了应用各类自聚焦算法外，采用全极化散射矩阵可通过法拉第旋转角精确估计出电离层 TEC 大小，从而对匹配滤波函数进行精确修正，有效校正 P 波段图像的电离层效应。通过全极化散射矩阵反演计算法拉第旋转角的方法如下：

　　法拉第旋转角的表示为

$$\Omega = \frac{K_\Omega}{f^2} \cdot B \cdot \cos\psi \cdot \text{TEC} \qquad (3-1)$$

式中，f 表示电磁波频率（Hz）；K_Ω 是常数，且 $K_\Omega = 2.365 \times 10^4$ A·m²/kg；B 表示地球磁场强度（Wb/m²），常用地面 400 km 高度上的地球磁场强度，范围一般为 $0 \sim 5.5 \times 10^{-5}$ Wb/m²；TEC 表示信号传播路径上的电离层电子量；ψ 表示地球磁场方向与雷达电磁波传播方向（即天线波束指向方向）的夹角，用下式计算

$$\cos\psi = \cos\theta \sin\Theta + \sin\theta \cos\Theta \sin\Phi \qquad (3-2)$$

式中，Θ 是磁倾角；Φ 是磁偏角；θ 是雷达视角。

针对全极化工作模式，采用 Bickel 和 Bates2 方法估计 SAR 回波所引入的法拉第旋转角。全极化模式对应的极化散射测量矩阵为

$$\begin{pmatrix} M_{\text{HH}} & M_{\text{VH}} \\ M_{\text{HV}} & M_{\text{VV}} \end{pmatrix} = \begin{pmatrix} \cos\Omega & \sin\Omega \\ -\sin\Omega & \cos\Omega \end{pmatrix} \begin{pmatrix} S_{\text{HH}} & S_{\text{VH}} \\ S_{\text{HV}} & S_{\text{VV}} \end{pmatrix} \begin{pmatrix} \cos\Omega & \sin\Omega \\ -\sin\Omega & \cos\Omega \end{pmatrix} \qquad (3-3)$$

Bickel 和 Bates2 的方法利用全极化散射矩阵中交叉极化项估计法拉第旋转角。在没有法拉第旋转的影响下，反射对称性保证散射矩阵中交叉极化项相等，但由于电离层所引入的法拉第旋转角使其相位发生变化，造成两个通道的交叉极化项不同。全极化散射矩阵中交叉极化项可以由线极化散射测量矩阵通过下式计算得到

$$\begin{aligned} Z_{12} &= M_{\text{HV}} - M_{\text{VH}} + i(M_{\text{HH}} + M_{\text{VV}}) \\ Z_{21} &= M_{\text{VH}} - M_{\text{HV}} + i(M_{\text{HH}} + M_{\text{VV}}) \end{aligned} \qquad (3-4)$$

由此可得，法拉第旋转角的估计值为

$$\hat{\Omega} = \frac{1}{4} \arg\langle Z_{21} Z_{12}^* \rangle \qquad (3-5)$$

通过估计方法可得法拉第旋转角的估计值。结合式（3-1），反算出对应的图像 TEC 估计值为

$$\hat{\text{TEC}} = \frac{\hat{\Omega} \cdot f^2}{K_\Omega \cdot B \cdot \cos\psi} \qquad (3-6)$$

（4）极化方式选择结论

综上所述，为了精确进行森林生物量、土壤湿度、电离层 TEC 参数等信息反演，采用全极化模式可达到最好的估计效果，建议将 HH 极化、VV 极化、HV 极化、VH 极化作为系统的主要极化方式。此外，从增加观测带宽、提高分辨率、减轻法拉第旋转效应影响等需求出发，系统可具备发射简缩极化（左旋或右旋双圆极化发射，H 极化、V 极化接收）、混合极化（左旋/右旋交替发射，H 极化、V 极化同时接收）工作模式，进一步提高系统的应用能力。

3.2.3　入射角范围选择

（1）入射角对森林生物量探测精度的影响

分析及研究显示，较小的入射角会降低地表和森林后向散射的动态范围。Dubois 的研究表明，面向森林生物量反演，SAR 系统的入射角应在 25°以上。然而针对不同密度的森

林，应采用不同的入射角。面对较为稀疏的寒带森林，大的入射角会获取更多的体散射信息，有利于高精度生物量信息的反演。但由于本系统是多极化 SAR 系统，较大的入射角时距离模糊（尤其是交叉极化）恶化明显，SAR 成像质量影响严重，不利于信息的精确获取。此外，入射角较大时，雷达波穿越电离层的路径也随之增加，电离层色散、闪烁、法拉第旋转效应的影响更加严重。

（2）不同入射角下电离层效应的影响

在不同入射角下，P 波段星载 SAR 雷达波束穿越电离层的路径长度是不同的，入射角越大，电磁波传播路径在电离层内的积分路径也越长，电离层对电磁波各项参数的影响也就越严重。因此，P 波段星载 SAR 的入射角越小越好，以最大限度降低电离层效应和后处理补偿的难度。

根据下面公式

$$\Phi_{2m} = \frac{B^2}{4}\beta''d_i \approx \frac{126.65\Delta f_s^2 \cdot \text{TEC}}{cf_0^3\cos\theta} \qquad (3-7)$$

式中，Δf_s 为带宽；f_0 为载频；θ 为入射角；TEC 为电离层电子量。

可见，电离层引起的二次相位误差与入射角有密切关系。另外，频率越低，二次相位误差随入射角的变化越剧烈。图 3-13 给出了 508 MHz、TEC＝40 TECU、带宽为 60 MHz 的情况下，距离向二次相位误差与入射角的变化关系。从图 3-13 中可以看出，随着入射角增大，二次相位误差急剧增大，造成了电离层效应校正困难，图像质量严重下降。

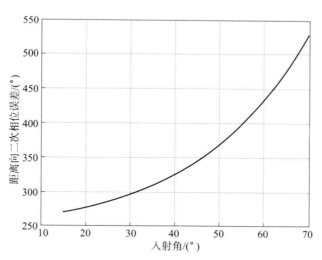

图 3-13　距离向二次相位误差与入射角的关系

（3）国外同类型星载 SAR 载荷入射角选择

表 3-2 是国外论证的同类型星载 SAR 系统的入射角范围统计。欧洲空间局 BIOMASS 系统入射角的范围设计如图 3-14 所示。

表 3-2　国外星载 P 波段 SAR 系统的入射角范围

卫星名称	所属机构	入射角范围/(°)
BIOMASS	欧洲空间局	23～35
Arkon-2	俄罗斯航天局	23～37
MOSS	NASA	16～32
MIMOSA	欧洲空间局	±5,下视
PSAR	法国阿尔卡特空间中心	全极化 23°、单极化 30°

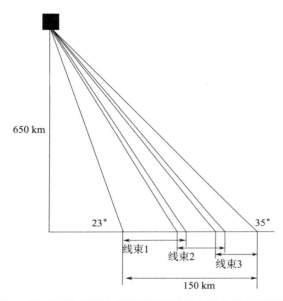

图 3-14　欧洲空间局 BIOMASS 系统入射角的范围设计

可以看出，国外的 P 波段 SAR 系统的入射角全极化条件下不超过 35°，受电离层引起的二次相位误差影响相对较小，成像质量较高，以保证比较好的叶簇、沙土、海冰参数反演性能。

（4）小结

因此，综合考虑以上分析，本系统入射角范围设为全极化条件下 20°～35°。

3.2.4　系统灵敏度设计

（1）森林生物量探测精度对系统灵敏度的需求

系统灵敏度对低森林生物量地区和干燥区域次地表测绘的反演精度影响显著，由于 HV 极化后向散射系数比同极化低，因此，受到的影响最大。对于低森林生物量地区，其后向散射系数典型值在 -25 dB 左右，因此，比 -25 dB 更差的系统灵敏度（NESZ）会降低生物量反演所需的动态范围，而且对于处于早期生长期、生物量很低的森林的探测灵敏度也会降低（图 3-15）。基于以上考虑，BIOMASS 系统的系统灵敏度门限设计为 -27 dB，保障低森林生物量区域探测时图像达到足够的信噪比，这是基于以下假设：在后向散射系数为 -25 dB 的零生物量区域，2 dB 的信噪比能够保障 P 波段后向散射系数动态范围作为生物量的一个函数不会下降，从而不会造成反演精度恶化。

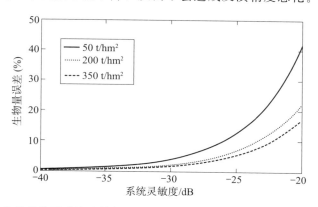

图 3-15　不同生物量条件下系统灵敏度对反演精度的影响（欧洲空间局，Shaun Quegan 提供）

此外，系统灵敏度的选择会影响干涉相干性指标，其去相干可由下式计算得出

$$\gamma_{\mathrm{SNR}} = \frac{1}{1 + \mathrm{SNR}^{-1}}$$

图 3-16 所示为成熟森林区域（$\sigma^0 = -12\ \mathrm{dB}$）的去相干系数随不同系统灵敏度的变化仿真结果，可以看出，$-30\ \mathrm{dB}$ 的系统灵敏度可保障 0.98 以上的相干性，完全满足干涉所需的相干性。

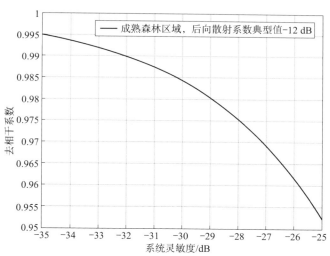

图 3-16　成熟森林区域（$\sigma^0 = -12\ \mathrm{dB}$）去相干系数随不同系统灵敏度的变化

（2）电离层 TEC 测量对系统灵敏度的需求

利用极化通道数据估算法拉第旋转角的理论误差标准差公式为

$$\sigma_{\varOmega} = \sqrt{\frac{1}{32} \cdot \frac{\left(1 - \dfrac{\mathrm{SNR}}{1 + \mathrm{SNR}}\right)^2}{\left(\dfrac{\mathrm{SNR}}{1 + \mathrm{SNR}}\right)^2 \cdot M}} \tag{3-8}$$

式中，SNR 为图像信噪比；M 为平均窗处理大小（单位为像素）。

只考虑噪声影响，Bickel 和 Bates2 估计方法为无偏估计，以估计误差的标准差作为参考。图 3 - 17 所示为仿真得到的不同平均窗下的 TEC 估计误差标准差随系统信噪比 SNR 的变化量。

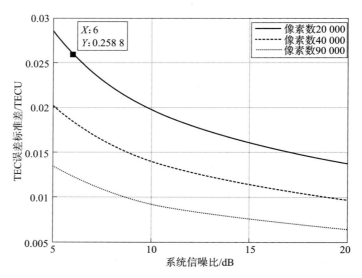

图 3 - 17   TEC 误差标准差随信噪比的变化

根据 *Theory and simulation of ionospheric effects on synthetic aperture radar* 一文中的公式 2，计算出电离层引起的闪烁相位误差，如图 3 - 18 所示。

$$\varphi_0 = -2r_e\lambda_0 \cdot \text{TEC}$$

式中，r_e 为经典电子半径；λ_0 为电磁波波长；TEC 为电离层总电子量。

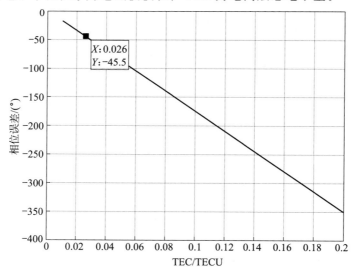

图 3 - 18   闪烁相位误差随电离层 TEC 的变化

　　综合上述仿真计算，系统信噪比为 6 dB 时，采用 20 000 像素点通过法拉第旋转角估计的 TEC 精度可将闪烁相位误差控制在 45°以内。因此，系统灵敏度为－33 dB 时，图像的信噪比可保证大部分地物情况下 TEC 反演精度，保证电离层效应影响下的成像效果。

　　（3）国外同类型星载 SAR 载荷系统灵敏度设计

　　欧洲空间局 BIOMASS SAR 系统是正在研制的首个 P 波段多极化 SAR 卫星系统，在该项目竞标阶段，开展了 3 种构型的设计方案，如图 3 - 19 所示。

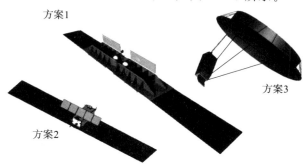

图 3 - 19　卫星结构设想

方案 1：Snapdragon；方案 2：常规平板天线；方案 3：反射面天线

　　2013 年，欧洲空间局 BIOMASS 卫星 3 种载荷竞标方案的系统灵敏度设计如图 3 - 20 所示。BIOMASS P 波段 SAR 系统的系统灵敏度范围见表 3 - 3。

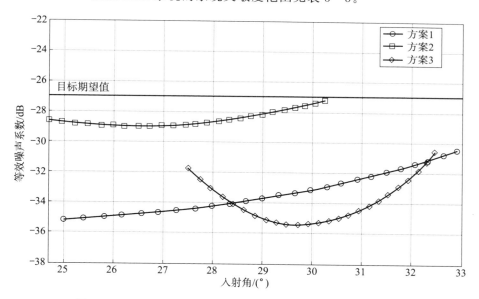

图 3 - 20　BIOMASS 卫星 3 种载荷竞标方案的系统灵敏度设计

表 3 - 3　BIOMASS P 波段 SAR 系统的系统灵敏度范围

名称	序号	系统灵敏度/dB
BIOMASS	方案 1	−35～−30.4
	方案 2	−29～−27.2
	方案 3	−35.5～−30.5

法国阿尔卡特空间中心在 *DESIGN OF A P -BAND SPACEBORNE SAR SYSTEM FOR BIOMASS APPLICATIONS* 一文中提出的星载 P 波段 SAR 系统参数设计见表 3-4，其中，在单极化时系统灵敏度优于−31.6 dB，在全极化时系统灵敏度要求优于−33.4 dB。

表 3 - 4　BIOMASS 卫星系统参数

参数	单极化	全极化
天线高度/m	2.08	2.08
天线长度/m	13.4	13.4
天线面积/m²	27.9	27.9
PRF/Hz	1 200	2 000
峰值功率/W	550	550
入射角/(°)	30	23
幅宽/km	120	50
系统灵敏度/dB，原始数据	−30	$-31.8 + \Delta\sigma^0$ HV
斜距分辨率/m、单视	50	64
方位分辨率/m、单视	13	13
处理多普勒带宽(%)	50	50
模糊度/dB	−18	$-15 + \Delta\sigma^0$ HV
系统灵敏度/dB，图像	−31.6	$-33.4 + \Delta\sigma^0$ HV
数据率/(Mbit/s)	32	2×11.8

（4）小结

综合探测精度需求，参考国内外同类型载荷设计，兼顾电离层 TEC 主动测量对系统灵敏度的需求，P 波段 SAR 系统灵敏度应优于−33 dB，才能保证对不同目标的探测信噪比需求。

3.2.5　模糊度设计

对于星载 SAR 系统，模糊度是一项重要指标。一般星载 SAR 距离、方位模糊度选择优于−20 dB，才能保证良好的成像质量。而对于干涉成像，距离、方位模糊能量叠加到有用图像上是一种噪声，会降低干涉相干性指标。将模糊看成一种加性噪声，其去相干系数可由下式计算得出

$$\gamma_{amb} = \frac{1}{1 + RASR} \cdot \frac{1}{1 + AASR}$$

式中，RASR 为距离向模糊度；AASR 为方位向模糊度。

根据以上公式，距离、方位总模糊度设置在 −18 dB 时，引起的去相干在 0.984 4，其影响较小，可以满足本系统干涉处理需求，如图 3 − 21 所示。

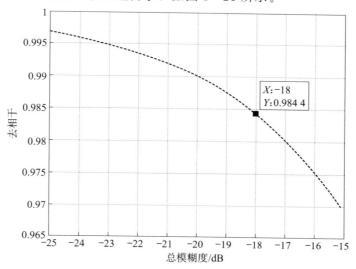

图 3 − 21　不同模糊度对相干性的影响

通过多视处理，可进一步降低噪声对干涉相位的影响。图 3 − 22 所示为不同视数条件下模糊度对造成的干涉相位噪声仿真结果。本系统常规的条带模式几何分辨率设计为 10 m×5 m，经过 12.5 视处理后分辨率为 25 m × 25 m，满足森林生物量、土壤湿度、海冰监测等应用领域对几何分辨率的需求，此时模糊度噪声造成的干涉相位噪声为 0.035 75 弧度（2.05°），满足干涉处理误差容限需求。

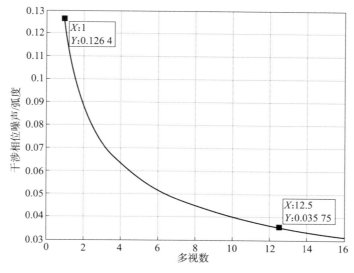

图 3 − 22　−18 dB 总模糊度造成干涉相位噪声随多视数的变化

3.2.6　辐射分辨率

利用变化检测技术监测森林动态变化是最有效的途径，而图像斑点噪声会引起森林动态变化监测误差。为了精确监测森林的动态变化，除了需要较高的几何分辨率外，还需要从辐射分辨率方面进行考虑，保证在稀疏森林区域实现对火灾、间伐造成的森林变化监测。欧洲空间局 BIOMASS 系统多视后达到 1 dB 辐射分辨率，可以保证 80％以上的检测置信度（图 3 - 23）。

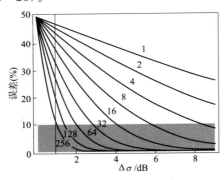

视数	置信区间/dB (10%～90%)
1	13.4
2	8.6
10	3.6
50	1.6
100	1.1
200	0.8
500	0.5

图 3 - 23　欧洲空间局 BIOMASS 系统设计（多视处理后）

本系统参照 BIOMASS 系统成熟指标设计，辐射分辨率指标定为：≤1.0 dB。

3.2.7　几何分辨率

根据国内外学界研究结果（如欧洲空间局 BIOMASS 立项论证报告论证结果），对于林业测绘来说，实现森林生物量探测、监测森林随时间变化需要 100～200 m 的分辨率；而对于火灾、间伐引起的森林变化，则需要 50 m 的分辨率；对于大片森林高度测绘大约需要 100 m×100 m 的分辨率（图 3 - 24）。

二级产品	定义	信息需求
森林生物量	地上生物量（木质物质和叶片干重），单位为 t/hm²(吨/公顷)	<20% 误差 100～200 m 分辨率 每年两幅生物量图 全球森林覆盖率
森林生物量 时间变化	森林生物量随时间变化，以吨/公顷·单位时间表示	<20% 误差 100～200 m 分辨率 每年两次重访 全球森林覆盖率
森林分布扰动 (火灾、间伐等)	扰动和非扰动两类林区分布图	分类精度为 90% 的干扰图（所有产品） 50 m 分辨率（严重干扰） 200 m 分辨率（部分干扰） 每 2 个月生产 1 个产品 全球森林覆盖率
森林高度	根据 H100 标准的树冠高度	<20%～30% 误差 100×100 m 分辨率 每年生产 1 张高度图 覆盖全球所有主要林区

图 3 - 24　BIOMASS 分辨率指标

［欧洲空间局 BIOMASS 设计指标为 50 m（距离）×8 m（方位）］

表 3-5 所示为欧洲空间局给出的星载 SAR 对不同地物观测的分辨率设计值，可以看出，森林测量分辨率设计为 20～100 m，可保证生物量测量误差小于 20%；火山、山体滑坡、次地表结构探测分辨率设计为 5～20 m；冰雪、土壤湿度探测分辨率设计为 20～100 m；全球高程测量分辨率设计为 20～50 m，可保证裸露地形优于 2 m、植被覆盖地形优于 4 m 的高程精度。

表 3-5　欧洲空间局给出的星载 SAR 对不同地物观测的分辨率设计值

	观测目标	覆盖	分辨率	精度或误差
生物圈	树高	所有森林地区	50 m（全球） 20 m（局部）	≈10%
	地上生物量		100 m（全球） 50 m（区域）	≈20% （或 20t/hm²）
	森林垂直结构		50 m（全球） 20 m（局部）	3 层
	林下地形		50 m	<4 m
地理形态圈	板块运动	所有风险区域	100 m（全球） <20 m（局部）	1 mm/年 （5 年后）
	火山	陆地火山区域	20～50 m	5 mm/周
	滑坡	风险区域	5～20 m	5 mm/周
	沉降	城市地区	5～20 m	1 mm/年
冰雪、水文圈	冰川运动	主要冰川	10～500 m	5～50 m/年
	土壤湿度	可选区域	5～20 m	5%～10%
	水资源变化	区域	50 m	10 cm
	雪水	局部	100～500 m	10%～20%
	冰层结构	局部	100 m	>1 层
	洋流	优先观测区域	≈100 m	<1 m/s
所有	数字高程表面模型	全球	≈20 m（裸露区域） ≈50 m（森林区域）	2 m（裸露区域） 4 m（森林区域）

与森林、冰雪、土壤等探测需求不同，穿透应急救灾对 P 波段 SAR 提出了更高的分辨率需求。但与此同时，电离层效应影响、系统规模、国际电联对工作频率范围的规定也限制了 P 波段 SAR 分辨率的提升，为此，为满足常规应用需求，分辨率设置为 15 m 左右。

3.2.8　成像带宽

成像带宽是 SAR 系统的重要指标，直接关系到卫星单次观测效率及对同一地区的重返观测能力。对于本系统来说，采用极化干涉、层析方式对我国甚至全球其他重点区域进行的森林地上生物量探测、林下真实 DEM 测绘是主要观测目标。其中，我国的森林林区主要集中在东北大小兴安岭、西南和海南的热带雨林等地区。成像带宽的设计应在轨道设计的基础上，提升对这些地区的时间观测分辨率，从而可通过多基线层析反演这些区域森林地上生物量变化、林下地形等参数。

综合观测需求，结合卫星系统轨道设计、SAR 载荷系统规模等因素，成像带宽建议在 100 km 以上。

3.2.9 极化性能指标

作为主要用于森林生物量、土壤湿度、海冰测量的极化 SAR 系统，极化串扰和极化通道不平衡度是影响反演精度最重要的指标之一。

以森林生物量探测为例，图 3-25 所示为仅考虑极化串扰对森林生物量反演精度的影响论证结果。

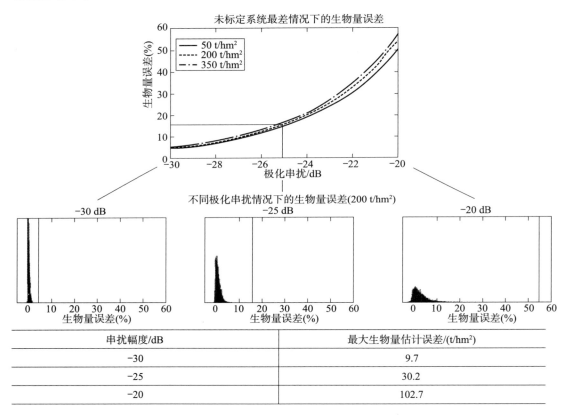

串扰幅度/dB	最大生物量估计误差/(t/hm²)
−30	9.7
−25	30.2
−20	102.7

图 3-25　极化串扰对森林生物量反演精度的影响（不考虑极化通道不平衡影响）

可以看出，−30 dB 极化串扰可保证最差生物量估计精度在 5% 以下；−25 dB 极化串扰可保证最差生物量估计精度约 17%；−20 dB 极化串扰可保证最差生物量估计精度约 50%。

图 3-26 所示为仅考虑极化通道不平衡度对森林生物量反演精度的影响论证结果。可以看出，−30 dB 极化通道不平衡可保证最差生物量估计精度在 16% 以下；−25 dB 极化

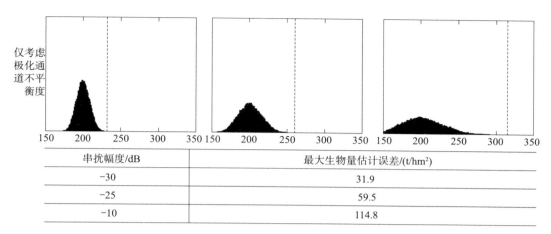

串扰幅度/dB	最大生物量估计误差/(t/hm²)
-30	31.9
-25	59.5
-10	114.8

图 3 - 26　极化通道不平衡对森林生物量反演精度的影响（不考虑串扰影响）

通道不平衡可保证最差生物量估计精度约 30％；－10 dB 极化通道不平衡可保证最差生物量估计精度约 57.4％。

图 3 - 27 所示为联合考虑极化串扰、极化通道幅度不平衡度影响仿真论证结果。可以看出，－27 dB 极化串扰、－34 dB 极化通道不平衡度的生物量估计精度约 10％；－24 dB 极化串扰、－28 dB 极化通道不平衡度的生物量估计精度约 20％。

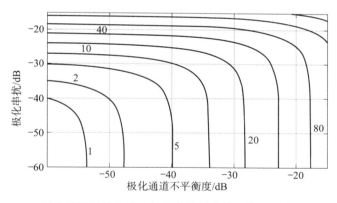

图 3 - 27　极化通道不平衡度、极化串扰对森林生物量反演精度的影响

综上所述，考虑到本系统的首要应用是森林储量监测，其对定量化要求高，因此极化性能指标按照其要求设计为：

1) 极化串扰：优于－25 dB（定标前）；优于－30 dB（定标后）；

2) 极化通道不平衡度：1 dB/5°（定标后）。

3.2.10　工作模式设计

根据应用要求，提出的 P 波段 SAR 的主要工作模式为条带模式和滑动聚束模式，并在此基础上，通过卫星机动变轨，实现重轨干涉、层析三维成像模式：

1）条带成像模式：通过方位向一发多收技术降低 PRF 的方法实现全极化成像、混合极化成像、简缩极化成像（图 3 - 28）。

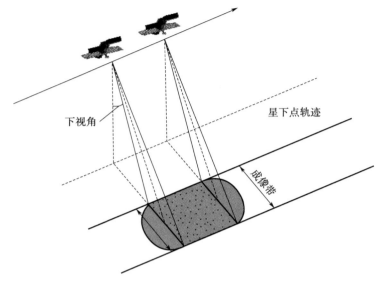

图 3 - 28　条带模式原理

2）滑动聚束成像模式：同样可以采用方位向一发多收工作方式高分辨率成像，一次航过实现对大面积森林的观测（图 3 - 29）。

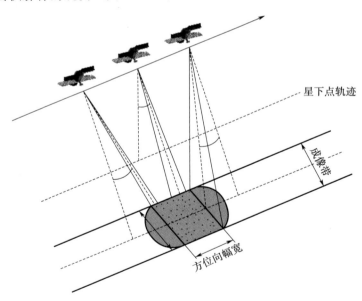

图 3 - 29　滑动聚束成像模式示意图

3）重轨干涉模式：通过一次卫星变轨，可对同一地区实现干涉成像，进一步获取森林或地区的高程信息，增加信息的获取。为保证重轨干涉的定量化处理要求，需采用严格回归轨道控制方法，重轨管道要求小于 300 m（图 3 - 30）。

图 3 - 30　重轨干涉模式示意图

4）层析三维成像模式：与传统 SAR 二维成像相比，层析三维成像技术具有对目标三维空间直接定位和分辨的真正三维成像能力，是解决二维 SAR 成像圆柱对称模糊最直接有效的方法之一。随着 SAR 技术的推广应用，特别是各类星载 SAR 的快速发展，获取同一区域的多次 SAR 成像观测数据已经成为现实，因此，开展层析三维成像技术研究的条件已经成熟。

德国 DLR 于 2006 年 9 月在德累斯顿市开展了机载 TomoSAR 飞行试验，录取了 21 条轨迹（平均基线长度为 20 m）的机载 L 波段 TomoSAR 试验数据。试验中，研究人员将一些感兴趣的目标（如车辆、集装箱和角反射器等）分别放置在树高在 10～30 m 之间的森林覆盖区域和裸露区域，然后对该区域进行机载层析三维成像探测。从试验结果来看，机载 L 波段层析三维成像能够实现对隐藏在树林中的车辆和集装箱等目标的高质量三维成像探测，如图 3 - 31 所示。上述试验结果证明了低频层析三维 SAR 在叶簇隐蔽成像探测中的重要作用，这将有助于森林生物量测量、林下地形测绘和次地表探测等。

通过卫星多次变轨，对同一地区实现成像，进一步获取森林或地区的三维信息，增加信息的获取。为保证层析三维成像定量化处理要求，至少需实现 6 次航过，每次航过间在经度水平向或同一轨道面高度向形成距离差（图 3 - 32）。

（1）层析 SAR 信号模型

假设传感器在高度向进行了 N 次飞行，经多基线 SAR 影像配准、去斜、相位误差校正后，对于选定距离-方位向平面像素（r，x）聚焦后的复数值为

$$g(r,x,b_n)=\int_{\Delta s}\gamma(r,x,s)e^{j2\pi\xi_n s}\mathrm{d}s$$

式中，b_n 为垂直基线；Δs 为高度向的采样范围；$\gamma(r,x,s)$ 为高度向上的反射率函数；$\xi_n=2\pi b_n/(\lambda r)$，为空间频率。对于多基线的层析 SAR 数据集，对高度向上连续的信号进行 D 次离散的采样后，可将上式表达为以下矩阵形式，即

$$g=A\gamma+e$$

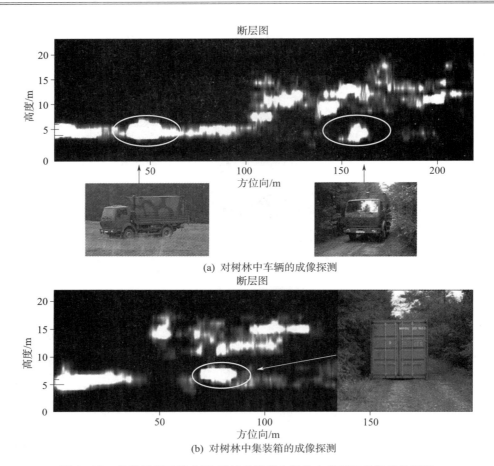

(a) 对树林中车辆的成像探测

(b) 对树林中集装箱的成像探测

图 3-31　机载层析三维 SAR 系统对隐藏在树林中车辆和集装箱的探测

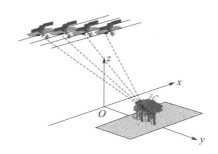

图 3-32　层析三维模式示意图

其中

$$A = e^{j2\pi\xi_n s_d}$$

式中，g 是 N 维观测值；s_d 为散射体的空间高度；e 是 N 维的噪声向量。

层析 SAR 对目标的三维成像，就是求取观测目标（如森林）后向散射功率在高度上的空间分布，如图 3-33 所示。针对上式所示的观测模型，常用的算法包括谱估计方法和压缩感知方法等。

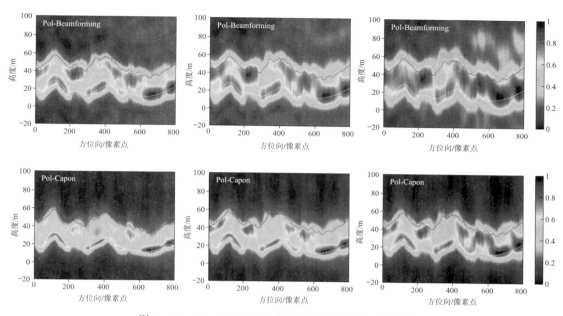

图 3 - 33　TropiSAR2009 热带雨林层析成像（见彩插）

（2）层析 SAR 分辨率与基线设计

层析 SAR 的三维分辨率包括距离向分辨率、方位向分辨率和高度向分辨率。其中距离向分辨率和方位向分辨率与传统二维 SAR 成像技术一致。层析 SAR 要实现对观测目标的三维聚焦，则要求具备区分高度不同散射体的能力。层析 SAR 技术可获得的理论分辨率与高度向的孔径长度有关

$$\Delta v = \lambda R / (2 A_v)$$

转换到垂直向

$$\Delta z = \lambda R \sin\theta / (2 A_v)$$

根据上式，即可求出垂直分辨率下的基线孔径长度

$$A_v = \lambda R \sin\theta / (2\Delta z)$$

若载波波长为 0.689 7 m，斜距为 740 km，入射角为 35°，要求层析 SAR 达到 21 m 的理论垂直分辨率，则对应的垂直基线孔径需达到 7 km。在条件允许的情况下，对总的垂直基线孔径进行均匀划分。

针对本系统的层析基线设计，建议理论垂直分辨率不大于 25 m，对应每段空间基线不小于 2 km。模糊高不小于 60 m，对应每段空间基线不大于 4 km。因此，平均每段空间基线长度控制在 2.5 km 左右。

3.2.11　轨道设计

卫星的轨道选择不仅决定覆盖和重访特性，而且影响到 P 波段 SAR 卫星系统设计规模和性能指标，因此，卫星系统首先要对轨道进行初步设计论证，根据 SAR 系统指标分

析结果进行调整和反复迭代，最终选择既可以满足覆盖和重访需求，又能够实现性能指标的优化结果。

电离层的频率色散、时间延迟、法拉第旋转、闪烁、折射等影响图像质量。其中，频率色散、法拉第旋转、折射和 TEC（总电子容量）有关。TEC 值在时间和空间上随太阳扰动和太阳周期变化。据近期观测我国电离层变化可知，在全天 24 小时内，从午夜 1：00 开始，TEC 值逐渐增加，到凌晨 4：00 时，电离层高峰开始进入南方地区并一直持续到中午 12：00 时，此期间的 TEC 值为全天最大；从下午 13：00 开始到夜晚 23：00 期间，为电离层的不活跃期，全国的 TEC 值分布均较低。电离层闪烁对星载 SAR 的性能会造成严重破坏，必须考虑其影响。电离层闪烁在 10 MHz～ 6 GHz 的频段上都有发生，引起电离层闪烁的不均匀体主要位于 200～1000 km 高度，且在午夜前最严重。从地理位置分布来看，在磁赤道附近（地磁纬度 20°以内）电离层闪烁最强，出现于 19：00～02：00 时段。

根据电离层 TEC 和闪烁的全球分布规律，通过综合论证与分析，确定卫星轨道为太阳同步轨道，降交点地方时可初步优选为上午 6：00，以最大限度地减小电离层对 P 波段 SAR 卫星成像质量的影响。

对于 P 波段 SAR 卫星，宽成像带可选轨道高度自由度很大，本文在 500～700 km 轨道高度范围内主要考虑以下因素进行轨道分析和选择：

1）尽量保证卫星地面覆盖无漏区；

2）为实现好的卫星地面覆盖效能，宜选择轨道一天进动距离小于且接近 SAR 成像带宽的轨道。

经仿真分析，在 500～700 km 轨道高度范围内，结合载荷需求和重访特性，设计 639.373 km 和 644.676 km 两个轨道，其性能见表 3－6。其中 639.373 km 轨道用于干涉成像，644.676 km 轨道用于层析成像。

表 3－6　轨道性能分析

轨道高度/km	SAR 入射角/(°)	回归周期/天	回归圈数	覆盖能力
639.373	20～48	15	221	全球覆盖
644.676	20～48	4	59	轨迹拼接实现全球覆盖

干涉 SAR 选择 15 天回归轨道，回归圈数 221，半长轴 7 022 854 m，轨道高度 644 373 m。TomoSAR 选择 4 天回归轨道，回归圈数 59，半长轴 7 017 551 m，轨道高度 639 676 m，分 6 次观测，设计赤道相邻轨迹间距 2.5 km。

3.3　性能分析

3.3.1　波位设计及成像性能分析

SAR 载荷分系统工作在 P 波段，为实现宽覆盖和抑制距离向模糊度，采用方位向多通道成像＋距离向接收 DBF 体制，主模式为全极化条带模式，按照系统设计能力，具备分辨率为 10 m（距离向）×5 m（方位向）和观测带宽为 190 km 的观测性能，具有"大口径、高分辨、长波长、强穿透、定量化"的特点，具备在空间电离层、地面射频干扰环境下对我国全境甚至全球其他区域森林生物量、土壤湿度、海冰等观测目标二维、三维信息要素探测反演能力。

　　P 波段 SAR 分系统任务是按照用户需求设置的既定程序对目标区域成像，可选两种规定的工作模式：滑动聚束、条带，将采集到的回波数据距离向 DBF 处理后再进行压缩和打包，传送给卫星数传系统，数据下传到地面完成成像处理、数据生成与分发。

　　SAR 天线子系统为二维有源相控阵形式，多极化工作。在发射状态下，天线子系统将激励功放提供的射频信号送至 T/R 模块，放大后经天线阵面辐射后在空间形成所需的发射波束。在接收状态下，将接收到的目标回波信号经过天线接收、进入 T/R 模块接收放大合成后，送至中央电子设备。

　　经初步仿真分析，在全极化模式下，采用方位向一发四收，可实现方位向 5 m 分辨率、194 km 测绘带宽的成像指标。发射峰值功率 28 800 W，占空比 8.15%，工作中心频率 435 MHz，信号带宽 50 MHz。经仿真，在 20.05°～35.44° 入射角内，可实现系统灵敏度优于 −35.36 dB，距离向模糊度优于 −25.93 dB，方位向模糊度达 −20.2 dB。

3.3.2　辐射分辨率分析

　　辐射分辨率是 SAR 反映地物目标微波散射特性精度的衡量，是区分不同目标后向散射系数的能力，直接影响星载 SAR 图像的判读和解释能力。

　　经辐射校正的 SAR 图像应该是目标场景微波散射特性的描述，越精确地反映地物目标的微波散射特性，SAR 系统越能高质量地成像，在植被分类、农作物长势判别、土壤湿度区分上尤为重要。

　　当 SAR 天线方向图覆盖区域足够大、区域内散射单元总数足够多，而且覆盖区域内没有一个大散射体能支配回波特性时，散射单元累加后的瞬时电压幅度和相位是相互独立的，并分别是符合瑞利分布和 $[-\pi, \pi]$ 区间均匀分布的随机变量。平方律滤波器输出雷达信号功率电平的密度函数为指数分布。由于指数分布是具有二阶自由度的 χ^2 分布，将 N 个指数分布的独立样本进行非相干平均（多视处理），得到信号 x 的概率密度函数为 $2N$ 自由度的 χ^2 分布，即

$$p(x) = \frac{1}{(\sigma^2/N)\Gamma(N)} \left(\frac{x}{\sigma^2/N}\right)^{N-1} \exp\left(-\frac{x}{\sigma^2/N}\right)$$

其均值和标准方差分别为 $E(x) = \sigma^2$，$\sigma(x) = \sqrt{D(x)} = \dfrac{\sigma^2}{\sqrt{N}}$，由于 N 为正整数，伽马函数 $\Gamma(N)$ 可以表示为 $\Gamma(N) = (N-1)!$ ，则上式可写为

$$p(x) = \frac{1}{(\sigma^2/N)(N-1)!} \left(\frac{x}{\sigma^2/N}\right)^{N-1} \exp\left(-\frac{x}{\sigma^2/N}\right)$$

　　传统的辐射分辨率定义是信号功率电平落入 $[0.1, 0.9]$ 80% 范围内的两个边界信号功率电平 x_1 和 x_2 的比值，即

$$\delta_d = \frac{x_1 \left[P\left(x > x_1 \right) = 0.1 \right]}{x_2 \left[P\left(x < x_2 \right) = 0.1 \right]}$$

其中，$P(x) = \int_0^x p(x) \, \mathrm{d}x$ 为功率电平为 x 的信号出现概率。

为了推导便于工程估算的 SAR 图像辐射分辨率定义式，从原始定义入手，取信号衰落的动态范围为 $[E(x) - \sigma(x), E(x) + \sigma(x)]$，此时，SAR 图像辐射分辨率可以表示为

$$\sigma_d = \frac{E(x) + \sigma(x)}{E(x) - \sigma(x)} = \frac{\sigma^2 + \sigma^2 / \sqrt{N}}{\sigma^2 - \sigma^2 / \sqrt{N}} = \frac{\sqrt{N} + 1}{\sqrt{N} - 1}, N \geqslant 2$$

为了考虑信噪比对辐射分辨率的影响，可以最终得到改进的辐射分辨率估算公式为

$$\sigma_d = 1 + 2(1 + 1/\mathrm{SNR}) \frac{\sqrt{N} + 1}{N - 1}, N \geqslant 2$$

本项目常规分辨率为 10 m（R）×5 m（A），系统灵敏度优于 -34 dB，SNR 可达 14 dB，通过两维共 100 视处理后，辐射分辨率预估可达 0.9 dB，满足应用需求。

3.3.3　极化精度分析

采用一个三面角及两个角度不同的二面角反射器完成极化发射、接收通道畸变矩阵估计及数据定标处理。实际因定标器受到加工精度和天线指向等因素影响且系统噪声存在，定标参数最优化过程会将误差引入，导致极化失真参数估计偏离真实值，从而降低极化数据定标精度。这里基于系统噪声及定标器误差进行点目标极化定标精度影响分析。

选取三面角、0°二面角及 22.5°二面角反射体作为点目标定标器，这些角反射器结合其误差模型表示如下：

$$S_t = \begin{bmatrix} 1 & 0 \\ 0 & 1 \end{bmatrix} + \begin{bmatrix} 0 & \delta_t \\ \delta_t & \delta_t^2 \end{bmatrix}$$

$$S_{d0} = \begin{bmatrix} -1 & 0 \\ 0 & 1 \end{bmatrix} + \begin{bmatrix} 0 & \delta_d \\ \delta_d & \delta_d^2 \end{bmatrix}$$

$$S_{d(22.5)} = \begin{bmatrix} -\cos 22.5° & \sin 22.5° \\ \sin 22.5° & \cos 22.5° \end{bmatrix} + \begin{bmatrix} 0 & \delta_d \\ \delta_d & \delta_d^2 \end{bmatrix}$$

式中，复数 δ_d 表示定标体的误差，并在仿真中假设二面角的误差比三面角大 10 dB，即 $\delta_d = \sqrt{10} \delta_t$。此外，采用 30°二面角反射体作为验证目标对数据定标结果进行精度验证。

选择一组系统失真参数对点目标定标结果进行仿真，这里假设：定标体误差 δ_d 为 -30 dB∠10；发射/接收通道不平衡度为 0.6 dB，通道串扰为 -25 dB。采用上述误差数据对三面角、0°二面角和 22.5°二面角反射体进行串扰数据仿真试验。通过仿真结果可得，当系统噪声为 -35 dB 时，定标后的串扰精度优于 -35 dB，通道幅度不平衡、相位不平衡均小于极化定标精度要求。考虑实际系统误差及角反射器摆放误差的影响，采用无源角反射器的极化定标精度为：极化串扰为 -30 dB、极化通道幅度不平衡度为 0.6 dB、极化通

道相位不平衡度为 5°。

3.3.4 森林地上生物量探测精度分析

基于 P 波段数据的森林生物量估计方法主要包括三种，分别是基于极化 SAR 数据、极化干涉 SAR 数据和极化层析 SAR 数据，下面用三种方法对生物量估计精度进行分析评估。

（1）基于极化 SAR 数据的生物量反演估计

首先，对森林区 HV 通道后向散射系数 α^0 进行提取

$$\alpha_{\mathrm{HV}}^0 = 10\log_{10}\left\langle\frac{|S_{\mathrm{HV}}|^2}{A_s\cos^2\theta_T/\sin\theta_T}\right\rangle$$

式中，S_{HV} 为 SAR 图像复数据；A_s 为距离向分辨率；$\langle\cdot\rangle$ 为空间平均算子。

其次，利用实验样本数据，建立后向散射系数与生物量的回归模型

$$\alpha_{\mathrm{HV}}^0 = a\cdot\log_{10}\mathrm{AGB} + b$$

式中，AGB 为生物量；a 和 b 为待拟合系数。

后向散射系数与生物量的回归曲线如图 3-34 中曲线所示。

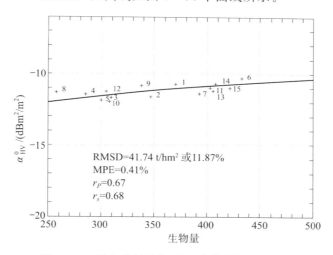

图 3-34 后向散射系数 α^0 与生物量的相互关系

最后，基于后向散射系数与生物量的回归模型，利用后向散射系数对生物量进行反演，生物量反演误差为 17.87%，如图 3-35 所示。

（2）基于极化干涉 SAR 数据的生物量反演估计

首先，利用极化干涉 SAR 技术提取森林区植被高度（或相位差 φ）。

其次，利用实验样本数据，建立植被高度（或相位差 φ）与生物量的回归模型

$$\varphi = a\cdot\mathrm{AGB} + b$$

植被高度（或相位差 φ）与生物量的回归曲线如图 3-36 中直线所示。

最后，基于植被高度（或相位差 φ）与生物量的回归模型，利用植被高度（或相位差

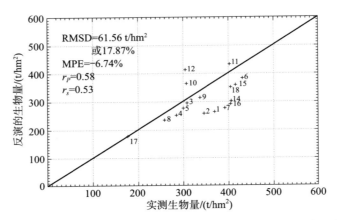

图 3 - 35　基于后向散射系数 α^0 反演的生物量与实测生物量的相互关系

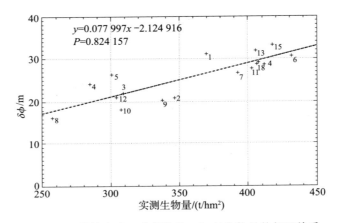

图 3 - 36　植被高度（或相位差 φ）与生物量的相互关系

φ）对生物量进行反演，生物量反演误差为 11.23%，如图 3 - 37 所示。

（3）基于极化层析 SAR 数据的生物量反演估计

首先，利用极化层析 SAR 技术反演森林区植被高度向反射率分布，如图 3 - 38 所示。

其次，利用实验样本数据，建立植被不同高度处的后向散射率与生物量的回归模型

$$\text{AGB} = a \cdot \log_{10}(P_s) + b$$

式中，P_s 为高度 s 处的反射率。

植被不同高度处的反射率与生物量的回归曲线如图 3 - 39 中直线所示。其中，30 m 处的反射率与生物量的相关最好，且反射率分布范围较大。

最后，基于植被 30 m 高度处的反射率与生物量的回归模型为

$$\text{AGB} = a \cdot \log_{10}(P_{30}) + b$$

利用植被 30 m 高度处的反射率对生物量进行反演，生物量反演误差为 5.28%，如图 3 - 40 所示。

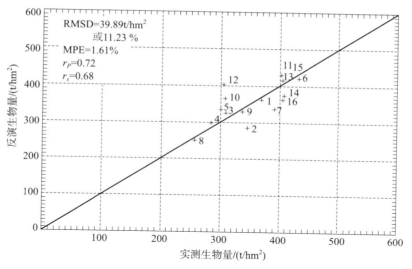

图 3-37　基于植被高度（或相位差 φ）反演的生物量与实测生物量的相互关系

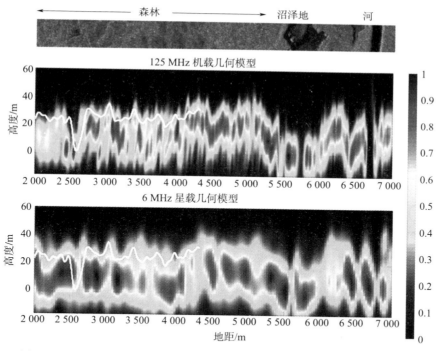

图 3-38　极化层析 SAR 技术反演森林区植被高度向反射率分布（见彩插）

综上所述，基于 P 波段 SAR 卫星观测数据，生物量反演估计精度误差可实现优于 20%，满足林业应用需求。

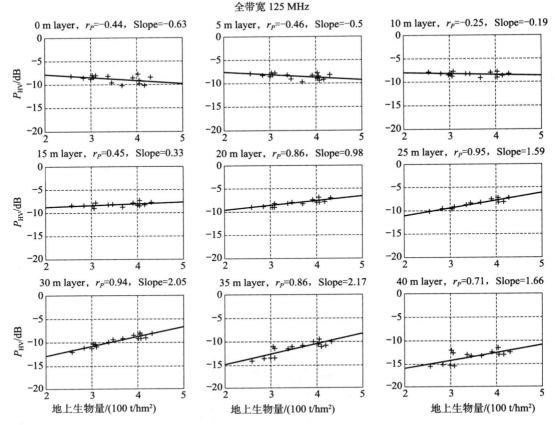

图 3 - 39　不同植被高度处反射率与生物量的相互关系

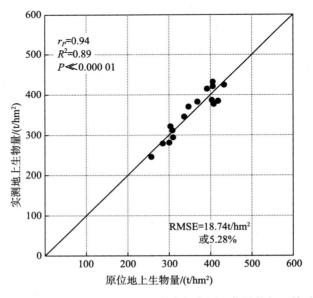

图 3 - 40　植被高度 30 m 处反射率与实测生物量的相互关系

参 考 文 献

［1］ 朱力，于立. 星载合成孔径雷达（SAR）斑马图仿真与研究［J］. 计算机仿真，2003，20（5）：123－125.

［2］ 易锋，刘春静. 基于斑马图的天基雷达 PRF 设计［J］. 雷达科学与技术，2015，13（6）：667－670.

［3］ 张卫华，王立刚. 高分辨率星载 SAR 系统关键参数的设计［J］. 雷达科学与技术，2004，2（4）：230－234.

［4］ 哈敏，刘光炎. 星载 SAR 脉冲重复频率和幅宽冗余设计的仿真与研究［J］. 电子工程师，2007，33（8）：1－4.

［5］ 徐辉，辛培泉，刘光炎，林幼权. 星载 SAR 全球波位参数自适应计算方法［J］. 现代雷达，2011，33（7）：31－39.

［6］ 于泽，周荫清，陈杰，李春升. 星载相控阵合成孔径雷达波位设计方法［J］. 系统工程与电子技术，2006，28（5）：661－664.

［7］ 洪文，杨士林，等. 分布式目标的极化 SAR 距离模糊计算方法研究［J］. 电子与信息学报，2015，37（6）：1437－1442.

［8］ 魏钟铨. 合成孔径雷达卫星［M］. 北京：科学出版社，2001：12－78.

［9］ 盛磊，刘小平. SAR 系统灵敏度对成像质量的影响［J］. 电子测试，2013，5（9）：82－84.

［10］ CURLANDER J C，MCDONOUGH R N. Synthetic Aperture Radar Systems and Signal Processing ［M］. New York：Wiley Interscience，1991.

［11］ GRAHAM L C. Synthetic interferometric radar for topographic mapping ［J］. Proc. IEEE，1974，62（6）：763－768.

［12］ ZEBKER H A，GOLDSTEIN R M. Topographic mapping from interferometric synthetic aperture radar observations ［J］. Journal of Geophysical Research Solid Earth，1986，91（B5）：4993－4999.

［13］ ROSEN P A，HENSLEY S，JOUGHIN I R，et al. Synthetic aperture radar interferometry ［J］. Proceedings of the IEEE，2002，88（3）：333－382.

［14］ RICHARD BAMLER，PHILIPP，et al. Synthetic aperture radar interferometry ［J］. Inverse Problems，1998，14（4）：R1－R54.

［15］ G KRIEGER，et al. TanDEM－X：A satellite formation for high resolution SAR interferometry ［J］. IEEE Transactions on Geoscience and Remote Sensing，2007，45（11）：3317－3341.

［16］ LANARI R，FORNARO G，RICCIO D，et al. Generation of digital elevation models by using SIR－C/X－SAR multifrequency two－pass interferometry：The Etna case study ［J］. IEEE Transactions on Geoscience and Remote Sensing，1996，34（5）：1097－1114.

［17］ MOREIRA J E A. X－SAR Interferometry：First Results ［J］. IEEE Transactions on Geoscience and Remote Sensing，1995，33（4）：950－956.

［18］ MASSONNET，DIDIER，ROSSI，et al. The displacement field of the Landers earthquake mapped by radar interferometry ［J］. Nature，1993.

[19] MASSONNET D，BRIOLE P，ARNAUD A. Deflation of Mount Etna monitored by spaceborne radarinterferometry [J]. Nature，1995，375（6532）：567－570.

[20] FERRETTI A，PRATI C，ROCCA F. Nonlinear Subsidence Rate Estimation Using Permanent Scatterers in Differential SAR Interferometry [J]. IEEE Transactions on Geoseience and Remote Sensing，2000，38（5）：2202－2212.

[21] FERRETTI A，PRATI C，ROCCA F. Permanent Scatterers in SAR Interferometry [J]. IEEE Transactions on Geoscience and Remote Sensing，2001，39（1）：8－20.

[22] 王超，刘智，张红，等. 张北-尚义地震同震形变场雷达差分干涉测量 [J]. 科学通报，2000，45（23）：2550－2554.

[23] 廖明生，王茹，杨梦诗，等. 城市目标动态监测中的时序 InSAR 分析方法及应用 [J]. 雷达学报，2020，9（3）：409－425.

[24] PAPATHANASSIOU K，CLOUDE S R. Single－baseline polarimetric SAR interferometry [J]. IEEE Transactions on Geoscience and Remote Sensing，2001，39（3）：125－134.

[25] PARDINI M，KIM J S，PAPATHANASSIOU K，et al. Height and 3－D Structure Estimation of African Tropical Forests With Multi－Baseline SAR：Results From the AfriSAR Campaign [C] // IEEE International Geoscience and Remote Sensing Symposium（IGARSS）. IEEE，2017.

[26] PARDINI M，PAPATHANASSIOU K. First Investigation on the Information Content of Multibaseline PolInSAR Data at S－Band for Forest Structure Observation [J]. American Journal of Epidemiology，2012，176（9）：751－759.

[27] PARDINI M，ALONSO M T，CAICOYA A T，et al. A Comparison of P－ and L－Band PolInSAR 3－D Forest Structure Estimates：A Study Case in the Traunstein Forest [C] // Esa Polinsar Workshop. DLR，2015.

[28] 李廷伟，梁甸农，朱炬波. 极化干涉 SAR 森林高度反演综述 [J]. 遥感信息，2009，000（003）：85－91.

[29] GOLDSTEIN R M，ZEBKER H A. Interferometric radar measurement of ocean surface currents [J]. Nature，1987，328：707－709.

[30] ROMEISER，ROLAND. Surface current measurements by spaceborne along－track inSAR－terraSAR－X，tanDEM－X，and future systems [C] //2015 IEEE/OES Current，Waves and Turbulence Measurement（CWTM）. St. Petersburg，FL，USA：2015：1－4.

[31] SUCHANDT S，RUNGE H，BREIT H，et al. Automatic Extraction of Traffic Flows Using TerraSAR－X Along－Track Interferometry [J]. IEEE Transactions on Geoscience and Remote Sensing，2010，48（2）：807－819.

[32] ROMEISER，ROLAND，SUCHANDT，et al. First Analysis of TerraSAR－X Along－Track InSAR－Derived Current Fields [J]. IEEE Transactions on Geoscience & Remote Sensing，2010，48（2）：820－829.

[33] GIERULL C H，CERUTTI－MAORI D，ENDER J. Ground Moving Target Indication With Tandem Satellite Constellations [J]. IEEE Geoscience and Remote Sensing Letters，2008，5（4）：710－714.

[34] ATTEMA E，DUCHOSSOIS G，KOHLHAMMER G. ERS－1/2 SAR land applications：overview and main results [C] // Geoscience and Remote Sensing Symposium Proceedings，1998.

IGARSS'98. 1998 IEEE International. IEEE，2002.

[35] DESNOS Y L，BUCK C，GUIJARRO J，et al. The ENVISAT advanced synthetic aperture radar system [C] // IEEE International Geoscience & Remote Sensing Symposium. IEEE，2000.

[36] SNOEIJ P，ATTEMA E，DAVIDSON M，et al. Sentinel – 1 Radar Mission：Status and Performance [J]. IEEE Aerospace and Electronic Systems Magazine，2010，25（8）：32 – 39.

[37] LUSCOMBE A. Image quality and calibration of RADARSAT – 2 [C] // Geoscience & Remote Sensing Symposium. IEEE，2009.

[38] KANKAKU Y，SUZUKI S，OSAWA Y. ALOS – 2 mission and development status [C] // Geoscience & Remote Sensing Symposium. IEEE，2014.

[39] WERNER M. Operating the X – band SAR interferometer of the SRTM [C] // IEEE International Geoscience & Remote Sensing Symposium. IEEE，2000.

[40] ZINK M，MOREIRA A，HAJNSEK I，et al. TanDEM – X：10 Years of Formation Flying Bistatic SAR Interferometry [J]. IEEE Journal of Selected Topics in Applied Earth Observations and Remote Sensing，2021，PP（99）.

[41] 楼良盛，刘志铭，张昊，等. 天绘二号卫星工程设计与实现 [J]. 测绘学报，2020，49（10）：1252 – 1264.

[42] 保铮，邢孟道，王彤. 雷达成像技术 [M]. 北京：电子工业出版社，2005.

[43] ZEBKER H A，VILLASENOR J. Decorrelation in interferometric radar echoes [J]. IEEE Transactions on Geoscience and Remote Sensing，1992，30（5）：950 – 959.

[44] JONG – SEN，LEE，HOPPEL，et al. Intensity and phase statistics of multilook polarimetric and interferometric SAR imagery [J]. IEEE Transactions on Geoscience and Remote Sensing，1994，32（5）：1017 – 1028.

[45] 刘艳阳. 分布式卫星高分辨率宽测绘带 SAR/InSAR 信号处理关键技术研究 [D]. 西安：西安电子科技大学，2013.

[46] KRIEGER G，HAJNSEK I，PAPATHANASSIOU K P，et al. Interferometric Synthetic Aperture Radar (SAR) Missions Employing Formation Flying [J]. Proceedings of the IEEE，2010，98（5）：816 – 843.

[47] BERARDINO P，FORNARO G，LANARI R，et al. A New Algorithm for Surface Deformation Monitoring Based on Small Baseline Differential SAR Interferograms [J]. IEEE Transactions on Geoscience & Remote Sensing，2002，40（11）：2375 – 2383.

[48] SUCHANDT S，RUNGE H. Along – Track Interferometry Using TanDEM – X：First Results from Marine and Land Applications [C] // European Conference on Synthetic Aperture Radar. VDE，2012.

[49] 王超，张红，刘智. 星载合成孔径雷达干涉测量 [M]. 北京：科学出版社，2002：22 – 24.

[50] 姜岩，陈筠力，王贇，等. 星载 SAR 的 GMTI 技术 [J]. 上海航天，2009，26（6）：60 – 64.

[51] MOREIRA A，KRIEGER G，HAJNSEK I，et al. Tandem – L：A Highly Innovative Bistatic SAR Mission for Global Observation of Dynamic Processes on the Earth's Surface [J]. IEEE Geoscience and Remote Sensing Magazine，2015，3（2）：8 – 23.

[52] MOTOHKA T，KANKAKU Y，MIURA S，et al. Alos – 4 L – Band SAR Mission and Observation [C] // 2019 IEEE International Geoscience and Remote Sensing Symposium. IEEE，2019.

[53]　KRIEGER G，GEBERT N，MOREIRA A. Unambiguous SAR signal reconstruction from nonuniform displaced phase center sampling [J]. IEEE Geoence and Remote Sensing Letters，2004，1 (4)：260 - 264.

[54]　GEBERT，NICOLAS，KRIEGER，et al. Digital Beamforming on Receive：Techniques and Optimization Strategies for High - Resolution Wide - Swath SAR Imaging. [J]. IEEE Transactions on Aerospace and Electronic Systems，2009，45 (2)：564 - 592.

[55]　王志斌，刘艳阳，李真芳，陈筼力. 俯仰向 DBF SAR 系统通道相位偏差估计算法 [J]. 西安电子科技大学学报：自然科学版，2018，45 (1)：145 - 150.

[56]　VILLANO M，KRIEGER G，MOREIRA A. Staggered SAR：High - Resolution Wide - Swath Imaging by Continuous PRI Variation [J]. IEEE Transactions on Geoscience and Remote Sensing，2013，52 (7)：4462 - 4479.

[57]　CERUTTI - MAORI D，SIKANETA I，KLARE J，et al. MIMO SAR Processing for Multichannel High - Resolution Wide - Swath Radars [J]. IEEE Transactions on Geoscience and Remote Sensing，2014，52 (8)：5034 - 5055.

[58]　KRIEGER，GERHARD. MIMO - SAR：Opportunities and Pitfalls [J]. IEEE Transactions on Geoscience and Remote Sensing，2014，52 (5)：2628 - 2645.

[59]　邓云凯，赵凤军，王宇. 星载 SAR 技术的发展趋势及应用浅析 [J]. 雷达学报，2012，1 (1)：1 - 10.

[60]　吴一戎. 多维度合成孔径雷达成像概念 [J]. 雷达学报，2013，2 (2)：135 - 142.

[61]　朱建军，杨泽发，李志伟. InSAR 矿区地表三维形变监测与预计研究进展 [J]. 测绘学报，2019，48 (2)：135 - 144.

[62]　李春升，王伟杰，王鹏波，等. 星载 SAR 技术的现状与发展趋势 [J]. 电子与信息学报，2016，38 (1)：229 - 240.

[63]　陈杰，杨威，王鹏波，等. 多方位角观测星载 SAR 技术研究 [J]. 雷达学报，2020，9 (2)：205 - 220.

[64]　SCIPAL K，ARCIONI M，CHAVE J，et al. The BIOMASS mission — An ESA Earth Explorer candidate to measure the BIOMASS of the earth's forests [C] // IEEE Geoscience & Remote Sensing Symposium，2010.

[65]　PRETZSCH H，SCHULZE，et al. TanDEM - X Pol - InSAR Performance for Forest Height Estimation [J]. IEEE Transactions on Geoscience and Remote Sensing，2014，52 (10)：6404 - 6422.

[66]　LI F K，GOLDSTEIN R M. Studies of multibaseline spaceborne interferometric synthetic aperture radars [J]. IEEE Transactions on Geoscience and Remote Sensing，1990，28 (1)：88 - 97.

[67]　ZHU X X，BAMLER R. Very High Resolution Spaceborne SAR Tomography in Urban Environment [J]. IEEE Transactions on Geoscience & Remote Sensing，2010，48 (12)：4296 - 4308.

[68]　MITTERMAYER J，KRIEGER G. Floating Swarm Concept for Passive Bi - static SAR Satellites [C] // 12th European Conference on Synthetic Aperture Radar，Aachen，Germany，2018，pp. 1 - 6.

[69]　FORNARO G，SERAFINO F，REALE D. 4 - D SAR Imaging：The Case Study of Rome [J]. IEEE Geoscience & Remote Sensing Letters，2010，7 (2)：236 - 240.

[70]　MITTERMAYER J，WOLLSTADT S，PRATS - IRAOLA P，et al. Bidirectional SAR Imaging Mode [J]. IEEE Transactions on Geoscience and Remote Sensing，2013，51 (1)：601 - 614.

[71]　T P AGER，P C BRESNAHAN. Geometric Precision in Space Radar Imaging：Results from TerraSAR - X [C]. ASPRS 2009，Baltimore，USA，2009.

[72]　M EINEDER，C MINET，P STEIGENBERGER，et al. Imaging Geodesy - Toward Centimeter - Level ranging accuracy with TerraSAR - X [J]. IEEE Transactions on Geoscience and Remote Sensing，Vol. 49，No. 2，February 2011.

[73]　S BUCKREUSS，R WERNINGHAUS，W PITZ. German satellite mission TerraSAR - X [J]. in Proc. IEEE Radar Conf.，Rome，Italy，2008，pp. 1 - 5.

[74]　MARCO SCHWERDT，BENJAMIN BRÄUTIGAM，MARKUS BACHMANN，et al. Final TerraSAR - X Calibration Results Based on Novel Efficient Methods [J]. IEEE TRANSACTIONS ON GEOSCIENCE AND REMOTE SENSING，VOL. 48，NO. 2，FEBRUARY 2010：677 - 689.

[75]　MARCO SCHWERDT，BENJAMIN BRÄUTIGAM，MARKUS BACHMANN，et al. TerraSAR - X Calibration Results [J]. EUSAR，2008：91 - 94.

[76]　LUKOWSKE T I，et al. Spaceborne SAR calibration studies：ERS - 1 [J]. Proc. IGARSS' 94，Pasadena，CA，USA：August，1994，2218 - 2220.

[77]　孙文峰，陈安，邓海涛，等. 一种新的机载 SAR 图像几何校正和定位算法 [J]. 电子学报，2007，35 (1)：553 - 556.

[78]　LI YONG，ZHU DAI - YIN. Geometric distortion correction algorithm for circular - scanning SAR imaging [J]. IEEE GEOSCIENCE AND REMOTE SENSING LETTERS，2010，7 (2)：376 - 380.

[79]　张长权，孙文峰. 机载 SAR 图像定位精度分析 [J]. 空军雷达学院学报，2007，21 (4)：263 - 265.

[80]　刘利国，周荫清. 一种星载 SAR 图像的系统级几何校正技术 [J]. 雷达科学与技术，2004，2 (1)：20 - 24.

[81]　李立钢，吴一戎，刘波，等. 基于卫星参数预测的星载 SAR 图像定位方法研究 [J]. 电子与信息学报，2007，29 (7)：1692 - 1694.

[82]　JOHN C CURLANDER，ROBERT N MCDONOUGH. 合成孔径雷达——系统与信号处理 [M]. 北京：电子工业出版社，2006：265 - 266.

[83]　丁鹭飞，耿富录. 雷达原理 [M]. 西安：西安电子科技大学出版社，2006：170 - 174.

[84]　赵现斌，孔毅，严卫，等. 机载合成孔径雷达海面风场探测辐射定标精度要求研究 [J]. 物理学报，2012，61 (14)：1 - 9.

[85]　柏仲干，周颖，王国玉，等. SAR 辐射定标的融合算法研究 [J]. 信号处理，2007，23 (4)：557 - 560.

[86]　陶鹍，张云华，郭伟，等. 星载 SAR 亚马逊雨林辐射定标仿真研究 [J]. 空间科学学报，2006，26 (4)：309 - 314.

[87]　刘洪霞，肖志刚. 基于工作流的星载 SAR 辐射定标系统研究与设计 [J]. 计算机工程与设计，2008，29 (2)：448 - 450.

[88]　M SCHWERDT，B BRÄUTIGAM，M BACHMANN，et al. Final TerraSAR - X calibration results based on novel efficient calibration methods [J]. IEEE Transaction on Geoscience and Remote Sensing，2010，48 (2)：677 - 689.

[89]　B BRÄUTIGAM，P RIZZOLI，C GONZÁÀLEZ，et al. SAR performance of TerraSAR - X mission with two satellites [C]. in 8th European Conference on Synthetic Aperture Radar，Aachen，

Germany，2010.

[90] M SCHWERDT，B BRÄUTIGAM，M BACHMANN，et al. TerraSAR - X Calibration - First Results［C］. in 26th International Geoscience and Remote Sensing Symposium，Barcelona，Spain，2007.

[91] 彭江萍，丁赤飙，彭海良. 星载 SAR 辐射定标误差分析及成像处理器增益计算［J］. 电子科学学刊，2000，22（3）：379 - 384.

[92] 宋胜利，杨英科，刘磊. 合成孔径雷达辐射定标误差分析［J］. 电子对抗试验，2009，19（1）：6 - 10.

[93] 袁礼海，葛家龙，江凯，等. SAR 辐射定标精度设计与分析［J］. 雷达科学与技术，2009，7（1）：35 - 39.

[94] 袁礼海，李钊，葛家龙，江凯. 利用点目标进行 SAR 辐射定标的方法研究［J］. 无线电工程，2009，39（1）：25 - 28.

[95] 耿波. 星载 SAR 定标处理软件系统的设计与实现［D］. 北京：中国科学院研究生院，2005：1 - 82.

[96] T I LUKOWSKI，R K HAWKINS，R Z MOUCHA，et al. Spaceborne SAR calibration studies：ERS - 1［J］. 1994 Canadian Crown Copyright：2218 - 2220.

[97] MANFRED ZLINK，RICHARD BAMLER. X - SAR Radiometric Calibration and Data Quality［J］. IEEE TRANSACTIONS ON GEOSCIENCE AND REMOTE SENSING，1995，33（4）：840 - 847.

[98] JOHN C CURLANDER，ROBERT N MCDONOUGH. 合成孔径雷达——系统与信号处理［M］. 北京：电子工业出版社，2006：217 - 258.

[99] MARCO SCHWERDT，DIRK SCHRANK，MARKUS BACHMANN，et al. Calibration of the TerraSAR - X and the TanDEM - X satellite for the TerraSAR - X mission［C］. in 9th European Conference on Synthetic Aperture Radar 2012，Nuremberg，Germany，2012：56 - 59.

第 4 章 层析成像模式及轨道设计

4.1 概述

层析 SAR 技术于 20 世纪 90 年代逐渐发展起来，1998 年，德国宇航中心利用 E-SAR 实验系统，进行了第一次机载 L 波段层析 SAR 数据获取，得到了德国 Oberpfaffcnhofen 地区的 13 轨 L 波段全极化数据，垂直基线跨度约为 260 m，高度向分辨率约为 2.9 m，证明了层析 SAR 三维成像的可行性和应用价值。2004 年，首次通过在已有的 ERS-1/2 数据中，选择合适轨迹位置的 SAR 影像，实现了第一幅星载层析 SAR 三维成像。近年来，随着机载、星载 SAR 系统的不断成熟和层析 SAR 三维成像技术的发展，更多高质量多基线 SAR 影像被成功获取，研究出了更适合层析 SAR 三维实际应用的成像算法，使得层析 SAR 技术被应用于多个领域，国际上的研究主要集中在植被遥感和冰雪遥感等领域。

4.2 层析成像模式原理

SAR 二维成像是通过在方位向内形成合成孔径来获得方位向的高分辨率，但由于方位向的合成阵列为线阵，所以方位向法平面内的目标分辨只能依靠高的距离向分辨来实现。在 SAR 二维成像中，假设观测对象为位于地面上的二维面目标，但实际目标是存在于三维空间中的，因此，SAR 二维成像结果仅是目标三维结构在由"方位向-距离向"构成的二维平面内的投影。若将三维空间划分为以方位向为轴的一系列等距圆柱面，则 SAR 二维成像不具备对距离相同的圆柱面上的目标进行分辨的能力，因为这些目标将被压缩到同一距离向分辨单元内，这就是 SAR 二维成像中的圆柱对称模糊问题，如图 4-1 所示。

既然通过合成孔径的方法可以实现利用小尺寸的天线来获得方位向的高分辨率，那么如果在距离向法平面内形成二维合成孔径则可实现法平面内的二维高分辨，再结合宽频带信号获得的距离向高分辨率，则可实现真正的雷达三维成像，这就是 TomoSAR 三维成像的基本思想。

图 4-2 给出了 TomoSAR 三维成像示意图。TomoSAR 三维成像是依靠传统的单个 SAR 雷达搭载平台沿多次不同高度的航过飞行，进而对同一区域进行多次成像探测来实现的。雷达平台每次飞行获取的回波数据是沿方位向的全孔径数据。TomoSAR 三维成像的一般处理流程为：首先，将每次飞行获得的回波进行"距离向-方位向"SAR 二维成

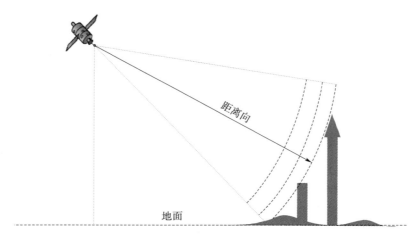

图 4 - 1 圆柱对称模糊示意图

像；然后，在此基础上，再进行高度向的高分辨成像；最后，获得雷达三维图像。也就是说，TomoSAR 三维成像中的高度维成像处理与距离向、方位向的处理是可分离的，可综合多次飞行获取的"距离向-方位向"SAR 二维图像来实现高度向的成像。TomoSAR 三维成像中所使用的二维图像与雷达工作在何种模式、采用何种成像算法无关。不需要改变现有 SAR 系统结构、成像模式和成像算法，只需利用现有 SAR 系统进行多次飞行任务，获得丰富的 SAR 二维图像数据，即可实现三维成像，这也是 TomoSAR 三维成像技术的巨大优势之一。

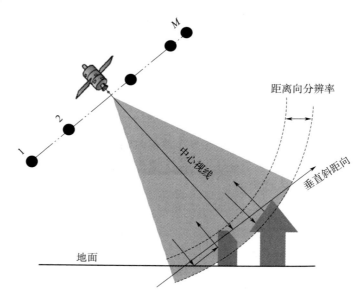

图 4 - 2 TomoSAR 三维成像示意图

在 TomoSAR 三维成像处理中，双孔径合成的第一孔径合成是传统 SAR 二维成像的方位向孔径合成，其可以采用现有的任何不损失相位信息的二维成像算法实现；在第一孔径合成的基础上，再通过不同高度轨迹上获得的 SAR 二维图像合成第二孔径，实现高度维分辨，获得目标在高度向的分布。TomoSAR 三维成像系统的几何构型如图 4 - 3 所示，其中，定义 x 为方位向，r 为斜距参考方向，v 为 x-r 平面的法线方向，基线定义为相邻两航迹在 r-v 平面内的连线，所有基线在高度向上的有效长度之和构成了沿高度向的合成孔径长度。假设在 TomoSAR 成像几何中，有 M 条平行直线航迹沿高度向均匀分布；雷达搭载平台在沿直线航迹运动的过程中，雷达不断发射信号和接收信号；对各航迹接收信号分别进行二维 SAR 成像，即可获得不同高度对应的 SAR 二维复图像序列。

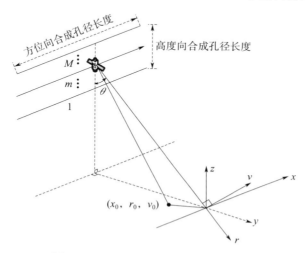

图 4 - 3　TomoSAR 三维成像几何构型

由 SAR 二维成像原理可得，第 m 条航迹的 SAR 二维成像结果可表示为

$$s(r_m,v_m,x_0,r_0) = \iint f(x_0-x,r_0-r)\rho'_m(x,r)\mathrm{d}x\,\mathrm{d}r \qquad (4-1)$$

式中，$f(x,r)$ 为二维点扩展函数；$\rho'_m(x,r)$ 为 (x,r) 处所有高度上的目标在该点的投影值

$$\rho'_m(x,r) = \int \rho(x,r,v)\cdot\exp\left[-\mathrm{j}\frac{4\pi R_m(r,v)}{\lambda}\right]\mathrm{d}v \qquad (4-2)$$

式中，$\rho(x,r,v)$ 为三维空间分布的目标散射强度；λ 为波长；$R_m(r,v)$ 为目标到第 m 条轨迹的最小距离

$$R_m(r,v) = \sqrt{(r_m-r)^2+(v_m-v)^2} \qquad (4-3)$$

式中，(r_m,v_m) 为第 m 条轨迹位置坐标。为了讨论方便，二维点扩展函数 $f(x,r)$ 取为标准的二维狄拉克函数

$$f(x,r) = \delta(x)\cdot\delta(r) \qquad (4-4)$$

那么，SAR 二维成像简化为

$$s(r_m,v_m,x_0,r_0) = \int \rho(x_0,r_0,v)\cdot\exp\left[-\mathrm{j}\frac{4\pi}{\lambda}\sqrt{(r_m-r_0)^2+(v_m-v)^2}\right]\mathrm{d}v$$

$$(4-5)$$

一般情况下 $|v_m - v| \ll (r_0 - r_m)$，且所有轨迹都位于 $r = 0$ 平面内（对于不在该平面内的轨迹可通过相位校正到该平面内），那么式（4-5）可展开为

$$s'(v_m, x_0, r_0) = \int \rho'(x_0, r_0, v) \cdot \exp\left(\mathrm{j}\frac{4\pi v v_m}{\lambda r_0}\right) \mathrm{d}v \qquad (4-6)$$

其中

$$\rho'(x_0, r_0, v) = \rho(x_0, r_0, v) \cdot \exp\left(-\mathrm{j}\frac{2\pi v^2}{\lambda r_0}\right) \qquad (4-7)$$

$$s'(v_m, x_0, r_0) = s(r_m = 0, v_m, x_0, r_0) \cdot \exp\left[\mathrm{j}\left(\frac{4\pi r_0}{\lambda} + \frac{2\pi v_m^2}{\lambda r_0}\right)\right] \qquad (4-8)$$

其中，$s'(v_m, x_0, r_0)$ 是 SAR 二维图像进行距离和调频校正的结果，以使第三维的成像不受距离和成像航迹高度的影响。

综上所述，高度向分布可通过 SAR 二维图像构造的高度向序列进行距离校正和高度校正后，利用傅里叶变换实现。结合 SAR 二维成像的"距离-方位向"高分辨成像，即可获得目标的 TomoSAR 三维成像结果。

层析 SAR 的各维分辨率从本质上由各维的等效带宽决定。与传统的 SAR 系统类似，层析 SAR 系统也通常发射线性调频信号，其回波在距离向是具有延迟的线性调频信号，方位向也近似为线性调频信号。进行高度维成像后，层析 SAR 在高度维上的像同样是一个 Sinc 函数，这与方位向、距离向的情况是一致的，且垂直距离向的理论分辨率主要由沿垂直航向形成的阵列孔径长度 L_v 决定，此外，还与系统的雷达发射信号波长 λ、目标与层析阵列中心的距离在雷达入射面内的投影 r_0 有关，因此，层析 SAR 的垂直距离向分辨率 δ_v 可以表示为

$$\delta_v = \frac{\lambda r_0}{2L_v} \qquad (4-9)$$

垂直距离向分辨率与高度向分辨率的关系示意图如图 4-4 所示。

根据图 4-4，H 为飞行高度，R_e 为地球半径，α 为观测视角，高度向分辨率 δ_h 可以表示为

$$\delta_h = \delta_v \cdot \sin\alpha = \frac{\lambda r_0}{2L_v} \cdot \sin\alpha \qquad (4-10)$$

此外，一方面要获得垂直距离向的高分辨率，必须保证足够大的垂直航向孔径长度；另一方面，层析 SAR 飞行时基线需足够小，确保空间采样满足奈奎斯特定理，防止空频域的频谱混叠造成成像模糊。这两者是相互矛盾的，因此，应尽量选择合适的阵元数量（观测次数），平衡运行成本与分辨率。假定景物高度或散射体高度为 H，则空间带宽为

$$B_{te} = \frac{4\pi H}{\lambda r_0 \sin\alpha} \qquad (4-11)$$

根据奈奎斯特定理，空间谱不混叠的条件是：$\frac{2\pi}{d} \geqslant B_{te}$，即飞行间距 d 应满足

$$d \leqslant \frac{\lambda r_0 \sin\alpha}{2H} \qquad (4-12)$$

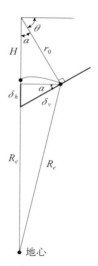

图 4 - 4　垂直距离向分辨率与高度向分辨率的关系示意图

当各基线长度确定时，不产生模糊的最大景物高度也是确定的，超过这个高度成像就会模糊，这一高度称为该基线下的"最大不模糊高度"，即

$$H_{\max}=\frac{\lambda r_0 \sin\alpha}{2d} \qquad\qquad (4-13)$$

4.3　轨道设计

根据层析成像任务观测的需求，卫星系统需通过轨道设计与控制技术在空间域提供满足层析成像需求的相对位置，以满足层析多次重访数据获取需求，层析轨道控制要求卫星最大轨道间距为 12.5 km，分 6 次观测，即赤道相邻轨迹间距为 2.5 km。受卫星轨道运行机理影响，自然运行轨道无法建立层析成像需要的等间距基线，必须在轨道设计的基础上，进一步引入主动控制技术，进行精细化设计与控制，才能满足层析成像任务需求。

4.3.1　层析轨道的回归重访优化设计

（1）主要摄动回归轨道建模

主要摄动回归轨道建模是在低轨空间地球非球谐摄动力研究的基础上，面向层析卫星轨道优化设计需求，建立的自然和非自然回归轨道优化设计模型，为后续多任务层析轨道优化设计奠定理论基础。

①地球非球谐摄动力量化仿真分析

受地球非标准球体的影响，卫星轨道的运动特性必须考虑地球非球谐摄动因素的影响，如在轨道设计阶段就充分考虑主要摄动力的作用特性，设计基于空间主要摄动力利用的标称回归轨道，可降低轨道精密维持控制推进剂消耗量。

针对地球非球谐摄动对轨道运动状态的影响问题，从现有文献调研结果来看，如果地球是一个质量分布均匀的球体，则地球对卫星的引力只存在中心引力。然而实际的地球并不是真正圆球，而是一个两极扁平赤道略鼓的类"梨形"椭球体，同时，地球质量分布也是不均匀的。地球的这些特点导致地球重力场分布不均匀。目前，广泛采用的地球引力场位函数 U 可表示为

$$U(r,\varphi,\lambda) = \frac{\mu}{r}\left\{1 - \sum_{n=2}^{\infty} J_n \left(\frac{R_e}{r}\right)^n P_n(\sin\varphi) + \sum_{n=2}^{\infty}\sum_{m=1}^{\infty}\left(\frac{R_e}{r}\right)^n P_{nm}(\sin\varphi)[C_{nm}\cos m\lambda + S_{nm}\sin m\lambda]\right\}$$

式中，φ，λ 和 r 分别对应当地地理经度、纬度和卫星的地心距；$P_n(x)$，$P_{nm}(x)$ 分别为勒让德多项式和缔合勒让德函数，其具体形式可参见相关资料；对应于 J_n 的项称为带谐调和项，对应于 C_{nm} 和 S_{nm} 的项称为田谐调和项。

记位函数的中心引力项 $U_0 = \dfrac{\mu}{r}$，与二体轨道相比，引力的扰动位函数可记为

$$R = U - U_0$$

由扰动位引力引起的摄动为地球非球形摄动。由位函数的表达式可知，只要知道引力系数的值，就可以确定地球的引力场。采用不同的标准，所得出的地球引力系数会有一定差异，但 6 阶以前的带谐系数已达成一致的认识。观测表明，经度对引力位的影响较小，因此，在精度要求不太高的轨道计算中，田谐项的影响可忽略不计。

由上述量化仿真结果可知，J2 项和 J4 项摄动下的半长轴、偏心率和轨道倾角没有长期变化，而升交点赤经、近地点幅角和平近点角都存在长期漂移，且漂移率与前 3 个参数有关。J2 项摄动对卫星轨道状态的影响至少比 J4 项摄动高 3 个数量级，因此，卫星轨道回归设计建模过程中，可只考虑 J2 项摄动对轨道状态变化的影响。

②J2 摄动自然回归重访轨道建模

在 J2 项摄动的作用下，卫星轨道六要素的运动状态可描述为

$$\begin{cases} \dot{a} = 0 \\ \dot{e} = 0 \\ \dot{i} = 0 \\ \dot{\Omega} = -\dfrac{3}{2}\dfrac{nJ_2}{(1-e^2)^2}\left(\dfrac{R_e}{a}\right)^2\cos i \\ \dot{\omega} = -\dfrac{3}{2}\dfrac{nJ_2}{(1-e^2)^2}\left(\dfrac{R_e}{a}\right)^2\left(\dfrac{5}{2}\sin^2 i - 2\right) \\ \dot{M} = n + \dot{m} = n - \dfrac{3}{2}\dfrac{nJ_2}{\sqrt{(1-e^2)^3}}\left(\dfrac{R_e}{a}\right)^2\left(\dfrac{3}{2}\sin^2 i - 1\right) \end{cases}$$

上式表明，在地球 J2 项摄动的影响下，卫星轨道面与赤道面的节线方向在惯性空间内不是固定不变的，而是向东或是向西进动。代表节线进动的升交点赤经变化率在轨道一周内的平均值为

$$\dot{\Omega} = -\frac{3}{2}\frac{nJ_2}{(1-e^2)^2}\left(\frac{R_e}{a}\right)^2\cos i$$

式中，n 为轨道平均角速率；$\dot{\Omega}$ 的单位为 rad/s。

对于近圆轨道，按天计量，则上式可以表示为

$$\Delta\Omega = -9.97 \left(\frac{R_e}{a}\right)^{\frac{7}{2}} \cos i$$

式中，$\dot{\Omega}$ 的单位为（°）/d。

卫星轨道 J2 项摄动影响分析结果表明，星下点轨迹在地球经度方向上的移动主要由地球自转和轨道受摄在节线方向上进动两部分组成，在单个卫星轨道周期内，星下点轨迹越过赤道的横移角，即连续相邻轨迹在赤道上的间隔 $\Delta\lambda$ 可表示为

$$\Delta\lambda = T_N (\omega_e - \dot{\Omega})$$

式中，ω_e 为地球转速；$\dot{\Omega}$ 为轨道节线进动的平均速率；T_N 为轨道运动的节点周期，包含轨道平均角速率 n 和地球扁平摄动 J2 的作用项，其表达式为

$$T_N = \frac{2\pi}{\dot{\omega} + \dot{M}}$$

$$= \frac{2\pi}{n - \frac{3}{2} \frac{nJ_2}{(1-e^2)^2} \left(\frac{R_e}{a}\right)^2 \left[\frac{5}{2}\sin^2 i - 2 + \sqrt{1-e^2}\left(\frac{3}{2}\sin^2 i - 1\right)\right]}$$

对于近圆轨道，上式可简化为

$$T_N = \frac{2\pi}{n \left[1 - \frac{3}{2} J_2 \left(\frac{R_e}{a}\right)^2 (4\sin^2 i - 3)\right]}$$

上述研究结果表明，针对卫星相对地面目标区域在轨道平面内和地球经度方向上的运动特点，如果选择轨道的半长轴和倾角，需满足下式

$$RT_N (\omega_e - \dot{\Omega}) = R \cdot \Delta\lambda = 2\pi$$

式中，R 为正整数，则该轨道的回归周期为 1 天，在 1 天内轨道圈数为 R。

由于卫星载荷对地观测能力有限，为实现全球覆盖，通常利用多天回归轨道，即设计轨道的半长轴和倾角，使节点周期 T_N 满足下式

$$RT_N (\omega_e - \dot{\Omega}) = R \cdot \Delta\lambda = N \cdot 2\pi$$

或写成

$$RT_N = ND_N$$

式中，R，N 均为正整数，且两者互质。该式表示，轨道的回归周期为 N 天，且在回归周期内共转 R 圈。

（2）轨道设计约束梳理

1）轨道高度：约 640 km；

2）TomoSAR 回归周期约束：优于 4 天；

3）极化干涉回归周期约束：优于 15 天；

4）单波束幅宽约束：196 km；

5）TomoSAR 波位覆盖重叠约束：25 km；

6）极化干涉波位覆盖重叠率约束：5%；

7）其他：太阳同步回归；

8）TomoSAR 基线长度：2～4 km；

9）TomoSAR 相同区域重访次数：不少于 6 次。

首先，依据卫星轨道设计总体输入，包括回归天数、轨道高度等，以太阳同步和回归特性为设计目标，在仅考虑 J2 地球重力场的影响下，求解满足全球覆盖的太阳同步轨道初设计解；其次，考虑到卫星轨道初设计解的轨道回归特性较差，基于 60 阶地球重力场模型，将严格回归轨道优化设计转化为多目标优化问题，提出基于遗传算法的严格回归轨道优化求解方法。

针对优化求解计算复杂、资源消耗大的问题，将决策变量进行映射处理：把大范围、连续的决策变量映射为有限数目、整型决策变量，可以大幅减小优化求解空间，提高优化求解速度，如图 4-5 所示。

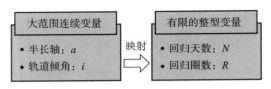

图 4-5　连续变量到整型变量的转换

综合分析轨道设计的决策变量、约束集和优化目标，可将轨道设计描述为以下多目标优化模型

$$\min f(X) = [f_1, f_2, f_3]$$
$$a \in [a_{\min}, a_{\max}]$$
$$N \leqslant N_{\max}, N \in Z^+$$

其中，X 是决策变量集

$$X = [N, R]$$

f 为目标函数集，且有

$$\begin{cases} f_1(X) = \Delta V_{\text{total}} \\ f_2(X) = \text{Time}_{\text{total}} \\ f_3(X) = \delta W \end{cases}$$

式中，ΔV_{total} 为推进剂消耗量；$\text{Time}_{\text{total}}$ 为任务完成时间；δW 表示全球覆盖性能。

最后，利用遗传算法完成轨道的多目标优化设计。

（3）设计结果

引入遗传算法，得到了轨道的初步设计结果，在一定程度上减少了推进剂消耗，并权衡了时间消耗，可为后续开展轨道控制工作提供理论依据。轨道设计结果见表 4-1。

表 4-1　轨道设计结果

序号	回归天数	回归圈数	半长轴/m	轨道倾角/(°)	轨道高度/m
1	4	59	7 017 551	97.938 522 06	639 373
2	15	221	7 022 854	97.959 674 31	644 676

图 4-6 和图 4-7 所示为 4 天回归轨道星下点轨迹 3D 图和 2D 图。

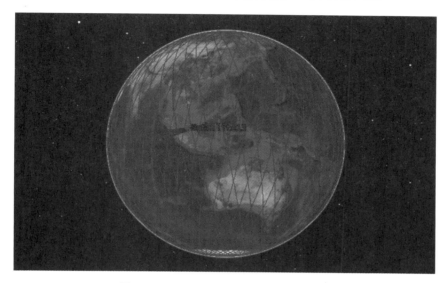

图 4-6　4 天回归轨道星下点轨迹 3D 图

图 4-7　4 天回归轨道星下点轨迹 2D 图

图 4-8 和图 4-9 所示为 15 天回归轨道星下点轨迹 3D 图和 2D 图。

图 4 - 8　15 天回归轨道星下点轨迹 3D 图

图 4 - 9　15 天回归轨道星下点轨迹 2D 图

（4）比对分析

Biomass 轨道参数见表 4 - 2。

表 4 - 2　**Biomass 轨道参数**

序号	回归天数	回归圈数	半长轴/m	轨道倾角/(°)	轨道高度/m
1	3	44	7 044 165	98.045 1	665 987
2	17	251	7 012 817	97.929 6	634 639

　　综上所述，轨道设计结果重叠率适宜，不仅可以实现中低纬地区全球无漏覆盖，而且可以最大限度地利用载荷观测带宽。极化干涉任务和 TomoSAR 层析成像任务轨道高度差仅为 5 km，优于 BIOMASS 卫星轨道设计结果。

4.3.2　效能最优多任务规划

4.3.2.1　资源优化调度算法设计

为降低卫星系统任务规划复杂度，提升长期规划优化处理效率，先期基于单轨观测均衡性准则，在载荷全球栅格化处理的基础上，按全球无缝、无冗余观测策略，完成载荷全球栅格化预处理工作。为提升卫星系统资源利用率，缩短卫星系统测绘任务完成时间，基于资源统筹调度动态分配和多任务优先级择优准则设计多阶决策机制组合优化长期测绘策略规划算法。

（1）栅格矩阵生成

依据卫星系统标称回归轨道和载荷参数，进行载荷可视栅格区域边界点计算，生成载荷全球栅格矩阵，同时，能够基于全球陆地先验数据确定栅格属性，根据重点测绘区域与载荷成像特性，生成全球或中国区域栅格矩阵。

（2）载荷全球栅格信息计算

基于卫星载荷对地观测建模技术计算载荷全球栅格信息，建立星地精确匹配关系。卫星载荷对地观测建模技术主要依据某一时刻卫星在轨的空间位置状态，计算星载传感器可观测区域的地理信息。基于空间矢量对地观测模型的有效载荷可视目标区域计算主要分为两步：第一，依据载荷波位角建立初始观测矢量；第二，通过坐标旋转变换，在地球固连坐标系（ECEF）下，求解初始观测矢量与地球地表交点的坐标，获取载荷可视目标点地理坐标，完成载荷对地观测建模工作。

为建立载荷初始观测量，针对常用的卫星轨道坐标系载荷波束角参数，通过将卫星轨道坐标系转换至地球固连坐标系，建立载荷波束角指向在地球固连坐标下的初始观测矢量，如图 4-10 所示。

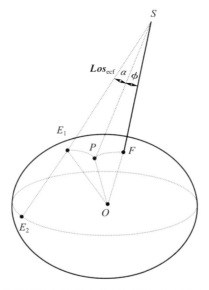

图 4-10　地球固连坐标系中观测矢量与地球椭球空间几何图

图中，卫星质心为 S 点，地球质心为 O 点，F 点为卫星星下点，P 是有效载荷中心在地球表面上的投影，Los_{ecf} 为地球固连坐标系下的有效载荷观测矢量。

假设 E_1 和 E_2 是有效载荷观测矢量 Los_{ecf} 与地球椭球面的交点，即有效载荷观测矢量对地覆盖边界点，而该点可通过在地球固连坐标系中联立有效载荷观测矢量与地球椭球体方程求得。

按图 4 - 10，有效载荷观测矢量从卫星质心指向地球，其中，有效载荷观测矢量 Los_{ecf} 和卫星位置矢量 S_{ecf} 是已知量。假设 $Los_{ecf} = [\,l_1 \quad l_2 \quad l_3\,]$，$S_{ecf} = [\,s_1 \quad s_2 \quad s_3\,]$；有效载荷观测矢量与地球表面交点的坐标值为 $(X，Y，Z)$，则雷达有效载荷观测矢量的直线方程可表达为

$$\frac{X - s_1}{l_1} = \frac{Y - s_2}{l_2} = \frac{Z - s_3}{l_3} \qquad (4-14)$$

按国际大地测量学与地球物理联合会 IUGG1975 确定的地球参考椭球模型，交点坐标 $(X，Y，Z)$ 同样满足

$$\left(\frac{X}{a}\right)^2 + \left(\frac{Y}{a}\right)^2 + \left(\frac{Z}{b}\right)^2 = 1 \qquad (4-15)$$

联立式 （4 - 14） 和式 （4 - 15） 可得，交点坐标值 $(X_p，Y_p，Z_p)$ 为

$$\begin{cases} X_p = \dfrac{-E_2 \pm \sqrt{E_2^2 - 4E_1 E_3}}{2E_1} \\[2mm] Y_p = Y_s + \dfrac{l_y}{l_x}(X_p - X_s) \\[2mm] Z_p = Z_s + \dfrac{l_z}{l_x}(X_p - X_s) \end{cases} \qquad (4-16)$$

式中，E_1，E_2，E_3 满足

$$\begin{cases} E_1 = \dfrac{1}{a^2} + \dfrac{1}{a^2}\dfrac{l_y^2}{l_x^2} + \dfrac{1}{b^2}\dfrac{l_z^2}{l_x^2} \\[3mm] E_2 = 2Y_s \dfrac{1}{a^2}\dfrac{l_y}{l_x} - 2X_s \dfrac{1}{a^2}\dfrac{l_y^2}{l_x^2} + 2Z_s \dfrac{1}{b^2}\dfrac{l_z}{l_x} - 2X_s \dfrac{1}{b^2}\dfrac{l_z^2}{l_x^2} \\[3mm] E_3 = \dfrac{1}{a^2}Y_s^2 - 2\dfrac{1}{a^2}\dfrac{l_y}{l_x}X_s Y_s + \dfrac{1}{a^2}\dfrac{l_y^2}{l_x^2}X_s^2 + \dfrac{1}{b^2}Z_s^2 - 2\dfrac{1}{b^2}\dfrac{l_z}{l_x}X_s Z_s + \dfrac{1}{b^2}\dfrac{l_z^2}{l_x^2}X_s^2 - 1 \end{cases}$$

$$(4-17)$$

显然，有效载荷观测矢量与地球椭球体表面会存在两个交点。在实际应用中，取离卫星距离较近的结果为交点。

通过交点坐标值，在地球固连坐标系下，可计算出交点的地理经纬度为

$$\begin{cases} L = \arctan \dfrac{Y}{X} \\[3mm] B = \arctan \dfrac{Z + Ne^2 \sin B}{\sqrt{X^2 + Y^2}} \\[3mm] H = \dfrac{Z}{\sin B} - N(1 - e^2) \end{cases} \qquad (4-18)$$

式中，L 为地理经度；B 为地理纬度；H 为高程；e 为子午椭圆第一偏心率；N 为法线长度，两者的计算公式为

$$\begin{cases} e^2 = \dfrac{a^2 - b^2}{a^2} \\ N = \dfrac{a}{\sqrt{1 - e^2 \sin^2 B}} \end{cases} \tag{4-19}$$

对于地面上的点，因高程 H 恒为 0，可将式（4-18）简化为

$$\begin{cases} L = \arctan \dfrac{Y}{X} \\ B = \arctan \dfrac{a^2 Z}{b^2 \sqrt{X^2 + Y^2}} \end{cases} \tag{4-20}$$

式中，a 和 b 为国际大地测量学与地球物理联合会 IUGG1975 确定的地球椭球参数。

（3）载荷全球栅格属性确定

载荷全球栅格属性确定是以全球先验属性数据为基础，基于地理位置配置准则，针对载荷全球栅格给定步长下的可视区域，采用存在标志属性的方法，完成载荷全球栅格属性确定工作，以期为长期测绘策略精准规划奠定基础。

4.3.2.2　长期测绘策略规划

依据对地成像卫星载荷可测属性栅格矩阵和重点区域栅格矩阵，进行多约束多目标测绘策略优化求解，生成长期测绘策略规划结果，并针对卫星载荷完成长期测绘策略规划，其流程如图 4-11 所示。

4.3.2.3　长期规划结果及分析

（1）TomoSAR 层析成像

①全球覆盖

长期规划达到全球覆盖需要 192 天，其覆盖率曲线如图 4-12 所示。

②中国区域

长期规划达到中国区域覆盖需要 96 天，其覆盖率曲线如图 4-13 所示。

（2）干涉 SAR

①双基线全球覆盖

完成两次干涉长期规划达到全球覆盖需要 60 天，其覆盖率曲线如图 4-14 所示。

②多基线（3 次）全球覆盖

完成 3 次干涉长期规划达到全球覆盖需要 90 天，其覆盖率曲线如图 4-15 所示。

4.3.3　层析轨道自主导航与控制

（1）自主导航与控制方法

①虚拟编队概念（图 4-16）

自主轨道导航与控制继承 L 波段差分干涉 SAR 卫星、天绘五号卫星设计。采用虚拟

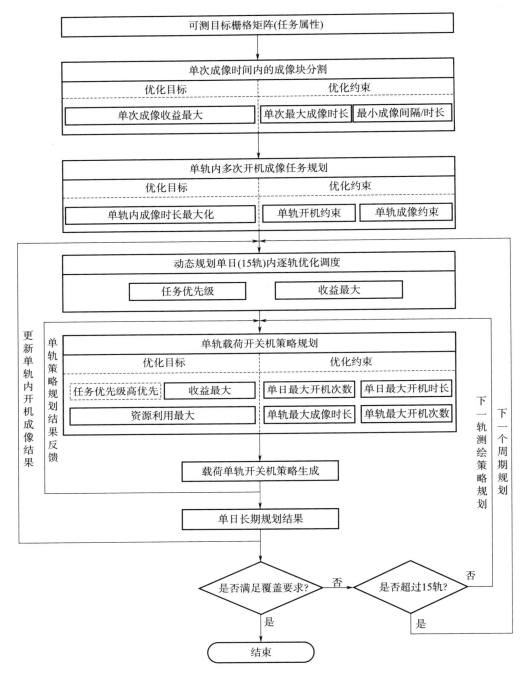

图 4 - 11　长期规划优化算法流程

编队实现卫星相对参考轨道的管道保持。回归轨道具有高精度的空间轨迹重访能力，管道保持以严格回归轨道为参考轨道，要求卫星的运行轨迹保持在参考轨道附近的管道内。相较早期的轨迹保持技术，管道保持实现的空间轨迹重访要求更为严格，具有空间和时间的双重约束。

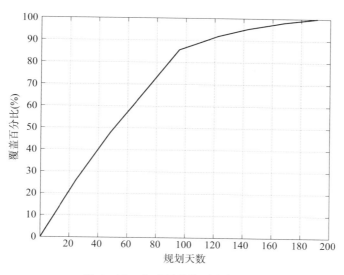

图 4 - 12　全球覆盖的覆盖率曲线

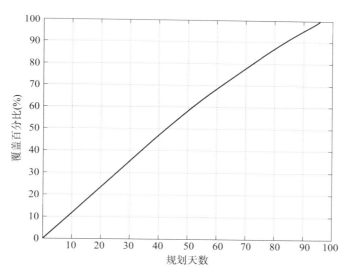

图 4 - 13　中国区域覆盖的覆盖率曲线

　　基于高精度轨道动力学确定的回归轨道，将近地遥感卫星与参考轨道采样点视为一个虚拟编队，以虚拟编队相对运动特性作为导航分析的对象。假定虚拟"主星"运行在参考轨道上，真实卫星作为"辅星"运行在实际轨道上，因而构成了虚拟双星编队。管道导航的任务是获取编队主星实际轨道与参考轨道之间的相对位置关系，为管道保持提供输入条件。管道控制的基本策略就是基于虚拟编队的相对控制，但与编队控制不同，管道控制不需要精确维持特定编队构形状态，仅需要将构形的发散控制到期望范围内。回归轨道重访的虚拟编队参数定义如图 4 - 17 所示。

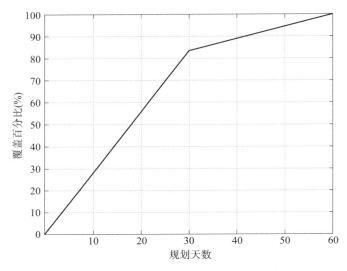

图 4-14　双基线全球覆盖的覆盖率曲线

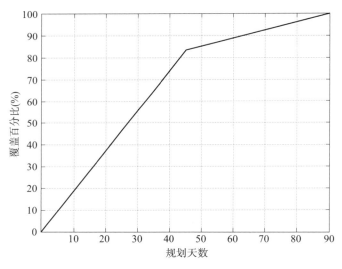

图 4-15　多基线全球覆盖的覆盖率曲线

②虚拟编队导航技术

基于虚拟编队相对动力学运动特性，提出基于空间轨迹重访的自主管道导航技术途径。设计导航控制模块的系统配置和数据处理方法，取得虚拟编队管道保持所必需的导航信息，为研制具备空间轨迹重访特性的卫星姿轨控系统提供理论基础和方法论。虚拟编队的管道导航方法架构如图 4-18 所示。

管道导航控制目前存在的问题主要是，参考轨道的设计只考虑地球非球形摄动，与在轨卫星的动力学环境存在差别，导致近地遥感卫星与参考轨道采样点之间存在切航向和径向的漂移。由于严格回归轨道设计的参考轨道的星下点轨迹包含了时间因素，切航向漂移造成的相位时间偏差会影响对地观测任务，并且径向漂移会加剧切航向漂移的积累。为

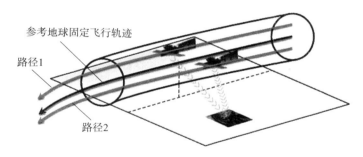

图 4 - 16 虚拟编队与管道概念图

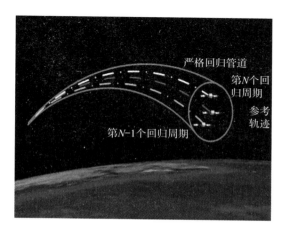
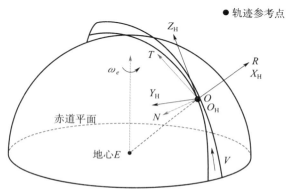

图 4 - 17 回归轨道重访的虚拟编队参数定义

此，需要获取近地遥感卫星和参考轨道采样点的相位时间偏差和相对运动轨迹特征量，才能借鉴已有的卫星编队控制方法。

③虚拟编队控制技术

严格回归轨道控制（又称为管道控制）继承陆探一号卫星设计，就是依据管道导航输出数据，确定管径偏差，并依据控制策略实施绝对轨道控制，从而保证卫星全寿命期间在地球固连坐标系下实际运行轨迹在以参考轨迹为中心、半径为 150 m 的管道范围内运行。严格回归轨道控制用来保证卫星实际运动轨道在参考轨道附近，则管道控制本质上是精确保证卫星实际运行轨道的严格回归、太阳同步与冻结特性。

管道控制与常规轨道、编队控制本质上相同，控制策略需要明确控制量与控制指令。由于管道控制采用编队控制方法，那么控制量由相对轨道根数（或编队构形参数）决定，因此，管道控制需要完成以下工作：

（a）基于虚拟编队构形的控制量确定

由管道导航确定的相对运动特征量确定出虚拟编队构形参数。

（b）管径偏差确定

建立地固轨迹坐标系管径偏差 E（包括法向分量与径向分量）与编队构形参数（相对

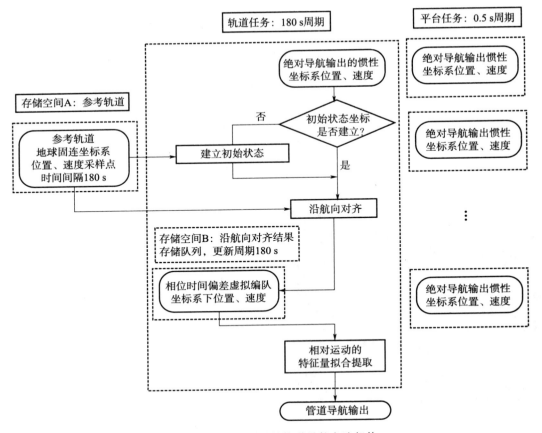

图 4 - 18 虚拟编队的管道导航方法架构

轨道根数）的映射关系。

考虑到管道导航精度以及工程化约束条件，严格回归轨道控制的触发条件为

$$E = \sqrt{E_N^2 + E_R^2} \leqslant 150$$

（c）管道控制策略

1）平面外控制：平面外控制通过施加法向控制速度增量，由卫星相对动力学方程可得管道控制策略

$$\Delta v_Z = n \Delta s_t$$

式中，$\Delta s_t = \sqrt{\delta \Delta s_{tx}^2 + \delta \Delta s_{ty}^2}$ ，为平面外虚拟构形参数 s_t 的调整量；n 为卫星轨道角速度。在纬度幅角为 $u_1 = \arctan(\delta \Delta s_{ty}/\delta \Delta s_{tx})$ 的时刻喷气为正向喷气，在纬度幅角为 $u_2 = \arctan(\delta \Delta s_{ty}/\delta \Delta s_{tx}) + \pi$ 的时刻喷气为负向喷气。

2）平面内控制：由于平面内控制主要调整半长轴、偏心率矢量以及相位时间偏差，采用两脉冲切向控制实现联合调整。具体控制（数学）模型为

$$\begin{cases} \Delta v_1 = 0.25n(\Delta p_t + \Delta a_{t*}) \\ \Delta v_2 = -0.25n(\Delta p_t - \Delta a_{t*}) \end{cases}$$

式中，$\Delta p = \sqrt{\delta \Delta p_{tx}^2 + \delta \Delta p_{ty}^2}$ ，为平面内虚拟构形参数 p_t 的调整量；Δa_{t*} 为半长轴的控制量。第 1 次喷气控制 Δv_1 是在纬度幅角为 $u_1 = \arctan(\delta \Delta p_{ty}/\delta \Delta p_{tx})$ 的时刻；第 2 次喷气控制 Δv_2 是在纬度幅角为 $u_2 = u_1 + \pi$ 的时刻。Δa_{t*} 的确定是控制策略的核心，需要考虑半长轴的衰减速率、相对参考点的相位关系以及管道导航确定的当前相对半长轴偏差等因素。

管道控制实施流程如下：

根据 GNSS 数据以及参考轨迹，星上利用管道导航自主完成相对运动特征量的确定，输出相对运动特征参数。

根据相对运动特征量，利用虚拟编队构形设计方法，确定虚拟编队构形参数；再根据虚拟编队构形参数确定地固轨迹坐标系下管径偏差，判断是否需要控制。

若需要控制，计算对应的喷气控制指令序列（包括控制时刻 T_i、喷气长度 Δt_i），选择对应的推力器，并完成喷气控制。严格回归轨道控制流程如图 4 - 19 所示。

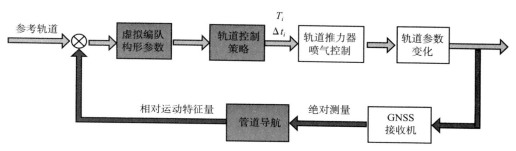

图 4 - 19　严格回归轨道控制流程

在管道保持的基础之上，为了满足成像的垂直基线要求，可以对轨道进行航向偏置。相位时间偏差结合地速，能够形成自然漂移下回归重访时的对地观测基线。虚拟编队与管道概念图如图 4 - 20 所示。

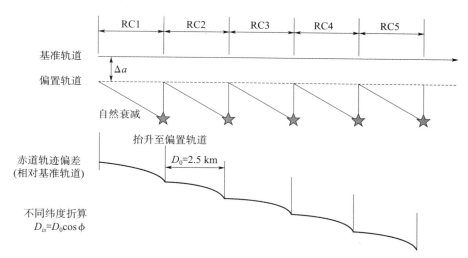

图 4 - 20　虚拟编队与管道概念图

（2）自主导航与控制方法验证

① 系统方法验证

管道导航需要确定卫星与参考轨道之间的相位时间偏差，高精度的轨道相位时间偏差确定需要消除虚拟编队在 J2 项摄动影响下的周期性相对运动，如图 4 - 21 所示。

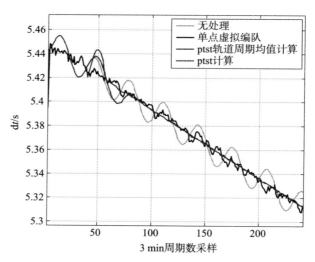

图 4 - 21　轨道相位时间偏差的确定（见彩插）

实现自主管道控制需要进行高精度的轨道衰减辨识，并通过升降轨调整轨道角速度，进而实现目标轨道相位时间偏差的控制，如图 4 - 22 所示。

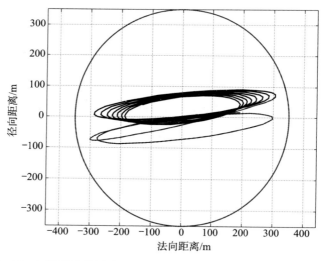

图 4 - 22　L 波段差分干涉 SAR 基于化学推进的 350 m 管道控制效果

② 仿真结果

针对 4 天回归的层析轨道、15 天回归的干涉成像轨道，分别就太阳活动不同年份的自主导航与控制进行了仿真，结果见表 4 - 3 和图 4 - 23～图 4 - 28。

表 4 - 3　　不同空间环境下的层析轨道控制

太阳活动年	层析轨道(4 天回归)			干涉成像轨道(15 天回归)		
	中年	高年	磁暴	中年	高年	磁暴
轨道衰减率/(m/天)	10	30	45	10	30	45
初始偏置量/m	−50	−10	15	−3	−3	5
单次控制半长轴调整量/m	40	120	180	30	30	45
控制频率/天	4	4	4	1	3	1

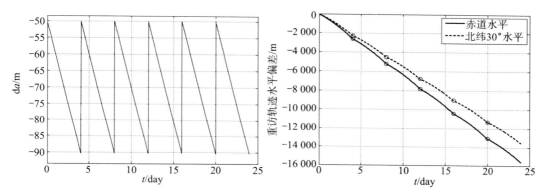

图 4 - 23　太阳活动中年日衰减 10 m（4 天回归轨道 6 次观测）

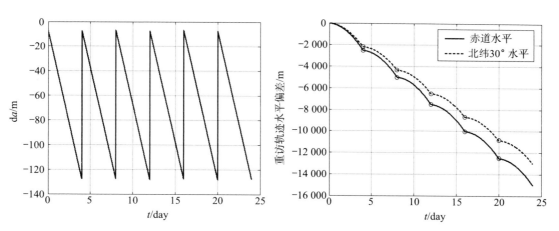

图 4 - 24　太阳活动高年日衰减 30 m（4 天回归轨道 6 次观测）

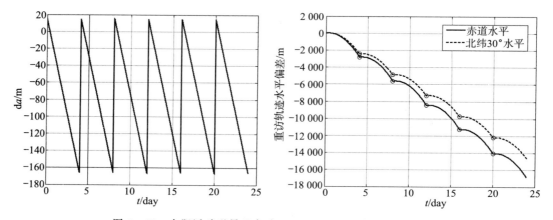

图 4 - 25 太阳活动磁暴日衰减 45 m（4 天回归轨道 6 次观测）

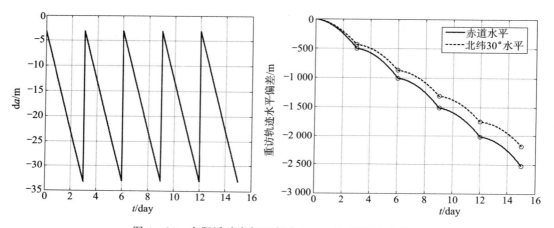

图 4 - 26 太阳活动中年日衰减 10 m（15 天回归轨道）

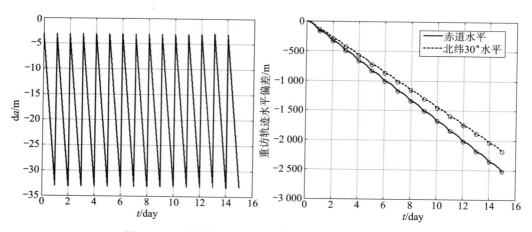

图 4 - 27 太阳活动高年日衰减 30m（15 天回归轨道）

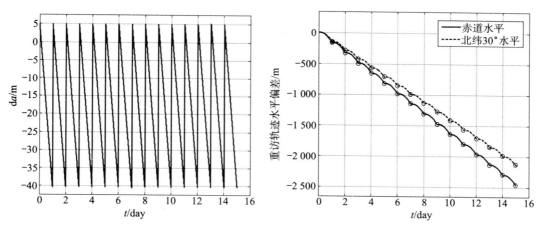

图 4-28　太阳活动磁暴日衰减 45 m（15 天回归轨道）

参 考 文 献

［1］ ZHU，X X，BAMLER R. Tomographic SAR Inversion by L1 – Norm Regularization – The Compressive Sensing Approach ［J］. IEEE Transactions on Geoscience and Remote Sensing，2010，48（10）：3839 – 3846.

［2］ ZHU XIAOXIANG. Very High Resolution Tomographic SAR Inversion for Urban Infrastructure Monitoring – A sparse and Nonliear Tour ［D］. TUM，2011.

［3］ 李兰. 森林垂直信息 P –波段 SAR 层析提取方法 ［D］. 北京：中国林业科学研究院，2016.

［4］ LI X W，et al. Compressive Sensing for Multibaseline Polarimetric SAR Tomography of Forested Areas ［J］. IEEE Transactions on Geoscience and Remote Sensing，2016，54（1）：153 – 166.

［5］ PENG X，et al. SPICE – Based SAR Tomography over Forest Areas Using a Small Number of P – Band Airborne F – SAR Images Characterized by Non – Uniformly Distributed Baselines ［J］. Remote Sensing，2019，11（8）：975.

［6］ TEBALDINI S，et al. SAR Tomography of Natural Environments：Signal Processing，Applications，and Future Challenges ［C］. 2016 IEEE International Geoscience and Remote Sensing Symposium （Igarss），2016：1 – 4.

［7］ LIANG L，GUO H D，LI X W. Three – Dimensional Structural Parameter Inversion of Buildings by Distributed Compressive Sensing – Based Polarimetric SAR Tomography Using a Small Number of Baselines ［J］. IEEE Journal of Selected Topics in Applied Earth Observations and Remote Sensing，2014，7（10）：4218 – 4230.

［8］ 孙希龙. SAR 层析与差分层析成像技术研究 ［D］. 长沙：国防科技大学，2012.

［9］ 魏恋欢. 城区复杂场景高分辨率 SAR 层析成像研究 ［D］. 武汉：武汉大学，2015.

［10］ 徐西桂，庞蕾，张学东，等. 多基线层析 SAR 技术的研究现状分析 ［J］. 测绘通报，2018（1）：14 – 21.

［11］ 刘暾，赵钧. 空间飞行器飞行动力学 ［M］. 哈尔滨：哈尔滨工业大学出版社，2003.

［12］ ABDELKHALIK O，GAD A. Optimization of Space Orbits Design for Earth Orbiting Missions ［J］. Acta Astronautica，2011，68（7）：1307 – 1317.

［13］ 章仁为. 航天器轨道姿态动力学与控制 ［M］. 北京：北京航空航天大学出版社，1998.

［14］ AORPIMAI M，PALMER P L. Repeat – groundtrack Orbit Acquisition and Maintenance for Earth – observation Satellites ［J］. Journal of Guidance，Control，and Dynamics，2007，30（3）：654 – 659.

［15］ COELLO C A. Evolutionary Multi – objective Optimization：a Historical View of the Field ［J］. IEEE Computational Intelligence Magazine，2016，1（1）：28 – 36.

［16］ SRINIVAS N，DEB K. Multiobjective Optimization Using Nondominated Sorting in Genetic Algorithms ［J］. Evolutionary Computation，1994，2（3）：221 – 248.

［17］ 蒲明珺. 高精度回归轨道设计与精确维持控制方法研究 ［D］. 上海：上海交通大学，2018.

［18］ 何晓焕. 航空制造业物料跟踪与配送系统的研究与设计 ［D］. 沈阳：东北大学，2016.

［19］ BEYER H G，DEB K. On Self – adaptive Features in Real – parameter Evolutionary Algorithms ［C］. IEEE Transactions on Evolutionary Computation，2001，5（3）：250 – 270.

第 5 章　电离层影响机理及探测补偿

5.1　概述

对于 P 波段星载 SAR，电离层误差影响尤其突出。色散效应将引起 SAR 发射的调频信号中不同频率分量的相位延迟出现不同，导致 SAR 距离向图像平移和散焦。闪烁效应由电离层的电子密度不规则结构引起，会导致 SAR 方位向合成孔径内信号出现高阶随机相位误差，引起 SAR 方位向图像散焦，严重时甚至无法聚焦成像。法拉第旋转效应会引起 SAR 信号在极化域中发生畸变，造成 SAR 图像不能正确反映地面目标的电磁散射特性。

综上所述，急需针对 P 波段星载 SAR 开展电离层精细探测与补偿技术研究，解决现有电离层探测精度不足、空间分辨率低、时效性差、仅能反演垂直向 TEC 等问题，进而实现电离层误差的精细补偿，保障 P 波段星载 SAR 的图像质量。

5.2　电离层建模及影响分析

5.2.1　电离层结构及信号传播

按照美国电气和电子工程师协会（IEEE）1969 年制定的标准，电离层是"地球大气的一部分，其中存在的电子和离子的数量多到足以影响无线电波的传播"。这是从电离层对无线电波产生影响的观点给出的定义。按照这个定义，电离层是地面 60 km 以上到磁层顶的整个空间。

电离层的形成，是由于高层大气受太阳紫外线和 X 射线辐射而电离产生大量的电子和离子。地球上空的大气密度是随高度的增加而减小的，低空大气的密度很大，气体分子碰撞频繁，电离后的电子和离子可以很快地复合，在宏观上呈中性。而高空大气的密度稀薄，电离作用较快而复合作用较慢，因此，高层大气中存在很多电子和离子。

由于大气层气体成分、分子密度和温度等随高度变化以及受其他影响大气电离的因素影响，导致电离层电子密度也随高度呈现有规律的变化，即分层结构。电离层存在几个电子密度的峰值，形成几个分区。电离层的分层状况以及各层电子密度峰值大小随时间（日、季节和太阳活动周期等）、地理位置（极区、极光带、中纬度以及赤道）和太阳活动（太阳耀斑等）的变化非常大。除了上述背景电离层的分层结构外，电子密度还存在由各种原因的不稳定性引起的不规则结构。因此，要完整地描述电离层的状态，必须包含背景电离层的描述和对电离层不规则性的描述。

5.2.1.1　背景电离层的结构

从大尺度的角度看，电离层通常按照电子密度和组成成分的不同，沿海拔分成 D 区、E 区和 F 区以及 F 区以上空间，如图 5-1 所示。

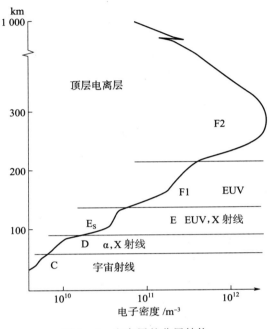

图 5-1　电离层的分层结构

D 区：地球上空 75～95 km 的区域，离子成分主要为 NO^-，电离度很低。电子密度白天约为 $2.5 \times 10^9 / m^3$，夜间减少到可以忽略。

E 区：高度为 95～150 km 的区域，离子成分主要为 O_2^+ 和 N_2^+，白天电子密度可达 $2 \times 10^{11} / m^3$，夜间要降低一个多数量级。E 区的电子密度日变化和季度变化同太阳天顶角密切相关。

F 区：高度为 150～500 km 的区域，离子成分主要为 O^+，N^+，N_2^+ 等，电子密度白天为 $2 \times 10^{12} / m^3$，夜间约为 $2 \times 10^{11} / m^3$。在中纬度的白天，F 区又可以分为 F1 区和 F2 区，夜间 F1 区消失。F2 区是一个很重要的区，由于它具有较大的电子密度，所以比起其他的层，它能反射更高频率的无线电波。同时，F2 层又是一个很不规则的层，表现出很多异常特征。

顶层电离层：F 区以上空间，电离层顶约为 1 000 km。电子密度随着高度的增加而降低，呈现与 D 区、E 区、F 区电子密度相反的变化趋势。

将描述电子密度垂直剖面的数学模型称为电离层模型，电离层模型可分为理论模型和经验模型。理论模型主要根据电离层的形成机理和电离层物理化学特性推导而来，包括查普曼（Chapman）模型、抛物线模型、线性模型和指数模型等，其中，最经典的是查普曼模型。1931 年，查普曼首次提出了较成熟的电离层形成理论。根据太阳辐射是电离层形成的主要因素，以及电离层中电离和复合两种相反作用处于动态平衡的基本机理，在一定简化条件下，推导出近似表达式，即电离层电子密度 N_e 可表示为

$$N_e(h) = N_m \exp[(1 - z - e^{-z})/2] \tag{5-1}$$

式中，N_m 为最大峰值电子密度；$z = \dfrac{h - h_m}{H}$；h 为高度；H 为标高；h_m 为峰值电子密度所在高度。

此外，用抛物曲线来近似层内电子密度随高度变化的模型称为抛物线模型，其表达式为

$$N_e(h) = \begin{cases} N_m \cdot \left[1 - \left(\dfrac{h - h_m}{Y_m} \right)^2 \right] & |h - h_m| \leqslant Y_m \\ 0 & |h - h_m| > Y_m \end{cases} \tag{5-2}$$

式中，N_m 为最大峰值电子密度；Y_m 为半厚度；h 为高度；h_m 为峰值电子密度所在高度。

还有指数层是指电子密度随高度的分布呈指数规律，表示为

$$N_e(h) = N_r \exp\left(\dfrac{h - h_r}{H} \right) \tag{5-3}$$

式中，N_r 为参考高度 h_r 处的电子密度；H 为标高。

由于电离层状态随空间、时间和地球物理条件会发生很大的变化，迄今为止，还没有一致公认的比较理想的电离层预报方式，一般是根据需要和所掌握的电离层资料来构造经验模型，用一个数学表达式来描述整个电离层是很困难的。经验模型则由大量电离层探测资料统计分析而得，一般是对电离层剖面进行分段描述，即在峰值附近的分布近似为抛物线，上电离层的分布大体为指数式，起始高度附近的低电离层则为线性模型，结合各种预报电离层特征参数的数学处理，导出了多种电离层经验模型。

国际电离层参考模型（International Reference Ionosphere，IRI）是国际无线电科学联合会根据地面观察站测到的大量资料和多年电离层模型研究结果，编制的全球电离层模型，并编成计算机程序供查用。是一种统计预报模式，反映的是宁静电离层的平均状态，要求高精度使用时，还需要考虑电离层的瞬间变化。只要给出经度、太阳黑子数、月份以及地方时，就可利用计算机计算出 60～1 000 km 高度范围内的电子密度、电子温度、离子温度及某些离子的相对百分比浓度，供工程人员和科研人员使用。

此外，还有国际 GNSS 服务 ［International GNSS（Global Navigation Satellite System）Service，IGS] 提供的全球电离层图（Global Ionosphere Maps，GIM），即全球 TEC 分布图。IGS 每天根据分布在全球、全天候观测得到的双频 GPS 资料归算出 TEC 结果，具有台站数多且分布均匀、时间精度合适和数据可靠等特点。IGS 提供的电离层 TEC 资料是在离地面 450 km 高的球壳上每 2 h、经度方向每 5°（0°～360°）、纬度方向每 2.5°（−87.5°～87.5°）的网格点上给出的（即 2 h 一幅全球电离层图，一幅图有 71×73＝5 183 个网格点，一天 12 幅电离层图）。

5.2.1.2　不规则体的结构

5.2.1.2.1　不规则体分布

在研究无线电在电离层中的传播时，一般均假定电离层结构是光滑的，但实际上，电离层的结构非常复杂。电离层内既有线性尺度数千米甚至数百千米的大不规则体，也存在只有几米的小不规则体。即使电离层处在"宁静"、无扰动的情况下，反射区内仍充满了小尺度、不断移动和变化的小不规则体。它们相比于大尺度背景电离层代表了电子密度在局部区域的微变。它们分布在广阔的电离层区域，甚至形成突发层。图 5-2 是电离层不规则体的一个简单示例。

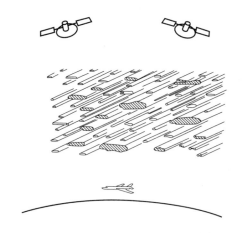
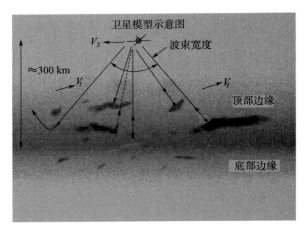

图 5-2　电离层不规则体示意图

电离层不规则体主要分布在高纬（极区内）和低纬（赤道南北 10°内）的电离层 F 区。不同的地区不规则性产生的机理各不相同。赤道地区的大尺度结构和扩展 F 层主要由 Rayleigh - Taylor 不稳定性产生，高纬地区电离层不规则体主要由梯度漂移不稳定性产生，极地地区极光闪烁可以发生在任何时刻。一般情况下，赤道地区的不规则体发生在日落之后的数小时内，在极区，白天和黑夜均有电离层不规则体出现。太阳黑子极大年，不规则体存在的频率最高。图 5-3 给出了美国 Northwest Research Associates Inc. 利用数学模型模拟生成的不规则体结构，颜色代表电子密度。

5.2.1.2.2　不规则体描述

电离层不规则体代表了电离层电子密度的涨落，相比于大尺度背景电离层代表了电子密度在局部区域的微变。不规则体的存在导致接收信号特性（幅度、相位等）的快速时间/空间变化，称为闪烁。为了描述不规则体，基于实验观测提出了很多功率谱模型。通常采用的不规则体相位功率谱密度为

$$\mathrm{PSD}_{\varphi}(\kappa) = T' \left(\sqrt{\kappa_0^2 + \kappa^2} \right)^{-p} \tag{5-4}$$

式中，κ 为空间波数；$\kappa_0 = \dfrac{2\pi}{l_0}$，$l_0$ 为不规则体湍流外尺度；p 为功率谱指数；T' 为正比于电离层扰动的常数，表示为

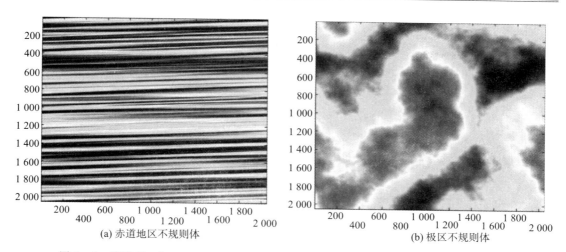

(a) 赤道地区不规则体　　　　　　　　　　　　　　(b) 极区不规则体

图 5 - 3　美国 Northwest Research Associates Inc. 模拟生成的不规则体结构 （见彩插）

$$T' = (r_e\lambda)^2 \cdot G \cdot \sec\theta \cdot C_kL \cdot T'_{C_kL} \qquad (5-5)$$

式中，r_e 为经典电子半径；λ 为雷达波长；G 为几何常量，对于各向同性不规则体湍动谱 $G = 1$；θ 为雷达视角；C_kL 为 1 km 尺度的电离层扰动强度；T'_{C_kL} 表示为

$$T'_{C_kL} = \frac{\sqrt{\pi}\,\Gamma(p/2)}{(2\pi)^2\,\Gamma[(p+1)/2]}\left(\frac{2\pi}{1\,000}\right)^{p+1} \qquad (5-6)$$

描述不规则体分布的经典模型是 WBMOD 模型 （Ionospheric Scintillation Model）。图 5 - 4 给出了 1994 年 3 月 21 日 UT23：00 的不规则体扰动强度 C_kL 的分布情况。$C_kL = 10^{32}$ 为弱闪烁，$C_kL = 10^{33}$ 为中等闪烁，$C_kL = 10^{34}$ 为强闪烁。

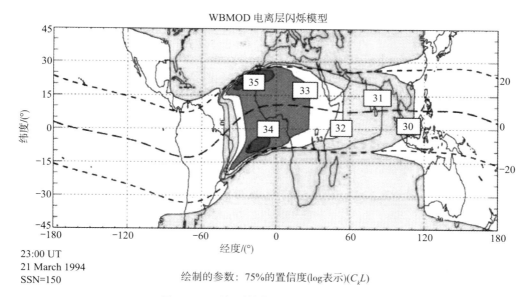

图 5 - 4　不规则体扰动强度 C_kL 的分布

5.2.1.3　电离层信号传播

描述无线电波在电离层中传播的理论基础是根据磁离子理论推出的 Appleton 公式，忽略电子碰撞和地磁场的影响，电离层的折射指数为

$$n = \sqrt{1 - \frac{f_p^2}{f^2}} \tag{5-7}$$

式中，f_p 为等离子体频率；f 为电磁波频率。

根据式（5-7），电磁波穿过电离层引入的附加相位表示为

$$\begin{aligned}
\Delta\varphi(f) &= -2\pi f \left(\int_{\text{path}} \frac{1}{v_p} \mathrm{d}s - \int_{\text{path}} \frac{1}{c} \mathrm{d}s \right) \\
&= -2\pi f \int_{\text{path}} \left(\frac{1}{c/n} - \frac{1}{c} \right) \mathrm{d}s \\
&= -\frac{2\pi f}{c} \int_{\text{path}} \left(\sqrt{1 - \frac{f_p^2}{f^2}} - 1 \right) \mathrm{d}s
\end{aligned} \tag{5-8}$$

式中，c 为真空中光速；$v_p = c/n$，表示电磁波传播相速度；$\int_{\text{path}} \cdot \mathrm{d}s$ 表示沿电磁波传播路径的积分。利用泰勒展开，$\sqrt{1 - \frac{f_p^2}{f^2}} \approx 1 - \frac{f_p^2}{2f^2}$，得到

$$\Delta\varphi(f) = \frac{2\pi f}{c} \int_{\text{path}} \frac{f_p^2}{2f^2} \mathrm{d}s \tag{5-9}$$

等离子体频率可表示为

$$f_p = \sqrt{\frac{r_e c^2}{\pi} N_e} = \sqrt{80.56 N_e} \tag{5-10}$$

式中，r_e 为经典电子半径；N_e 为电子密度（m^{-3}）。

将式（5-10）代入式（5-9），得到

$$\Delta\varphi(f) = \frac{2\pi f}{c} \int_{\text{path}} \frac{80.56 N_e}{2f^2} \mathrm{d}s = \frac{2\pi K \cdot \text{TEC}}{cf} \tag{5-11}$$

其中，K 为常数，$K = 40.28$；TEC 指总电子量，表示电子密度沿电磁波传播路径的积分，单位为 TECU，$1\text{TECU} = 10^{16} \ \mathrm{m}^{-2}$。

描述电离层的群折射指数表示为

$$n_g = \frac{\partial(n \cdot f)}{\partial f} = \frac{1}{\sqrt{1 - \frac{f_p^2}{f^2}}} \tag{5-12}$$

根据式（5-12），电磁波穿过电离层引入的群延迟为

$$\begin{aligned}
\Delta t &= \int_{\text{path}} \left(\frac{1}{v_g} - \frac{1}{c} \right) \mathrm{d}s = \int_{\text{path}} \left(\frac{1}{c/n_g} - \frac{1}{c} \right) \mathrm{d}s \\
&= \frac{1}{c} \int_{\text{path}} \left(\frac{1}{\sqrt{1 - f_p^2/f^2}} - 1 \right) \mathrm{d}s
\end{aligned} \tag{5-13}$$

利用泰勒展开，$\dfrac{1}{\sqrt{1-f_p^2/f^2}} \approx 1+\dfrac{f_p^2}{2f^2}$ ，得到

$$\Delta t = \frac{1}{c}\int_{\text{path}} \frac{f_p^2}{2f^2}\mathrm{d}s = \frac{1}{c}\int_{\text{path}}\frac{80.56N_e}{2f^2}\mathrm{d}s = \frac{K\cdot\text{TEC}}{cf^2} \tag{5-14}$$

5.2.2　色散效应误差建模及仿真分析

由于星载 SAR 信号一发一收会两次经过电离层，电离层对星载 SAR 信号引入双程附加相位表示为

$$\Delta\varphi(f) = \frac{4\pi K\cdot\text{TEC}}{cf} \tag{5-15}$$

式中，c 为真空中光速；$K=40.28$；TEC 为总电子量；f 为电磁波频率。

式（5-15）说明电离层引入的相位超前与电磁波频率有关，对于星载 SAR 线性调频信号，不同频率分量会产生不同的相位超前，即色散（Dispersion）效应。设理想情况下 SAR 接收到的距离向信号为 $s_r(\tau)$，经傅里叶变换，频域表示为 $S_r(f)$，则电离层影响下的信号为

$$S_r'(f) = S_r(f)\cdot\exp[\mathrm{j}\Delta\varphi(f)]\ |f-f_c|\leqslant \frac{Bw}{2} \tag{5-16}$$

式中，f_c 为信号载频；Bw 为信号带宽。

将 $\Delta\varphi(f)$ 在载频 $f=f_c$ 处进行泰勒展开，忽略三次以上项得到

$$\Delta\varphi(f) = \frac{4\pi K\cdot\text{TEC}}{cf_c} - \frac{4\pi K\cdot\text{TEC}}{cf_c^2}(f-f_c) + \frac{4\pi K\cdot\text{TEC}}{cf_c^3}(f-f_c)^2 ,\ |f-f_c|\leqslant\frac{Bw}{2} \tag{5-17}$$

经解调，得到基带信号的相位误差

$$\Delta\varphi(f) = \frac{4\pi K\cdot\text{TEC}}{cf_c} - \frac{4\pi K\cdot\text{TEC}}{cf_c^2}f + \frac{4\pi K\cdot\text{TEC}}{cf_c^3}f^2 ,\ |f|\leqslant\frac{Bw}{2} \tag{5-18}$$

式中，第一项为常数项；第二项是频域一次相位误差，导致时域信号产生延迟；第三项是频域二次相位误差，导致时域压缩后信号产生散焦。

图 5-5 从时域解释了电离层的影响，电离层对 SAR 信号引入的双程延迟时间为

$$\Delta t = \frac{2K\cdot\text{TEC}}{cf^2} \tag{5-19}$$

对于 chirp 信号，整个脉冲的延迟时间 $\Delta t_c = \dfrac{2K\cdot\text{TEC}}{cf_c^2}$，脉冲起始频率和终止频率的延迟时间分别为

$$t_{\text{start}} = \frac{2K\cdot\text{TEC}}{cf_{\text{start}}^2}\quad t_{\text{stop}} = \frac{2K\cdot\text{TEC}}{cf_{\text{stop}}^2} \tag{5-20}$$

脉冲变化量为 $\Delta T_p = t_{\text{stop}} - t_{\text{start}}$。对于负调频信号，$t_{\text{stop}} > t_{\text{start}}$，脉冲展宽。

忽略复常数，理想情况下的 SAR 回波信号表示为

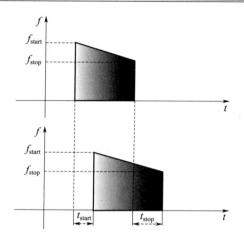

图 5 - 5　电离层对星载 SAR chirp 信号的影响

$$s(\tau,t) = W(t) \cdot a\left[\tau - \frac{2R(t)}{c}\right] \cdot \exp\left[-j\frac{4\pi R(t)}{\lambda}\right] \cdot \exp\left\{j\pi b\left[\tau - \frac{2R(t)}{c}\right]^2\right\}$$

$$(5-21)$$

式中，τ，t 分别为距离向和方位向的时间；$W(t)$ 为方位向天线方向图；b 为距离向信号调频率；$a(\cdot)$ 为矩形窗函数

$$a(\cdot) = \begin{cases} 1, & -\dfrac{T_p}{2} \leqslant \tau \leqslant \dfrac{T_p}{2} \\ 0, & \text{其他} \end{cases}$$

$$(5-22)$$

式中，T_p 为脉冲宽度。

在电离层影响下的 SAR 回波信号表示为

$$s'(\tau,t) = W(t) \cdot a'\left[\tau - \frac{2R(t)}{c} - \frac{2K \cdot \text{TEC}}{cf_c^2}\right] \cdot$$

$$\exp\left[-j\frac{4\pi R(t)}{\lambda}\right] \cdot \exp\left(j\frac{4\pi K \cdot \text{TEC}}{cf_c}\right)\exp\left[j\pi b'\left(\tau - \frac{2R(t)}{c} - \frac{2K \cdot \text{TEC}}{cf_c^2}\right)^2\right]$$

$$(5-23)$$

式中，b' 为电离层影响下距离向信号调频率；$b' = \dfrac{Bw}{T_p'}$；$a'[\cdot]$ 为电离层影响下矩形窗函数

$$a'[\cdot] = \begin{cases} 1, & -\dfrac{T_p'}{2} \leqslant \tau \leqslant \dfrac{T_p'}{2} \\ 0, & \text{其他} \end{cases}$$

$$(5-24)$$

其中，$T_p' = T_p + \Delta T_p$。

因此，SAR 距离向信号产生了延迟和脉冲宽度变化，从而导致距离向脉冲压缩波形的平移和散焦，此为色散效应的影响。

色散效应的影响由 TEC 决定，TEC 包括均匀部分和波动部分，均匀部分相当于大尺度电离层 TEC，波动部分由电子密度不规则体引起。影响色散效应的是大尺度 TEC，尺度达到上百千米，在一个 SAR 场景内可以认为 TEC 是不变的。TEC 常用垂直于地面方向上的总电子量 VTEC 表示，$TEC = \dfrac{VTEC}{\cos\theta}$，其中，$\theta$ 表示雷达视角。仿真参数见表 5-1。

表 5-1　仿真参数

参数	取值
载频/MHz	600
带宽/MHz	60
地距分辨率/m	5
视角/(°)	20、35、48
VTEC/TECU	0～80

图 5-6 给出了视角 20°、35°和 48°的情况下，单程延迟距离随 VTEC 的变化。

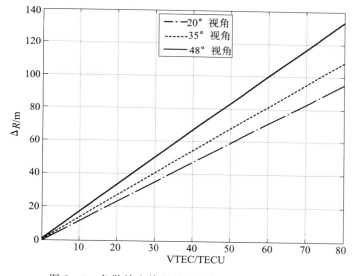

图 5-6　色散效应单程延迟距离随 VTEC 的变化

色散效应导致的二次相位误差（QPE）在脉冲端处达到最大，表示为

$$QPE = \pi\Delta b\left(\frac{T_p}{2}\right)^2 \tag{5-25}$$

其中，$\Delta b = b' - b$。

下面分析条带模式地距 5 m 分辨率情况色散效应导致散焦的影响。

图 5-7 所示为 QPE 随 VTEC 的变化。随着 VTEC 增加，QPE 呈线性增大趋势；对于相同的 VTEC，雷达视角越大，对应的 QPE 越大。在 20°、35°、48°三种视角下，VTEC 分别达到约 10TECU、9TECU、7TECU 时，QPE 达到 45°。

图 5-8～图 5-11 所示为视角 20°、35°和 48°的情况主瓣峰值功率、斜距分辨率、峰

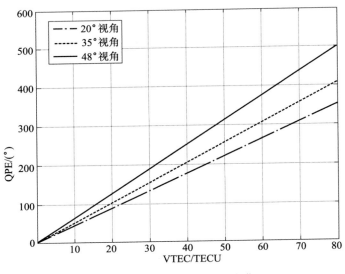

图 5 - 7　QPE 随 VTEC 的变化

值旁瓣比（PSLR）、积分旁瓣比（ISLR）随 VTEC 的变化。在视角 20°、35° 和 48° 的情况下，分别对应 VTEC 大于或等于 57 TECU、50 TECU 和 40 TECU 时，信号脉冲压缩波形产生严重散焦，不能作为有效数据分析。

图 5 - 8 所示为主瓣峰值功率随 VTEC 的变化。随着 VTEC 增加，峰值功率不断下降；对于相同的 VTEC，雷达视角越大，对应的峰值功率越小。在 20°、35°、48° 三种视角下，VTEC 分别达到约 10 TECU、9 TECU、7 TECU 时，QPE 达到 45°，峰值功率降低 0.22 dB。

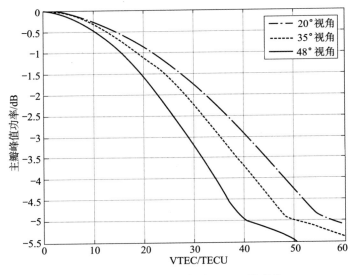

图 5 - 8　主瓣峰值功率随 VTEC 的变化

图 5-9 所示为斜距分辨率随 VTEC 的变化。随着 VTEC 增加，分辨率不断增大；对于相同的 VTEC，雷达视角越大，对应的分辨率越大。在 20°、35°、48° 三种视角下，VTEC 分别达到约 10 TECU、9 TECU、7 TECU 时，QPE 达到 45°，分辨率增大 2%。

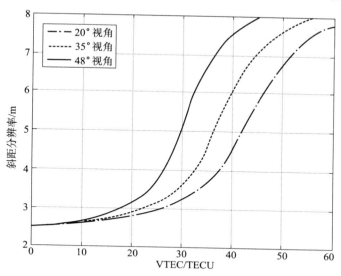

图 5-9　斜距分辨率随 VTEC 的变化

图 5-10 所示为 PSLR 随 VTEC 的变化。随着 VTEC 增加，PSLR 呈分段增加趋势。但是，在 20° 视角，VTEC 为 9 TECU、37 TECU，在 35° 视角，VTEC 为 8 TECU、32 TECU，在 48° 视角，VTEC 为 7 TECU、26 TECU 时，PSLR 出现陡降。这是因为随着 VTEC 增加，相位误差增大，主瓣的展宽将导致最近旁瓣被吸纳进主瓣中。

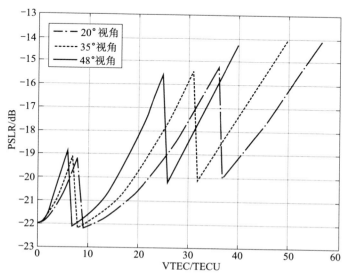

图 5-10　PSLR 随 VTEC 的变化

图 5-11 所示为 ISLR 随 VTEC 的变化。随着 VTEC 增加，ISLR 先增大后减小，在视角 20°、35°和 48°情况下对应的 ISLR 拐点分别是 VTEC 为 29 TECU、25 TECU 和 20 TECU。这是因为虽然随着 VTEC 增加，主瓣峰值功率下降，但主瓣展宽使得 ISLR 计算中主瓣能量增加；对于相同的 VTEC，20 TECU 拐点之前雷达视角越大，对应 ISLR 越大，29 TECU 拐点后雷达视角越大，对应 ISLR 越小。在 20°、35°、48°三种视角下，VTEC 分别达到约 10 TECU、9 TECU、7 TECU 时，QPE 达到 45°，ISLR 提高约 2.7 dB。

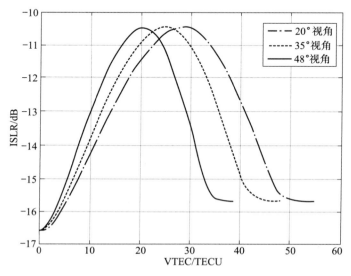

图 5-11　ISLR 随 VTEC 的变化

图 5-12 和图 5-13 分别给出了 VTEC=20 TECU 和 40 TECU 的情况下色散效应对距离向信号压缩波形的影响。仿真中雷达视角为 35°。

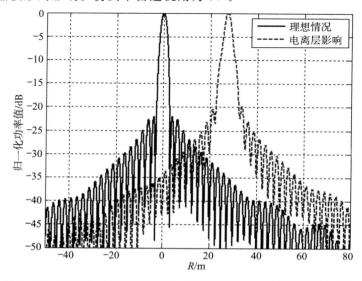

图 5-12　VTEC=20 TECU 色散效应对距离向信号压缩波形的影响

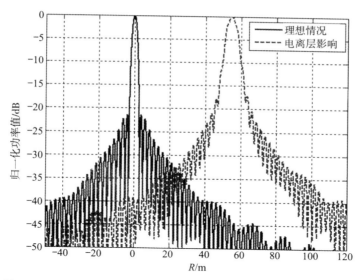

图 5 - 13　VTEC＝40 TECU 色散效应对距离向信号压缩波形的影响

5.2.3　闪烁效应误差建模及仿真分析

闪烁（Scintillation）效应由电离层电子密度不规则体引起。描述闪烁效应的一般方法是采用相位屏模型，即将电离层垂直方向电子密度积分得到 TEC，从而将电离层看成一个薄层（相位屏），星载雷达信号穿过电离层产生 TEC 引起的附加相位，随着卫星的移动，穿过电离层的信号扫过电离层相位屏产生不同的附加相位。由于不规则体的复杂性，附加相位变化为随机相位。

电离层影响下 SAR 方位向接收信号相对于理想情况出现了额外相位误差 $\dfrac{4\pi K \cdot \text{TEC}}{c f_c}$，由于该相位对于 TEC 的波动很敏感，当不规则体存在时，雷达随方位位置的变化，TEC 产生波动，导致该相位随方位时间的变化，即闪烁效应导致方位向信号产生高阶随机相位误差，从而导致方位向脉冲压缩波形的散焦。

由于相位误差是随机变化的，闪烁效应只能用统计方法来描述其特性。多年来，在实验观测的基础上提出了很多种功率谱模型。通常采用的描述不规则体的 TEC 功率谱模型为

$$PSD_{\text{TEC}}(\kappa) = T'_{\text{TEC}}\left(\sqrt{\kappa_0^2 + \kappa^2}\,\right)^{-p} \tag{5-26}$$

式中，κ 为空间波数；$\kappa_0 = \dfrac{2\pi}{l_0}$，$l_0$ 为不规则体湍流外尺度；p 为功率谱指数；T'_{TEC} 为正比于电离层扰动的常数，表示为

$$T'_{\text{TEC}} = G \cdot \sec\theta \cdot C_k L \cdot T'_{C_k L} \tag{5-27}$$

式中，G 为几何常量；θ 为雷达视角；$C_k L$ 为 1 km 尺度的电离层扰动强度；$T'_{C_k L}$ 表示为

$$T'_{C_k L} = \frac{\sqrt{\pi}\,\Gamma(p/2)}{(2\pi)^2\,\Gamma[(p+1)/2]}\left(\frac{2\pi}{1\,000}\right)^{p+1} \tag{5-28}$$

接收信号的相位功率谱密度为

$$PSD_\phi(\kappa) = T' \left(\sqrt{\kappa_0^2 + \kappa^2} \right)^{-p} \tag{5-29}$$

式中，T' 为正比于电离层扰动的常数，表示为

$$T' = (r_e \lambda)^2 \cdot T'_{TEC} \tag{5-30}$$

式中，r_e 为经典电子半径；λ 为雷达波长。

相位功率谱密度以频率 f 为自变量，表示为

$$PSD_\phi(f) = T' \left(\sqrt{\kappa_0^2 + \kappa^2} \right)^{-p} \frac{\mathrm{d}\kappa}{\mathrm{d}f} \tag{5-31}$$

其中，$\dfrac{2\pi f}{V_{eff}} = \dfrac{2\pi}{l} = \kappa$，$\dfrac{\mathrm{d}\kappa}{\mathrm{d}f} = \dfrac{2\pi}{V_{eff}}$ 是保证能量守恒的转换因子，V_{eff} 为电离层相位屏上信号扫描速度，$V_{eff} = \dfrac{V_s}{\gamma}$，$\gamma$ 为卫星高度与相位屏高度的比，常用的相位屏高度为 350 km。

图 5-14 给出了 $C_k L = 10^{34}$ 情况下的相位功率谱密度函数，l_0 和 p 分别取典型值 $l_0 = 10$ km 和 $p = 2.5$。图中蓝实线为直接利用式（5-31）生成的谱密度，绿虚线为考虑噪声情况下的谱密度，与真实情况符合。

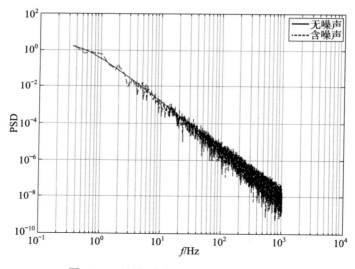

图 5-14　相位功率谱密度函数（见彩插）

在进行数字仿真时，利用相位功率谱密度函数的平方根与正态分布白噪声相乘并进行离散傅里叶逆变换得到时域的随机相位误差，表示为

$$f(n) = \frac{1}{L} \sum_{k=0}^{N-1} F(k) \exp\left(\mathrm{j} \frac{2\pi k}{N} n \right), \quad n = 0, 1, \cdots, N-1 \tag{5-32}$$

式中，N 为采样点个数；$L = \dfrac{N}{PRF}$，为方位距离长度；PRF 为脉冲重复频率。

$$F(k) = \sqrt{2\pi L \cdot PSD_\phi\left(\frac{2\pi k}{L}\right)} \cdot \begin{cases} \dfrac{1}{\sqrt{2}}[N(0,1)+jN(0,1)], & k \neq 0, \dfrac{N}{2} \\[2mm] N(0,1), & k = 0, \dfrac{N}{2} \end{cases} \quad (5-33)$$

式中，$N(0,1)$ 是均值为 0、方差为 1 的正态分布随机数；$PSD_\phi(\cdot)$ 为功率谱密度。此外，还需要满足 $F(k)=F^*(N-k)$，保证生成的随机相位是实数序列。

闪烁效应导致方位向高阶相位误差。由于误差具有随机性，只能分析其统计特性。相位误差的均方根（RMS）表示为

$$\phi_{RMS} = 2\sqrt{\int_{\kappa_C}^{\infty} PSD_\phi(\kappa)\,d\kappa} \quad (5-34)$$

式中，$\kappa_C = \dfrac{2\pi}{L_C}$，$L_C = \dfrac{L_s}{\gamma}$，$L_s$ 为合成孔径长度。仿真参数见表 5-2。

表 5-2　仿真参数

参数	取值
卫星轨道高度/km	580
载频/MHz	600
天线长度/m	7.88
方位分辨率/m	5
视角/(°)	20、35、48
扰动强度 $\log_{10} C_k L$	31～34
外尺度 l_0/km	10
功率谱指数 p	2.5

下面分析条带模式 5 m 分辨率情况闪烁效应导致散焦的影响。

图 5-15 所示为 RMS 双程相位误差 ϕ_{RMS} 随 $C_k L$ 的变化。随着 $C_k L$ 增加，ϕ_{RMS} 增大；对于相同的 $C_k L$，雷达视角越大，对应 ϕ_{RMS} 越大。对于 35°视角，$C_k L$ 分别为 10^{32}、10^{33} 时，相位误差分别达到 18°、53°。

图 5-16～图 5-20 分别为视角 20°、35°和 48°的情况下，分析主瓣峰值功率下降量、主瓣峰值偏移量、分辨率、PSLR、ISLR 随 $C_k L$ 的变化。针对每个指标分别进行 10 000 次仿真取均值。

图 5-16 所示为主瓣峰值功率随 $C_k L$ 的变化均值。随着 $C_k L$ 增加，主瓣峰值功率下降；对于相同的 $C_k L$，雷达视角越大，对应的主瓣峰值功率越小。对于 35°视角，$C_k L$ 分别为 10^{32}、10^{33} 时，峰值功率分别降低 0.3 dB、3.8 dB。

图 5-17 所示为主瓣峰值偏移量随 $C_k L$ 的变化均值。随着 $C_k L$ 增加，主瓣峰值偏移量增加；对于相同的 $C_k L$，雷达视角越大，对应的主瓣峰值偏移量越大。对于 35°视角，$C_k L$ 分别为 10^{32}、10^{33} 时，偏移量分别约为 0.2 m、1.7 m。当 $C_k L > 10^{33}$ 时，偏移量快速增加。

图 5-18 所示为分辨率随 $C_k L$ 的变化均值。随着 $C_k L$ 增加，分辨率降低；对于相同

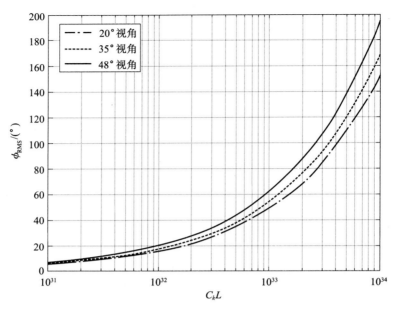

图 5 - 15 ϕ_{RMS} 随 $C_k L$ 的变化

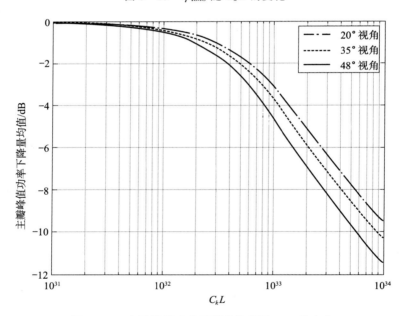

图 5 - 16   主瓣峰值功率下降量均值随 $C_k L$ 的变化

的 $C_k L$ ，雷达视角越大，对应的分辨率越差；对于 35°视角，$C_k L$ 分别为 10^{32}、10^{33} 时，分辨率分别增加 0.5%、15.3%。当 $C_k L > 10^{33.4}$ 时，几乎完全散焦，由于信号散焦程度过于严重，导致分辨率在 5.25 m 处产生轻度振荡，分辨率趋于平稳。

图 5 - 19 所示为 PSLR 随 $C_k L$ 的变化均值。随着 $C_k L$ 增加，PSLR 增大；对于相同的 $C_k L$ ，雷达视角越大，对应的 PSLR 越大。在仿真实验中，理想方位向信号 PSLR 为 −22 dB，

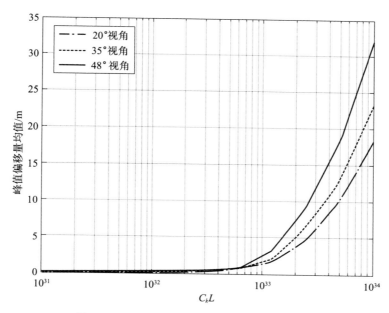

图 5 - 17 主瓣峰值偏移量随 $C_k L$ 的变化均值

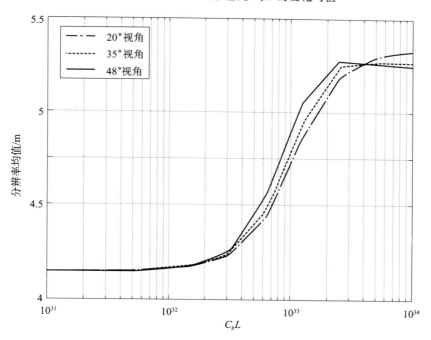

图 5 - 18 分辨率随 $C_k L$ 的变化均值

对于 35°视角，$C_k L$ 分别为 10^{32}、10^{33} 时，PSLR 较无闪烁影响信号分别提高约7 dB 和 17 dB。

图 5 - 20 所示为 ISLR 随 $C_k L$ 的变化均值。随着 $C_k L$ 增加，ISLR 增大；对于相同的 $C_k L$，雷达视角越大，对应的 ISLR 越大。在仿真实验中，理想方位向信号 ISLR 为 -17 dB。对于 35°视角，$C_k L$ 分别为 10^{32}、10^{33} 时，ISLR 较无闪烁影响信号分别提高约7 dB 和 17 dB。

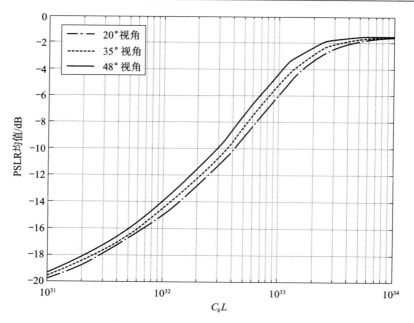

图 5 - 19　PSLR 随 $C_k L$ 的变化均值

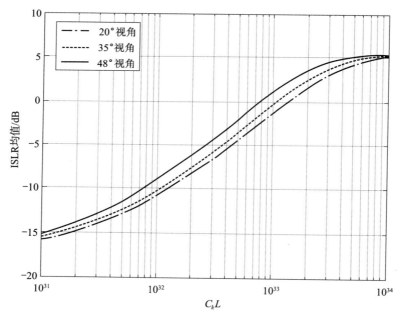

图 5 - 20　ISLR 随 $C_k L$ 的变化均值

图 5 - 21 所示为单次仿真的随机相位误差。

图 5 - 22～图 5 - 24 分别给出了电离层扰动强度 $C_k L$ 为 10^{32}、10^{33} 和 10^{34} 的情况下闪烁效应对方位向信号压缩波形的影响，对于每一个扰动强度 $C_k L$，分别给出两次信号仿真结果。仿真中视角为 $35°$。

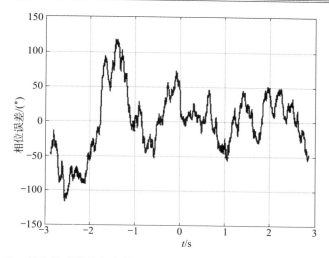

图 5 - 21　单次仿真的随机相位误差（功率谱指数 $p = 2.5$，$C_k L = 10^{33}$）

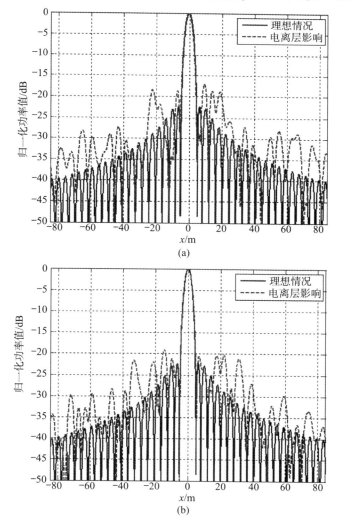

图 5 - 22　$C_k L = 10^{32}$（弱闪烁）闪烁效应对方位向信号压缩波形的影响

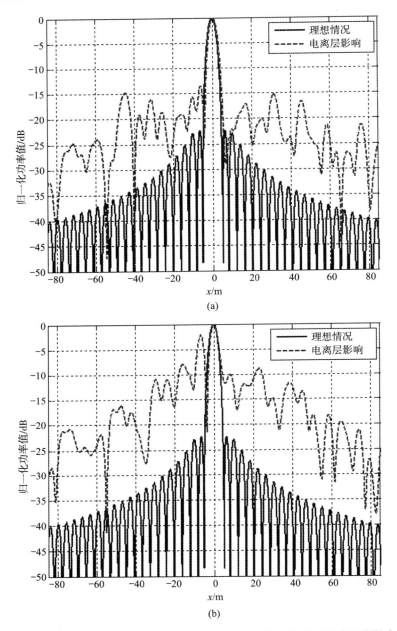

图 5 - 23　　$C_k L = 10^{33}$（中等闪烁）闪烁效应对方位向信号压缩波形的影响

　　上文是在功率谱指数 $p = 2.5$ 的情况下给出的分析，$p = 2.5$ 是功率谱指数的典型取值，也会出现 $p = 1.5$，$p = 3.5$ 的情况。下面对比 $p = 1.5$ 及 $p = 3.5$ 时闪烁效应导致散焦的影响。

　　图 5 - 25 所示为当功率谱指数 $p = 1.5$ 及 $p = 3.5$ 时，仿真电离层闪烁效应在方位向信号上加入的随机相位误差。可见，功率谱指数越大，对应生成的方位向随机相位误差振荡越平缓。

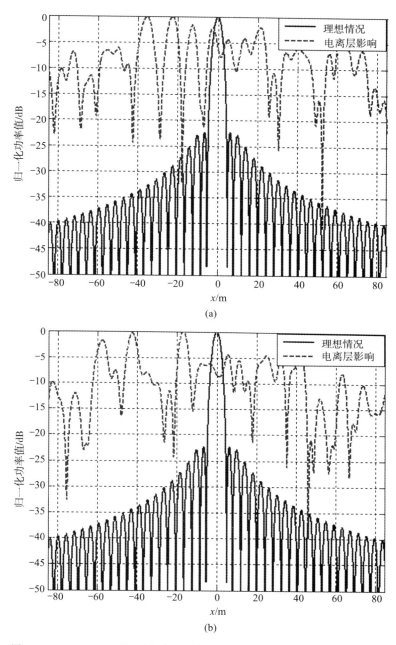

图 5 - 24　$C_k L = 10^{34}$（强闪烁）闪烁效应对方位向信号压缩波形的影响

图 5 - 26 所示为 RMS 双程相位误差 ϕ_{RMS} 随 $C_k L$ 的变化。对于相同的 $C_k L$，功率谱指数越大，对应的 ϕ_{RMS} 越大，即引入的方位向相位误差越大。当 $C_k L = 10^{33}$ 时，35°视角，对于 $p = 1.5$、$p = 2.5$、$p = 3.5$，相位误差分别为 32.5°、53.4°、120.0°。

图 5 - 27 所示为回波信号峰值功率随 $C_k L$ 的变化。对于相同的 $C_k L$，功率谱指数越大，对应峰值功率值越小。当 $C_k L = 10^{33}$ 时，35°视角，对于 $p = 1.5$、$p = 2.5$、$p = 3.5$，主

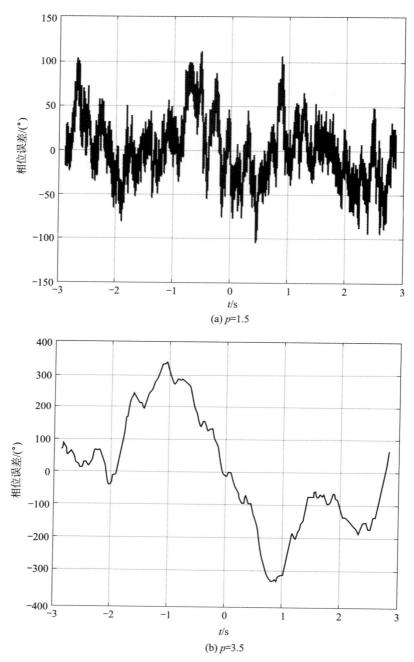

(a) p=1.5

(b) p=3.5

图 5-25　方位向信号随机相位误差（$C_k L = 10^{33}$）

瓣峰值功率分别降低 1.5 dB、3.7 dB、6.9 dB。

图 5-28 所示为回波信号峰值偏移量随 $C_k L$ 的变化。对于相同的 $C_k L$，功率谱指数越大，对应峰值偏移量越大。当 $C_k L = 10^{33}$ 时，35°视角，对于 $p = 1.5$、$p = 2.5$、$p = 3.5$，峰值偏移量分别为 0.3 m、1.7 m、10.7 m。

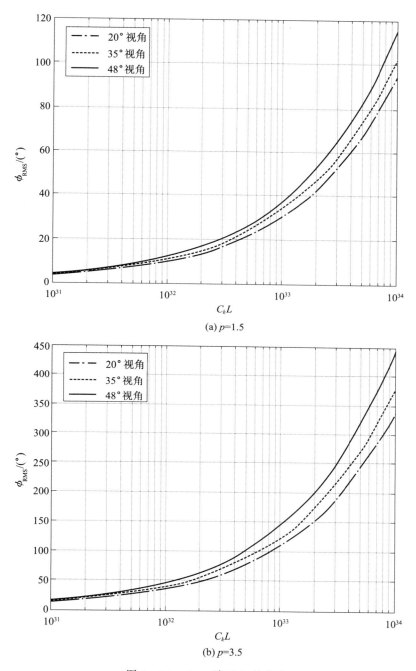

图 5 - 26　ϕ_{RMS} 随 $C_k L$ 的变化

图 5 - 29 所示为回波信号分辨率随 $C_k L$ 的变化。对于相同的 $C_k L$ ，功率谱指数越大，对应分辨率下降越快。当 $C_k L = 10^{33}$ 时，35°视角，对于 $p = 1.5$、$p = 2.5$、$p = 3.5$，分辨率均值分别增加 0.8%、15.6%、28.2%。

图 5 - 30 所示为回波信号 PSLR 随 $C_k L$ 的变化。对于相同的 $C_k L$ ，功率谱指数越大，

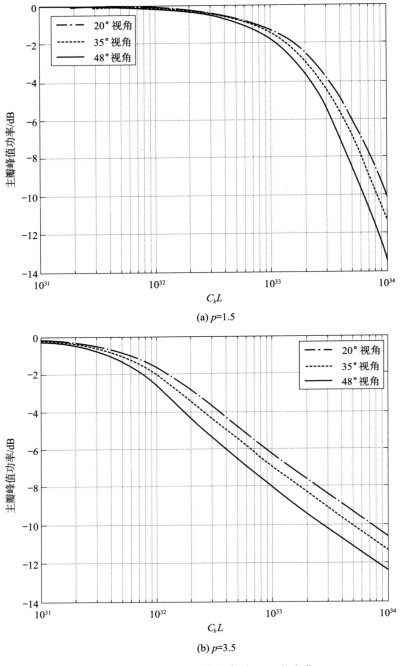

(a) *p*=1.5

(b) *p*=3.5

图 5 - 27　回波信号峰值功率随 $C_k L$ 的变化

对应 PSLR 越大。当 $C_k L = 10^{33}$ 时，35°视角，对于 $p=1.5$、$p=2.5$、$p=3.5$，PSLR 分别提高 9.9 dB、17.1 dB、20.5 dB。

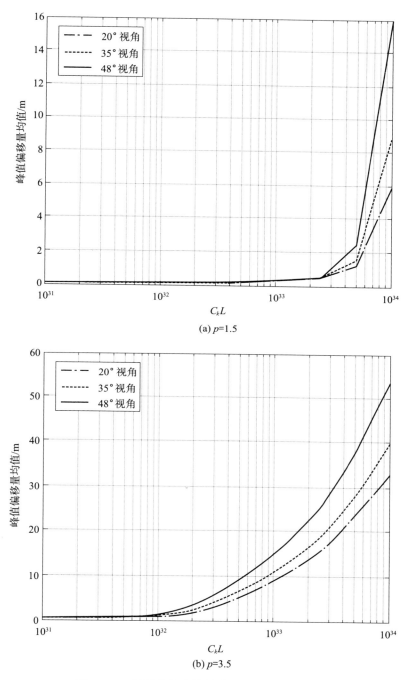

(a) p=1.5

(b) p=3.5

图 5 - 28　回波信号峰值偏移量随 $C_k L$ 值的变化

图 5 - 31 所示为回波信号 ISLR 随 $C_k L$ 的变化。对于相同的 $C_k L$，功率谱指数越大，对应 ISLR 越大。当 $C_k L = 10^{33}$ 时，35°视角，对于 $p = 1.5$、$p = 2.5$、$p = 3.5$，ISLR 分别提高 10.6 dB、16.7 dB、21.0 dB。

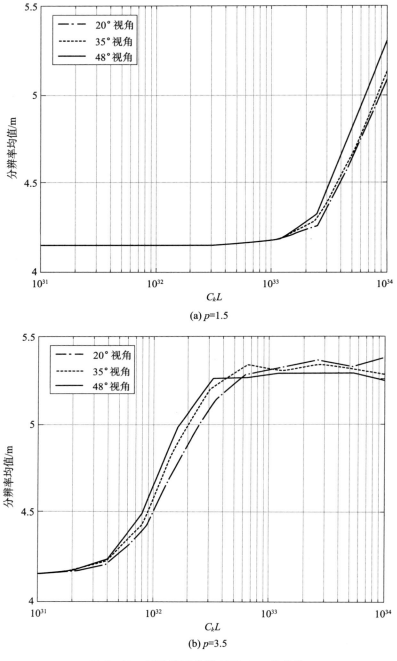

图 5 - 29　回波信号分辨率随 $C_k L$ 的变化

当不存在不规则体时，即认为场景内沿雷达波束指向方向的 TEC 是不变的，考虑合成孔径内均匀电离层引入的随雷达位置变化的相位为 $\dfrac{4\pi K \cdot \text{TEC} \cdot \sec\varphi}{c f_c}$ ，其中，TEC 代表沿雷达波束指向方向的 TEC，几何关系如图 5 - 32 所示。利用泰勒展开，得到

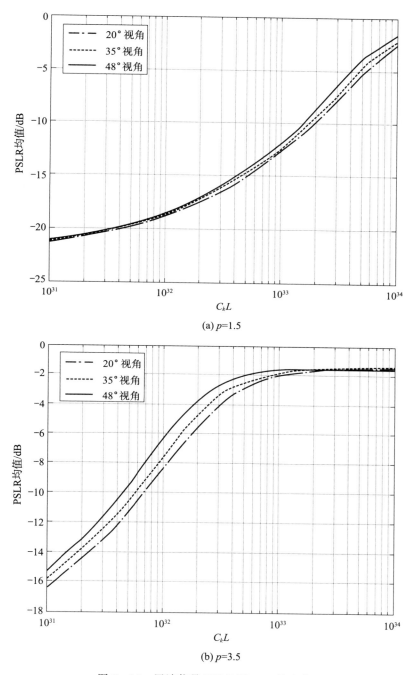

(a) $p=1.5$

(b) $p=3.5$

图 5 - 30　回波信号 PSLR 随 $C_k L$ 的变化

$$\frac{4\pi K \cdot \mathrm{TEC} \cdot \sec\varphi}{cf_c} = \frac{4\pi K \cdot \mathrm{TEC}}{cf_c} \cdot \frac{R(t)}{R_0} \approx \frac{4\pi K \cdot \mathrm{TEC}}{cf_c} \cdot \left(1 + \frac{x^2}{2R_0^2}\right) \qquad (5-35)$$

式中，x 为方位距离，表明均匀 TEC 引入的方位相位误差为二次误差。

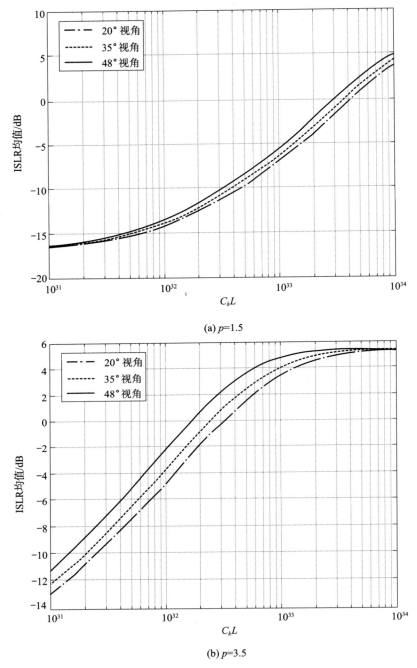

(a) $p=1.5$

(b) $p=3.5$

图 5 - 31　回波信号 ISLR 随 $C_k L$ 的变化

QPE 在合成孔径起始处和终止处达到最大，表示为

$$QPE = \frac{4\pi K \cdot \text{TEC}}{c f_c} \cdot \frac{(L_s/2)^2}{2R_0^2} \tag{5-36}$$

式中，L_s 为合成孔径长度。

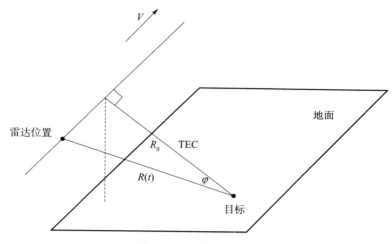

图 5 - 32　空间几何关系

下面分别分析均匀 TEC 对方位信号压缩的影响。

图 5 - 33～图 5 - 37 分别给出了 QPE、峰值功率、分辨率、PSLR、ISLR 随 VTEC 的变化。随着 VTEC 增加，各指标变差，PSLR 的振荡是由于第一旁瓣淹没在主瓣中；对于相同的 VTEC，雷达视角越大，指标越差。即使 VTEC＝80 TECU，QPE 仍小于 90°。对于 20°、35°、48°的视角情况，当 VTEC＝60 TECU、52 TECU、42 TECU 时，相位误差达到 45°，对应峰值功率降低约 0.2 dB，分辨率增大约 2%，第一峰值旁瓣已经被淹没，ISLR 提高约 2.6 dB。

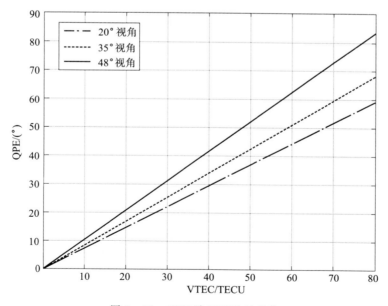

图 5 - 33　QPE 随 VTEC 的变化

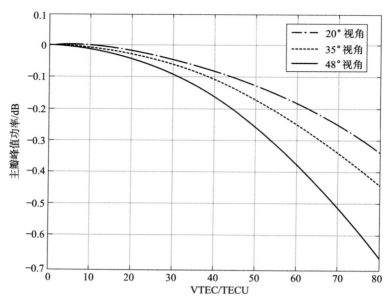

图 5 - 34　主瓣峰值功率随 VTEC 的变化

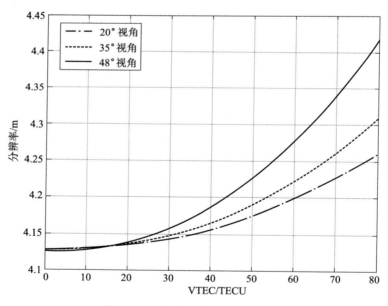

图 5 - 35　分辨率随 VTEC 的变化

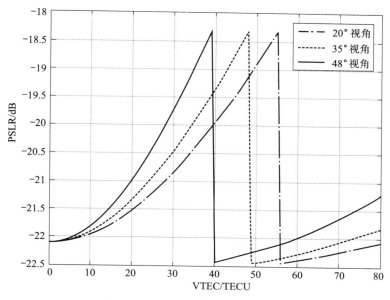

图 5 - 36　PSLR 随 VTEC 的变化

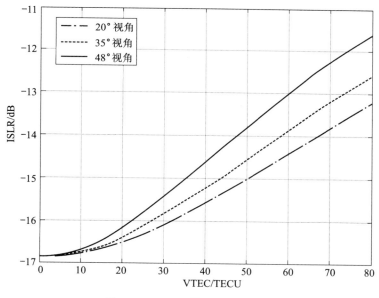

图 5 - 37　ISLR 随 VTEC 的变化

5.2.4　法拉第旋转效应误差建模及仿真分析

法拉第旋转（Faraday Rotation，FR）是指线极化电波通过电磁场时，会在电磁场的影响下产生极化面相对入射波的旋转。电磁场对电磁波的这种影响称为法拉第旋转效应，这种影响是电磁场固有的特性，由物理学家法拉第发现，并由此命名。

法拉第旋转效应的产生是由于穿过电离层的线性极化电磁波可以表达为两个特征波，它们通常具有相反旋转方向的椭圆极化并且以不同的相速传播，合成波极化面随着在电离层中的传播而不断旋转。其偏转角度大小与电波频率、电离层电子密度、传播路径长度有关，称为法拉第旋转角。

法拉第旋转角表示为

$$\Omega = \frac{K_\Omega}{f^2} \cdot B\cos\psi \cdot \sec\theta \cdot \text{VTEC} \tag{5-37}$$

式中，f 为电磁波频率（Hz）；K_Ω 为常数，$K_\Omega = 2.365 \times 10^4$（A·m²/kg）；$B$ 为地球磁场强度（Wb/m²），常用地面 400 km 高度上的地球磁场强度，范围一般为 $0 \sim 5.5 \times 10^{-5}$ Wb/m²；VTEC 为在垂直于地面方向上的电离层电子总含量；θ 为星载 SAR 天线的视角；ψ 为地球磁场方向与雷达电磁波传播方向（即天线波束指向方向）的夹角，用下式计算

$$\cos\psi = \cos\theta\sin\Theta + \sin\theta\cos\Theta\sin\Phi \tag{5-38}$$

式中，Θ 为磁倾角；Φ 为磁偏角。

目标散射电场的极化取决于入射电场的极化及目标本身特性，受地物与电磁波间的相互作用影响，散射波通常与入射波的极化并不一致，雷达目标的电磁散射是一个线性过程，选定散射空间坐标系以及相应的极化基后，雷达入射波和目标散射波的各极化分量之间就存在线性变换关系，目标的变极化效应可以用一个复二维矩阵的形式来表示，即散射矩阵。

在远场情况下，入射波和散射波之间的关系用散射矩阵 $\boldsymbol{S}$ 表示为

$$\boldsymbol{E}^s = \boldsymbol{S}\boldsymbol{E}^i = \begin{bmatrix} E_H^s \\ E_V^s \end{bmatrix} = \frac{e^{ik_0 r}}{r} \begin{bmatrix} S_{HH} & S_{HV} \\ S_{VH} & S_{VV} \end{bmatrix} \begin{bmatrix} E_H^i \\ E_V^i \end{bmatrix} \tag{5-39}$$

式中，上标 i 为发射天线到散射体上的入射波；上标 s 为接收天线接收到来自散射体的散射波；r 为散射目标与接收天线之间的距离；k_0 为电磁波的波束。这是一个复的 2×2 矩阵，包含了散射体信息，为极化散射矩阵。其元素是用复散射振幅表示的，$S_{ij} = |S_{ij}| e^{i\varphi_{ij}}$，$i, j \in \{H, V\}$，$S_{HH}$ 和 S_{VV} 被称为同极化分量，S_{HV} 和 S_{VH} 被称为交叉极化分量。在实际应用中，仅关心散射目标的散射特性，可将矩阵简化为

$$\boldsymbol{S} = \begin{bmatrix} S_{HH} & S_{HV} \\ S_{VH} & S_{VV} \end{bmatrix} \tag{5-40}$$

对于全极化数据，考虑法拉第旋转效应影响，目标的极化散射测量矩阵 $\boldsymbol{M}$ 为

$$\boldsymbol{M} = \begin{pmatrix} M_{HH} & M_{HV} \\ M_{VH} & M_{VV} \end{pmatrix} = \begin{pmatrix} \cos\Omega & \sin\Omega \\ -\sin\Omega & \cos\Omega \end{pmatrix} \begin{pmatrix} S_{HH} & S_{HV} \\ S_{HV} & S_{VV} \end{pmatrix} \begin{pmatrix} \cos\Omega & \sin\Omega \\ -\sin\Omega & \cos\Omega \end{pmatrix} \tag{5-41}$$

可得各极化通道分量为

$$\begin{cases} M_{HH} = S_{HH}\cos^2\Omega - S_{VV}\sin^2\Omega \\ M_{HV} = S_{HV} - (S_{HH} + S_{VV})\sin\Omega\cos\Omega \\ M_{VH} = S_{HV} + (S_{HH} + S_{VV})\sin\Omega\cos\Omega \\ M_{VV} = S_{VV}\cos^2\Omega - S_{HH}\sin^2\Omega \end{cases} \tag{5-42}$$

圆极化电磁波可分解为两个正交的线极化电磁波的叠加。右旋圆极化表示为 $E_R =$

$\dfrac{1}{\sqrt{2}}(E_H + jE_V)$，左旋圆极化表示为 $E_L = \dfrac{1}{\sqrt{2}}(E_H - jE_V)$，其中，$E$ 代表电场强度；下标 R 代表右旋圆极化；下标 L 代表左旋圆极化；下标 H 代表水平线极化；下标 V 代表垂直线极化。用线极化分量表示圆极化分量，矩阵表示为

$$\begin{pmatrix} E_R \\ E_L \end{pmatrix} = \frac{1}{\sqrt{2}} \begin{pmatrix} 1 & j \\ 1 & -j \end{pmatrix} \begin{pmatrix} E_H \\ E_V \end{pmatrix} \tag{5-43}$$

用圆极化分量表示线极化分量，矩阵表示为

$$\begin{pmatrix} E_H \\ E_V \end{pmatrix} = \frac{1}{\sqrt{2}} \begin{pmatrix} 1 & 1 \\ -j & j \end{pmatrix} \begin{pmatrix} E_R \\ E_L \end{pmatrix} \tag{5-44}$$

设目标散射矩阵为

$$\boldsymbol{S} = \begin{pmatrix} S_{HH} & S_{HV} \\ S_{HV} & S_{VV} \end{pmatrix} \tag{5-45}$$

双圆极化模式，即发射右旋圆极化电磁波，接收右旋和左旋圆极化电磁波。双圆极化模式的测量矩阵为

$$\begin{pmatrix} M_{RR} \\ M_{RL} \end{pmatrix} = \frac{1}{2} \begin{pmatrix} 1 & j \\ 1 & -j \end{pmatrix} \begin{pmatrix} S_{HH} & S_{HV} \\ S_{HV} & S_{VV} \end{pmatrix} \begin{pmatrix} 1 \\ -j \end{pmatrix} \tag{5-46}$$

式中，M_{RR} 为右旋圆极化发射右旋圆极化接收分量；M_{RL} 为右旋圆极化发射左旋圆极化接收分量。

考虑电离层法拉第旋转效应，引入法拉第旋转角 Ω，双圆极化模式的测量矩阵变为

$$\begin{pmatrix} M_{RR} \\ M_{RL} \end{pmatrix} = \frac{1}{2} \begin{pmatrix} e^{-j\Omega} & je^{-j\Omega} \\ e^{-j\Omega} & -je^{-j\Omega} \end{pmatrix} \begin{pmatrix} S_{HH} & S_{HV} \\ S_{HV} & S_{VV} \end{pmatrix} \begin{pmatrix} e^{-j\Omega} \\ -je^{-j\Omega} \end{pmatrix}$$
$$= \frac{1}{2} \begin{pmatrix} S_{HH} + S_{VV} \\ S_{HH} - S_{VV} - 2jS_{HV} \end{pmatrix} e^{-j2\Omega} \tag{5-47}$$

可以看出，双圆极化模式法拉第旋转角只影响回波数据的相位。

法拉第旋转角的引入将改变各极化通道数据的幅度相位，即引入极化域误差。根据表 5-3 所列参数，仿真得到为不同地磁场强度情况下法拉第旋转角随 TEC 的变化情况（图 5-38）。随着 TEC 不断增大，法拉第旋转角不断增大。在 TEC 为 50 TECU（中等强度）条件下，地磁场强度分别为 40 000 nT、20 000 nT、10 000 nT 时，对应的法拉第旋转角分别达到 550 MHz：179.2°、89.6°、44.8° 以及 300 MHz：602.2°、301.1°、150.6°。

表 5-3　仿真参数

参数	取值
载频/MHz	550,300
视角/(°)	35
地磁场方向与波束方向夹角/(°)	60
VTEC/TECU	0~120

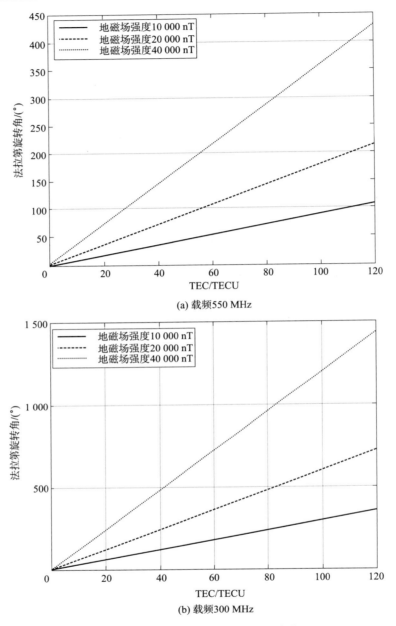

(a) 载频550 MHz

(b) 载频300 MHz

图 5 - 38 法拉第旋转角随 TEC 的变化

利用 ALOS - 2 卫星于 2014 年 9 月 2 日获取的 Alaska 地区 L 波段全极化数据作为仿真分析面目标数据受法拉第旋转效应的影响。原始全极化图像如图 5 - 39 所示。

根据全极化系统的极化散射测量矩阵分别对四极化通道信号加入 5°、10°、20° 和 40° 法拉第旋转角，可以得到 4 种不同法拉第旋转效应影响下的全极化图像，如图 5 - 40 所示。对比两图可以看出，随着法拉第旋转角不断增大，全极化图像的极化散射特性发生畸变，且法拉第旋转角度越大，极化散射特性变化越剧烈。

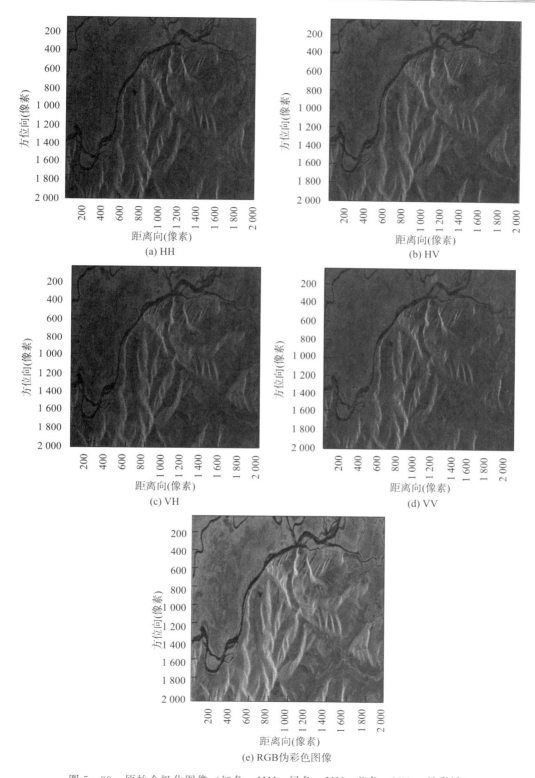

图 5 - 39　原始全极化图像（红色：HH，绿色：HV，蓝色：VV，见彩插）

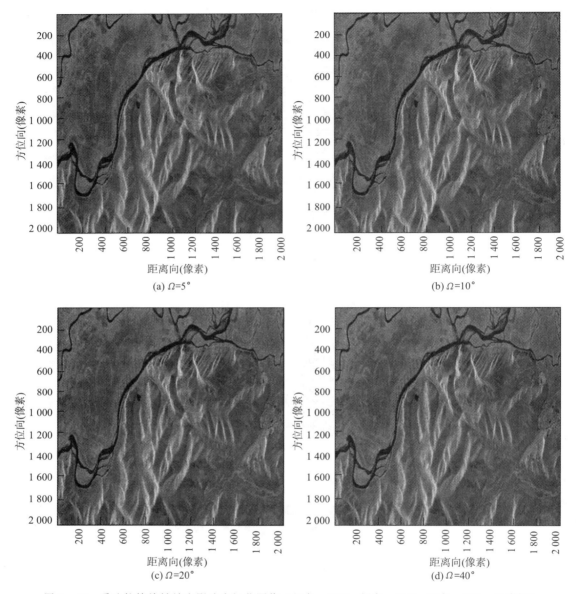

图 5-40　受法拉第旋转效应影响全极化图像（红色：HH，绿色：HV，蓝色：VV，见彩插）

　　表 5-4 统计了不同法拉第旋转效应影响下，各个极化通道信号受影响前后的相关系数。可以看出，HH 通道和 VV 通道受法拉第旋转效应影响较小，HV 通道和 VH 通道受法拉第旋转效应影响较大。这是由于交叉极化通道信号较同极化通道信号强度低（约 10 dB），结合法拉第旋转效应误差模型，由于同极化通道信号混入交叉极化通道造成了交叉极化通道信号幅相产生较大的偏差。

表 5 - 4　相关系数

极化通道	法拉第旋转角			
	5°	10°	20°	40°
HH	0.99	0.99	0.99	0.79
HV	0.96	0.87	0.71	0.56
VH	0.95	0.85	0.64	0.46
VV	0.99	0.99	0.99	0.68

5.3　P 波段 SAR 卫星电离层联合探测

5.3.1　探测手段

除了常规的地基雷达、天基掩星探测等手段外，为解决 SAR 卫星同视场观测问题，卫星上通常会采用双频测量法或远紫外单光子成像仪测量法或基于法拉第旋转角估计法，这 3 种方法的优缺点如下：

1）双频测量法可以直接借助 SAR 宽带信号特征，分成上下子带即可实现背景电离层 TEC 测量，精度约为 1TECU，无法实现高精度测量和有效的色散效应补偿；

2）远紫外单光子成像仪测量法相对测量精度可达 3%，但绝对测量精度不高；

3）基于法拉第旋转角估计的 TEC 测量方法主要借助于电离层的法拉第旋转效应，通过数据域进行反演估计，精度可达 0.5 TECU，但在赤道附近电离层的法拉第旋转效应很弱，无法实现反演估计。

5.3.1.1　P 波段星载 SAR 双频测量法的设计及使用

由于电离层折射效应的影响，电磁波在传播时会产生"弯曲效应"，特别是 P 波段电离层折射效应更明显，从而使 P 波段电磁波实际传输的距离变长，称为"伪距"。利用 P 波段星载 SAR 宽度线性调频信号特征，全带宽发射，接收端设置两个不同频率的窄带滤波器，获取两个不相关的载频回波信号，分别进行脉冲压缩处理，取峰值处位置为两种载频下测得的伪距，分别表示为 ρ'_0 和 ρ'_1，它们与群时延之间满足以下关系

$$\begin{cases} \rho'_0 = c \cdot T_{g0} \\ \rho'_1 = c \cdot T_{g1} \end{cases} \tag{5-48}$$

式中，c 为光速；T_{g0} 和 T_{g1} 分别为不同载频下的群时延值，群时延值可以近似表示为

$$T_g \approx \frac{R_z}{c}\left(1 + \frac{1}{2}\frac{e^2}{\varepsilon_0 m \omega_c^2}\frac{TEC}{H}\right) \tag{5-49}$$

式中，T_g 为群时延值；R_z 为天线到目标的斜距值；c 为光速；e 为单位电子带电量；m 为电子质量；ε_0 为真空介电常数；ω_c 为载波角频率；H 为标称轨道高度；TEC 为待反演测量的背景电离层总电子量。

将式（5-49）代入式（5-48），可以进一步得到电离层的 TEC，该方法称为双频测量法，测量精度优于 1TECU。

　　为进一步提升背景电离层 TEC 测量精度，针对非赤道区域 P 波段星载 SAR 信号会受到电离层法拉第旋转效应的影响，P 波段电磁波会在电磁场的影响下产生极化面相对入射波的旋转，旋转角度称为法拉第旋转角，可以借助星载极化 SAR 数据精确估计电离层所引入的法拉第旋转角度，进而获取高精度电离层 TEC 值，为解决法拉第旋转角估计的缠绕问题以提高测量效率，本发明首先采用双频测量法进行观测区背景电离层 TEC 测量，测量获得的结果作为法拉第旋转角估计的初始值，可以有效解决缠绕问题，提升了估计效率，测量精度可达 0.5 TECU。

5.3.1.2　赤道区域高精度电离层测量

　　基于法拉第旋转角估计法可以获得高精度背景电离层 TEC 值，但对于赤道区域，由于法拉第旋转效应不明显，无法采用该方法。为此，本发明针对赤道区域，在 P 波段 SAR 卫星上采用远紫外单光子成像仪与 SAR 同视场对赤道观测区域电离层高度氧原子气辉和氮分子气辉进行实时监测，通过反演可获得该区域电离层电子密度 TEC 及电子密度变化情况。远紫外单光子成像仪工作模式包括夜间模式和白天模式，夜间模式测量氧原子 135.6 nm 波段气辉，白天模式则同时测量氧原子 135.6 nm 波段气辉和氮分子 LBH 带气辉。远紫外单光子成像仪的优势是相对测量精度高，可达 0.3 TECU，为此，利用参考定标的方法获取高精度绝对 TEC 值，为 P 波段星载 SAR 在轨进行电离层补偿提供依据。

5.3.2　联合探测方法

　　从 P 波段星载 SAR 成像质量出发，为满足全观测域连续高精度 TEC 测量的应用需求，创新设计了同视场下双频测量法、基于法拉第旋转角估计的 TEC 测量方法和远紫外单光子成像仪测量法联合使用的新方法，如图 5 - 41 所示。首先，在 P 波段 SAR 开机时，借助宽带线性调频信号实现双频测量，在非赤道区域，基于双频测量结果和回波数据利用法拉第旋转角估计反演获取高精度 TEC 值，解决了缠绕问题和效率问题；其次，针对赤道区域电离层法拉第效应不明显的现象，借助远紫外单光子成像仪进行高精度 TEC 相对测量，并通过参考定标获取高精度绝对 TEC 测量。

　　P 波段星载 SAR 电离层联合测量方法具体步骤如下所述：

　　(1) 步骤一

　　基于 P 波段 SAR 卫星宽带线性调频信号特征，在 SAR 开机观测时发射宽度信号，接收端设置两个窄带滤波器实现宽带信号的上下子带分离，形成两路不同频段的回波信号，为双频测量法提供有效数据。其中，带宽范围建议 50 MHz 以上，可以实现背景电离层测量精度优于 1 TECU。

　　(2) 步骤二

　　对两路不同载频的回波信号进行解调、脉冲压缩以及相关处理实现时延差测量。对两路信号分别进行脉冲压缩，分别取峰值处的位置即可计算得到两路信号的伪距值。

　　根据公式 $\begin{cases} \rho_0' = c \cdot T_{g0} \\ \rho_1' = c \cdot T_{g1} \end{cases}$ 和 $T_g \approx \dfrac{R_z}{c}\left(1 + \dfrac{1}{2}\dfrac{e^2}{\varepsilon_0 m \omega_c^2}\dfrac{\text{TEC}}{H}\right)$ 即可反演估计得到背景电离

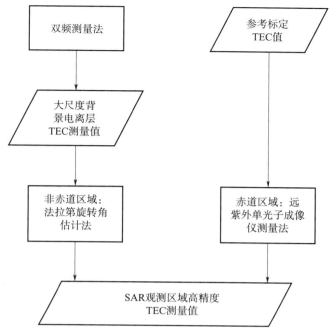

图 5 - 41　联合测量方法框图

层的 TEC 值，其中，ρ_0' 和 ρ_1' 分别为两子带的伪距测量值；T_{g0} 和 T_{g1} 分别为不同载频下的群时延值；T_g 为群时延值；R_z 为天线到目标的斜距值；c 为光速；e 为单位电子带电量；m 为电子质量；ε_0 为真空介电常数；ω_c 为载波角频率；H 为标称轨道高度；TEC 为待反演测量的背景电离层总电子量。

（3）步骤三

为进一步提高电离层测量精度，在非赤道区域，利用法拉第旋转效应反演估计获得高精度电离层 TEC 值，并将双频测量法获取的背景电离层 TEC 值作为反演估计的初始值，消除法拉第旋转角估计的缠绕问题，提高反演估计的效率。

P 波段星载 SAR 信号会受到电离层法拉第旋转效应的影响，导致极化域误差。法拉第旋转是指线极化电波通过电磁场时，会在电磁场的影响下产生极化面相对入射波的旋转，旋转角度称为法拉第旋转角。借助星载极化 SAR 数据，首先精确估计电离层所引入的法拉第旋转角度，之后再根据法拉第旋转角与电离层 TEC 的映射关系，实现 TEC 反演测量。在整个估计过程中，为提高反演精度，采用频谱分割处理，通过理论和仿真分析，结合 TEC 空间分布规律，合理选择参数，实现最优的 TEC 反演，可以将空间分辨率提高到优于百米量级，TEC 反演精度提高到优于 0.5 TECU。

法拉第旋转角表示为 $\Omega = \dfrac{K_\Omega}{f^2} \cdot B_e \cdot \cos\psi \cdot \sec\theta \cdot \text{TEC}$，其中，$f$ 为电磁波频率；K_Ω 为常数；B_e 为地球磁场强度；TEC 为在垂直于地面方向上的电离层电子总含量；θ 为星载 SAR 天线的视角；ψ 为地球磁场方向与雷达电磁波传播方向（即天线波束指向方向）的夹角。

（4）步骤四

在赤道区域，由于无明显的电离层法拉第选择效应，为进一步获得高精度电离层测量值，在赤道附近区域，利用远紫外单光子成像仪进行同视场对地观测，对 P 波段星载 SAR 探测区域电离层高度氧原子气辉和氮分子气辉进行实时监测，通过反演可获得该区域电离层电子密度 TEC 及电子密度变化情况，利用实时监测的 TEC 及 TEC 变化数据，为 P 波段星载 SAR 在轨进行电离层补偿提供依据。

远紫外单光子成像仪探测视场覆盖 P 波段星载 SAR 探测区域，工作模式包括夜间模式和白天模式，夜间模式测量氧原子 135.6 nm 波段气辉，白天模式则同时测量氧原子 135.6 nm 波段气辉和氮分子 LBH 带气辉。可以实现相对测量精度优于 0.3 TECU，利用参考定标可以获取高精度的 TEC 绝对值。

5.4　基于模型的电离层补偿技术

5.4.1　电离层色散效应误差补偿处理

色散效应误差补偿提出采用基于最大对比度自聚焦的色散误差补偿方法。

5.4.1.1　最大对比度自聚焦算法原理

最大对比度自聚焦算法基于有限阶相位误差模型，假设 SAR 距离向回波数据中误差模型为 QPE，设其频域表达式为

$$\phi_\varepsilon(f) = \gamma \cdot f^2 \tag{5-50}$$

式中，f 为频域自变量；γ 为频域 QPE 系数。用 $\hat{\gamma}$ 表示对 γ 的一个估计值，最大对比度自聚焦算法通过迭代搜索，使 $\hat{\gamma}$ 逐渐逼近 γ。

对于图像的聚焦程度可以反映在图像幅度波动上，而图像亮度的波动更为直观。聚焦理想图像，目标突出于背景之上，图像亮度有剧烈波动；而对于散焦图像，目标亮度和周围背景亮度差异小，难以分辨出清晰的目标轮廓。

图像的亮度波动可以通过对比度来衡量，而对比度与聚焦程度直接相关，即与相位误差系数有关。定义图像对比度函数 $C(\hat{\gamma})$

$$C(\hat{\gamma}) = \frac{\sqrt{E\{[I^2(m,n;\hat{\gamma}) - E(I^2(m,n;\hat{\gamma}))]^2\}}}{E[I^2(m,n;\hat{\gamma})]} \tag{5-51}$$

其中，$I^2(m,n;\hat{\gamma})$（$m = 1, \cdots, M$；$n = 1, \cdots, N$）表示图像每个像素点的强度；M 为图像方位向采样点数；N 为图像距离向采样点数。式（5-51）分子表示图像强度标准差，分母表示图像强度均值。可以看到，对比度随着相位误差系数的变化而变化，$\hat{\gamma}$ 不同，对比度也不同。基于此，通过迭代计算，不断改变相位误差系数得到校正后图像对比度函数，与原图像对比修正调频率，最终得到 QPE 系数，利用其补偿得到处理后图像。

5.4.1.2　设计思想及处理流程

该处理算法对受色散效应影响的 SAR 图像数据进行误差分析并加以补偿，模块处理输出背景电离层 TEC 值以及补偿处理后的成像数据结果。下面是具体的处理流程：

输入受色散影响的星载 P 波段 SAR 成像数据，截取图像中强度最大的 5% 个方位单元，作为自聚焦的图像，计算图像对比度函数 $C(\hat{\gamma})$。设定相位误差系数迭代步长初值为 $\Delta\gamma$，用该迭代步长对 $\hat{\gamma}$ 进行调整：$\hat{\gamma}_{调整后}=\hat{\gamma}_{调整前}+\Delta\gamma$。用调整后的 $\hat{\gamma}_{调整后}$ 修正调频率，再进行距离向压缩处理，计算所得图像的对比度函数。比较相位误差校正前后的图像对比度函数，修正迭代步长 $\Delta\gamma$。比较结果分以下 3 种情况：

1）若校正后图像对比度函数大于校正前的值，则保持迭代步长 $\Delta\gamma$ 不变，继续使用该步长调整误差系数 $\hat{\gamma}$。

2）若校正后图像对比度函数小于校正前的值，则将迭代步长 $\Delta\gamma$ 减半，并取相反符号，调整误差系数 $\hat{\gamma}$。

3）若校正后图像对比度函数等于校正前的值，则将迭代步长 $\Delta\gamma$ 减半，调整误差系数 $\hat{\gamma}$。用调整后的相位误差系数修正调频率，再进行距离向压缩处理，计算所得图像的对比度。重复迭代直到迭代步长 $\Delta\gamma$ 小于预设门限时停止迭代，此时得到最终估计的 QPE 系数。根据估计的 QPE 系数可进一步得到估计的 TEC 值，由频域 QPE 系数与 TEC 的关系，得到估计的 TEC 值

$$\hat{\text{TEC}}=\frac{\hat{\gamma}_{opt}cf_c^3}{4\pi K} \tag{5-52}$$

式中，$\hat{\gamma}_{opt}$ 为最终估计的 QPE 系数。

将原始图像变换到距离向频域，利用估计的 QPE 系数对其进行补偿，反变换到时域得到最终补偿后的图像。输出处理得到的补偿后成像数据结果以及背景电离层 TEC。图 5-42 所示为色散效应误差补偿处理流程图。

5.4.1.3　仿真分析

本节利用 ALOS/PALSAR 数据对色散效应补偿方法进行仿真分析。由于 ALOS/PALSAR 工作在 L 波段，受电离层色散效应影响很小，所以需要对其引入色散效应误差，再利用最大对比度自聚焦算法进行补偿。仿真参数见表 5-5。

表 5-5　真实数据对色散效应补偿仿真参数

参数	取值
载频/MHz	435
带宽/MHz	15
采样率/MHz	16
TEC/TECU	120

图 5-43 给出了含强散射点的真实图像（山脉）的色散误差补偿处理的验证结果。图中横向为距离向，纵向为方位向。图 5-43 引入了 P 波段的色散误差。

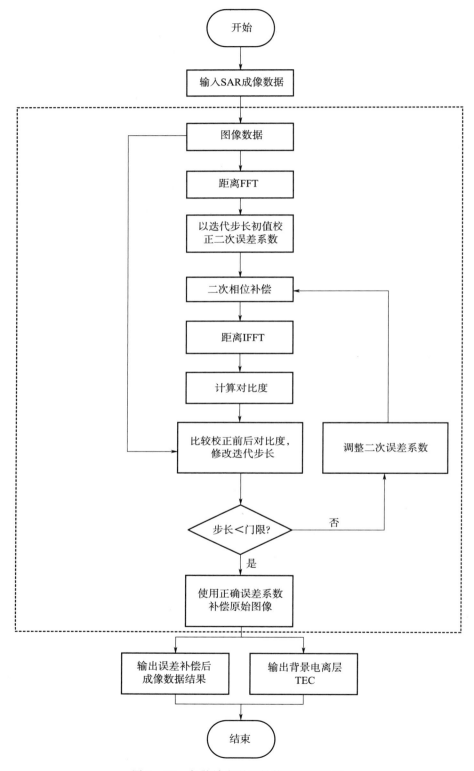

图 5 - 42　色散效应误差补偿处理流程图

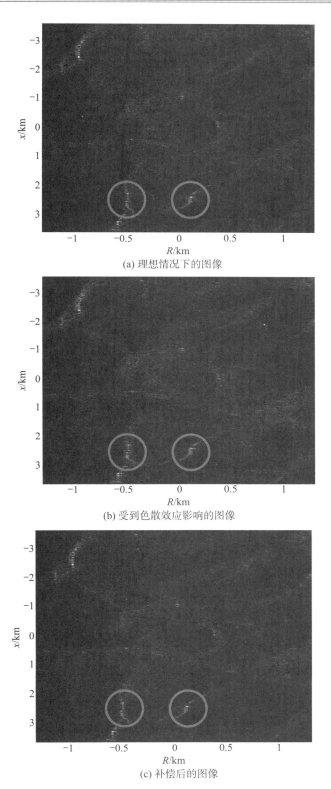

(a) 理想情况下的图像

(b) 受到色散效应影响的图像

(c) 补偿后的图像

图 5 - 43　含强散射点的真实图像色散误差补偿结果

由于受限于真实数据分辨率较低，色散效应视觉效果不是很明显。但从图 5 - 43（b）中仍可以看到强散射点受到色散效应影响发生了散焦。如图 5 - 43（c）所示，补偿后，对比理想图像强散射点重新聚焦，估计的 QPE 为 79°。

5.4.2　电离层闪烁效应误差补偿处理

闪烁效应误差补偿采用基于相位梯度自聚焦算法的闪烁误差补偿处理方法。

5.4.2.1　相位梯度自聚焦算法原理

相位梯度自聚焦是一种非参数模型算法，没有采用有限阶相位误差模型，而是直接对相位误差进行估计。该算法基于最大似然估计理论进行最优估计，并且充分利用多个距离单元上的相位误差信息。对于含有强目标的场景，估计结果具有较高的稳健性。

假设待估计相位误差的方位向信号 $s(t)$ 一般性的复数形式表示为

$$s(t) = |s(t)| \exp\{j[\phi_0 + \phi_\varepsilon(t)]\} \qquad (5-53)$$

式中，$|s(t)|$ 为信号幅度；$\phi_\varepsilon(t)$ 为相位误差；ϕ_0 为信号原始相位。

利用线性无偏最小准则，得到相位误差的一阶导数 $\hat{\phi}'_\varepsilon(t)$ 的估计值为

$$\hat{\phi}'_\varepsilon(t) = \frac{\sum_n \mathrm{Im}[s^*(t)s(t)]'}{\sum_n |s(t)|^2} \qquad (5-54)$$

式中，$s^*(t)$ 为 $s(t)$ 的复共轭；$s'(t)$ 为 $s(t)$ 的一阶导数；n 为采用的信号样本数，则相位误差为

$$\hat{\phi}_\varepsilon(t) = \int \hat{\phi}'_\varepsilon(t)\mathrm{d}t \qquad (5-55)$$

相位梯度自聚焦算法利用相位误差的冗余性，通过对相位误差的导数估计完成相位误差的估计和补偿。该算法补偿方位向相位误差基于以下两个假设条件：

1）各个距离单元的相位误差相同，相位误差仅是方位向的函数；

2）在同一距离向单元中，所有散射点相位误差相同。在实际应用中，特别是对于条带模式数据处理，以上两个假设难以满足，需对数据进行分块处理。

此外，相位误差估计在时域，适用于图像在频域的情况。但通常图像在时域，对于时域引入的高阶相位误差，也会导致频域存在高阶相位误差，上述相位误差估计需在频域进行。

5.4.2.2　设计思想及处理流程

基于相位梯度自聚焦补偿处理算法用于对受闪烁效应影响的 SAR 图像数据进行误差补偿，输出补偿处理后的成像数据结果。下面是具体的处理流程：

输入受闪烁影响的星载 P 波段 SAR 成像数据，为了选取强目标并减小运算量，一般选取部分能量较大的距离单元（距离单元数的 5% 左右）进行处理。首先做圆周移位处理，就是将某个距离单元中所有方位向上的像素点移动，从一侧溢出的点从数组另一侧移入。然后在图像域分别计算每个距离门上沿着方位向的总能量，选出一些能量大的距离单元进

行处理，分别选出每个距离单元中最强像素点，并将这些最强像素点圆周移位到图像的中心。圆周移位一方面保留了高次相位误差对被选散射点的影响，同时，去除了与目标有关的线性相位分量。

对于方位向信号，相位误差的引入导致信号散焦。通过对圆周移位后的信号加窗，可以保留因散焦而造成的强散射点散焦区。另外，每个强散射点周围都存在临近目标点以及背景杂波带来的影响，通过加窗处理可以去除这些对相位误差估计无用的数据，提高处理区域数据的信噪比。因此，对于窗的大小选取非常重要，过大将引入更多的噪声，过小则无法包含足够的强散射点信息。针对不同的成像场景以及不同类型的相位误差，采用不同的窗宽确定方法。经圆周移位以及加窗处理后，图像数据信噪比增加，并且去除了一次相位的影响，此时的图像可以认为是完全由高次相位误差影响的结果。

将圆周移位和加窗处理后的图像，做方位向傅里叶变换。在方位频域对相位梯度进行估计，设距离向有 m 个单元，信号表示为

$$f_m(n) = |f_m(n)| \cdot \exp\{j \cdot [\phi_0 + \phi(n)]\} \qquad (5-56)$$

式中，$|f_m(n)|$ 为幅度；$\phi(n)$ 为相位误差；ϕ_0 为原始相位。

相位误差梯度 $\phi(n)$ 的线性无偏最小方差估计为

$$\dot{\phi}(n) = \frac{\sum_m \mathrm{Im}[f_m^*(n) \cdot d_m(n)]}{\sum_m |f_m(n)|^2} \qquad (5-57)$$

式中，$*$ 为共轭；$d_m(n) = f_m(n+1) - f_m(n)$，$n = 0,1,2,\cdots$。因此，相位误差 $\hat{\phi}(n)$ 为

$$\hat{\phi}(n) = \sum_{i=0}^{n-1} \dot{\phi}(i) \qquad (5-58)$$

其中，$n = 1,2,\cdots$；$\hat{\phi}(0)$ 为第一个采样点的相位。

对方位频域相位进行补偿，即将数据与估计得到的相位项 $\exp[-j\hat{\phi}(n)]$ 相乘，之后做傅里叶逆变换，得到改善后图像。这一估计校正过程反复迭代进行，不断提高图像聚焦程度，直到 $\hat{\phi}(n)$ 小于一个设定标准值，即完成相位误差估计。

将每次迭代估计的相位误差叠加，得到最终估计的相位误差。将原始图像进行方位傅里叶变换到频域，补偿相位误差，反变换到时域得到最终补偿后的图像。输出处理得到的补偿后成像数据结果。图 5-44 所示为基于相位梯度自聚焦的闪烁误差补偿处理流程图。

5.4.2.3　仿真分析

本节利用 ALOS/PALSAR 数据对闪烁效应补偿方法进行仿真分析。本仿真引入 P 波段的闪烁效应误差。仿真参数见表 5-6。

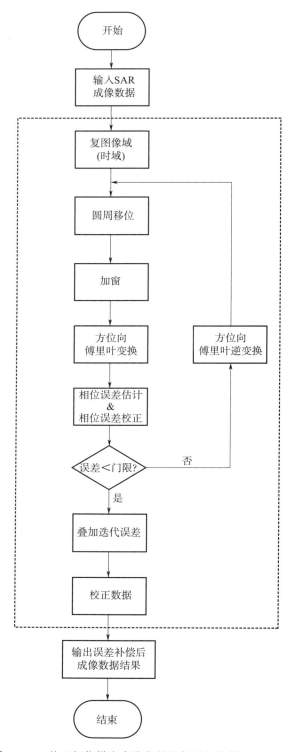

图 5 - 44　基于相位梯度自聚焦的闪烁误差补偿处理流程图

表 5 - 6　真实数据闪烁效应补偿仿真参数

参数	取值
卫星轨道高度/km	650
轨道倾角/(°)	98
电离层高度/km	350
视角/(°)	35
载频/MHz	435
方位分辨率/m	5
闪烁强度 $\log_{10}(C_k L)$	34
外尺度 L_0/km	10
谱指数 p	2.5

图 5 - 45 给出了含强散射点的真实图像（山脉）自聚焦算法的验证结果。图中横向为距离向，纵向为方位向。图（a）为理想情况下的图像，红圈中标记了一些明显的强散射点。图（b）为受到闪烁效应影响的图像，图（c）为闪烁效应误差补偿后的图像。可以看到，补偿后强点重新聚焦，说明补偿处理方法在很大程度上缓解了闪烁效应的影响。

5.4.3　法拉第旋转效应误差补偿处理

5.4.3.1　补偿算法原理

（1）Freeman 方法

Freeman 针对全极化（线极化）数据，利用极化散射测量矩阵 M 参量，直接估计所引入的法拉第旋转角，如下式

$$\hat{\Omega} = \frac{1}{2}\arctan\left(\frac{M_{\mathrm{VH}} - M_{\mathrm{HV}}}{M_{\mathrm{HH}} + M_{\mathrm{VV}}}\right) \tag{5-59}$$

式中，M_{**} 为全极化模式的极化散射测量矩阵的各通道分量。

然而，这种基于图像像素点的估计方法，由于斑点噪声以及加性噪声的引入，导致极化散射矩阵元素估计误差较大（计算公式采用两个零均值复数的比例形式，以及采用反正切函数）。

为了克服该问题，Freeman 提出了加入均值处理的改进法拉第旋转角估计方法。

首先，计算分量

$$Z_{\mathrm{HV}} = \frac{1}{2}(M_{\mathrm{VH}} - M_{\mathrm{HV}}) \tag{5-60}$$

然后，计算得到法拉第旋转角为

$$\hat{\Omega} = \pm\frac{1}{2}\arctan\sqrt{\frac{\langle Z_{\mathrm{HV}} Z_{\mathrm{HV}}^* \rangle}{(\langle M_{\mathrm{HH}} M_{\mathrm{HH}}^* \rangle + \langle M_{\mathrm{VV}} M_{\mathrm{VV}}^* \rangle + 2\mathrm{Re}\{\langle M_{\mathrm{HH}} M_{\mathrm{VV}}^* \rangle\})}} \tag{5-61}$$

式中，〈 * 〉表示对图像各个像素点进行均值处理。

Freeman 所提出的两种法拉第旋转角估计方法均基于反射对称性这一假设条件，即

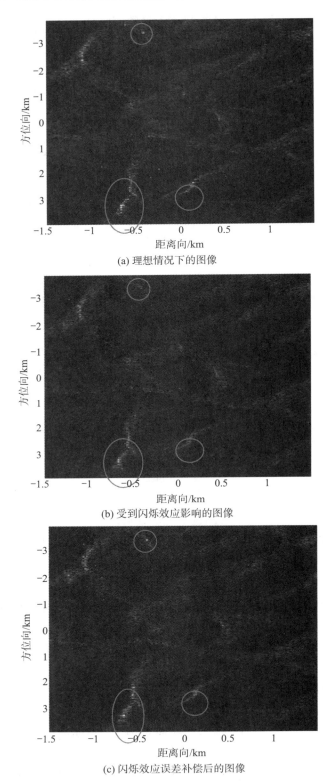

(a) 理想情况下的图像

(b) 受到闪烁效应影响的图像

(c) 闪烁效应误差补偿后的图像

图 5 - 45　含强散射点的真实图像闪烁效应误差补偿结果

$$\langle S_{HH} S_{HV}^* \rangle = \langle S_{HV} S_{VV}^* \rangle = 0 \tag{5-62}$$

（2）Bickel 和 Bates 方法

Bickel 和 Bates 方法通过利用圆极化散射矩阵中交叉极化项估计法拉第旋转角。在没有法拉第旋转的影响下，反射对称性保证散射矩阵中交叉极化项相等，但由于电离层所引入的法拉第旋转角使得其相位发生变化，造成两个通道的交叉极化项不同。圆极化散射矩阵中交叉极化项可以由线极化散射测量矩阵通过式（5-63）计算得到

$$\begin{aligned} Z_{12} &= M_{HV} - M_{VH} + i(M_{HH} + M_{VV}) \\ Z_{21} &= M_{VH} - M_{HV} + i(M_{HH} + M_{VV}) \end{aligned} \tag{5-63}$$

式中，$M_{..}$ 为全极化模式的极化散射测量矩阵的各通道分量。

由此可得，法拉第旋转角的估计值为

$$\hat{\Omega} = \frac{1}{4} \arg(Z_{21} Z_{12}^*) \tag{5-64}$$

（3）Qi 和 Jin 方法

与 Bickel 和 Bates 方法一样，考虑由于法拉第旋转效应影响导致交叉极化项不同条件下，Qi 和 Jin 提出了一种法拉第旋转角的估算方法，如下式

$$\hat{\Omega} = -\frac{1}{2} \arctan\left[\frac{\mathrm{Im}\langle M_{HH}(M_{HV}^* - M_{VH}^*)\rangle}{\mathrm{Im}\langle M_{HH} M_{VV}^* \rangle} \right] \tag{5-65}$$

式中，$M_{..}$ 为全极化模式的极化散射测量矩阵的各通道分量。

上述 3 种估计方法所得到的法拉第旋转角均在 $-\frac{\pi}{4} \sim \frac{\pi}{4}$ 范围内，即存在 $\pm\frac{k\pi}{2}$ 的模糊误差。

（4）陈杰和 Shaun Quegan 方法

陈杰和 Shaun Quegan 利用全球导航卫星系统（Global Navigation Satellite System，GNSS）提供的 TEC 监测数据，提出了一种法拉第旋转角估计改进方法，消除了常规估计方法中的 $\pm\frac{k\pi}{2}$ 角度模糊问题。

由极化散射矩阵 S 分量可得协方差矩阵 C

$$C = \langle S \cdot S^+ \rangle = \begin{bmatrix} \sigma_1 & \rho_{12} & \rho_{13} \\ \rho_{21} & \sigma_2 & \rho_{23} \\ \rho_{31} & \rho_{32} & \sigma_3 \end{bmatrix} \tag{5-66}$$

其中，$S = [S_{HH},\ S_{HV},\ S_{VV}]^T$，$\sigma_p = \langle S_p \cdot S_p^* \rangle$，$\rho_{pq} = \langle S_p \cdot S_q^* \rangle$，$p$ 和 q 分别取 1，2，3。

则有极化散射测量矩阵为

$$\begin{cases} M_{HH} = M_1 = S_{HH} \cos^2\Omega - S_{VV} \sin^2\Omega \\ M_{HV} = M_2 = S_{HV} - (S_{HH} + S_{VV}) \sin\Omega \cos\Omega \\ M_{VH} = M_3 = S_{HV} + (S_{HH} + S_{VV}) \sin\Omega \cos\Omega \\ M_{VV} = M_4 = S_{VV} \cos^2\Omega - S_{HH} \sin^2\Omega \end{cases} \tag{5-67}$$

对于散射测量矩阵分量可得 4×4 协方差矩阵 C，其中，有 $C_{pq} = \langle M_p \cdot M_q^* \rangle$。

可得

$$
\begin{cases}
Z_1 = \mathrm{Im}(C_{14}) + \mathrm{jIm}(C_{13} - C_{12}) \\
Z_2 = \mathrm{Im}(C_{14}) + \mathrm{jIm}(C_{34} - C_{34}) \\
Z_3 = \mathrm{Im}(C_{14}) + \mathrm{jIm}(C_{13} + C_{34} - C_{12} - C_{24})/2 \\
Z_4 = \mathrm{Im}(C_{12} - C_{24}) - \mathrm{jIm}(C_{23}) \\
Z_5 = \mathrm{Im}(C_{13} - C_{34}) - \mathrm{jIm}(C_{23}) \\
Z_6 = \mathrm{Im}(C_{12} - C_{24} + C_{13} - C_{34})/2 - \mathrm{jIm}(C_{23})
\end{cases}
\tag{5-68}
$$

则法拉第旋转角估计值为

$$
\hat{\Omega}_i = \frac{1}{2}\arg(Z_i), \quad i = 1 - 6
\tag{5-69}
$$

根据 GNSS 发布的全球电离层 TEC 分布数据，估算得到照射场景的法拉第旋转角

$$
\hat{\Omega}_{\mathrm{GNSS}} = 0.339\frac{\mathrm{TEC}}{f_0^2} \times (2\sin\Phi \pm \cos\lambda \cdot \tan\theta_0)
\tag{5-70}
$$

式中，f_0 为雷达载频；Φ 为纬度；λ 为轨道倾角；θ_0 为雷达视角；$\pm$ 分别代表雷达右视和雷达左视。

由此，可得消除角度模糊的法拉第旋转角估计值为

$$
\hat{\Omega}_{\mathrm{final}} = \hat{\Omega}_i + \mathrm{round}\left(\frac{\hat{\Omega}_{\mathrm{GNSS}} - \hat{\Omega}_i}{\pi/2}\right) \cdot \frac{\pi}{2}, \quad i = 1 - 6
\tag{5-71}
$$

式中，$\mathrm{round}(\cdot)$ 为取整；$\hat{\Omega}_{\mathrm{GNSS}}$ 为由 GNSS 所得到的 TEC 数据估算的法拉第旋转角；$\hat{\Omega}_i$ 为根据散射测量矩阵分量计算得到的法拉第旋转角。

为了应对全球变暖等气候变化问题，进一步了解地球环境和气候的变化，欧洲空间局选定以"生物量"计划（BIOMASS Mission）为代表的六项新的地球探测器任务。BIOMASS 计划将研制并发射一颗星载 P 波段极化 SAR 卫星来完成全球森林生物量的测量，实现对全球陆地碳循环变化的监测。BIOMASS 计划所采用的星载 SAR 频段较低，雷达回波数据同样受到法拉第旋转效应的影响。经验证，该计划采用 Bickel 和 Bates 方法对雷达探测数据进行法拉第旋转角的估计，具有较高的估计精度。根据文献，这里给出利用 Bickel 和 Bates 方法估计法拉第旋转角估计的标准差为

$$
\sigma_\Omega \approx \sqrt{\frac{1}{32}\frac{1 - \gamma_{\mathrm{SNR}}^2}{\gamma_{\mathrm{SNR}}^2 M}}
\tag{5-72}
$$

式中，$\gamma_{\mathrm{SNR}} = \dfrac{\mathrm{SNR}}{1 + \mathrm{SNR}}$，SNR 为信噪比；$M$ 为视数。因此，不同的信噪比条件以及视数将对法拉第旋转角估计产生影响。

5.4.3.2　仿真分析

只考虑噪声影响，Bickel 和 Bates 估计方法为无偏估计，以估计误差的标准差作为参考。图 5-46 所示为不同平均窗大小下，法拉第旋转角估计误差的标准差随信噪比（SNR）的变化量。

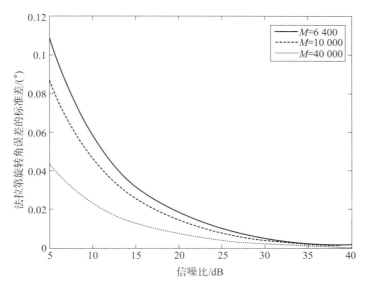

图 5 - 46　法拉第旋转角误差标准差随信噪比的变化

下面利用 ALOS - 2 卫星于 2014 年 9 月 2 日获取的 Alaska 地区 L 波段全极化数据仿真验证法拉第旋转效应校正算法的有效性。

图 5 - 47 所示为原始全极化数据合成的 RGB 伪彩色图像。

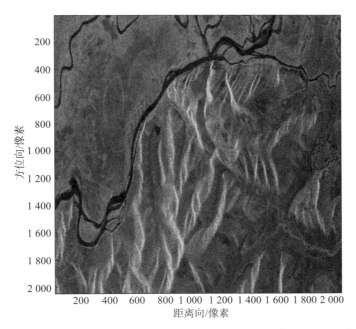

图 5 - 47　原始全极化数据合成的 RGB 伪彩色图像（红色：HH，绿色：HV，蓝色：VV，见彩插）

根据极化散射测量矩阵在各个极化通道信号中加入图 5 - 48 所示的法拉第旋转角，得到图 5 - 49 所示的受影响全极化数据合成的 RGB 伪彩色图像。可以明显看出，由于受到法拉第旋转角的影响，地物的极化散射特性发生严重畸变。统计各个极化通道受法拉第旋转效应影响之后与原始数据的相关系数。由于受到法拉第旋转效应的影响，受影响的各个极化通道信号与原始信号相关系数明显下降。

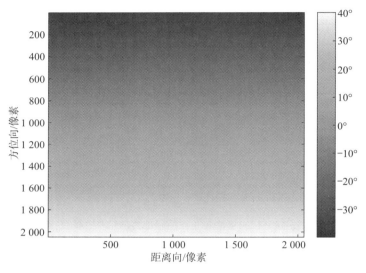

图 5-48　原始法拉第旋转角（见彩插）

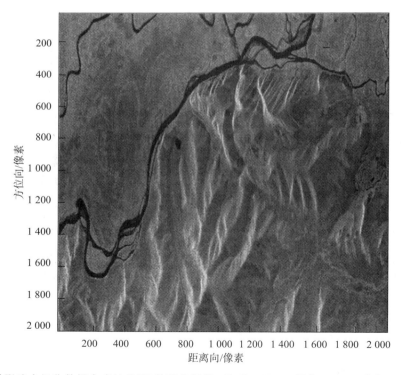

图 5-49　受影响全极化数据合成的 RGB 伪彩色图像（红色：HH，绿色：HV，蓝色：VV，见彩插）

利用校正算法对图 5 - 49 受影响图像进行补偿处理，得到图 5 - 50 所示的校正后全极化 RGB 伪彩色图像，对比可以看出，运用本章算法校正后各极化通道信号的散射特性恢复理想状态。分别计算校正后各个极化通道信号与原始信号的相关系数（表 5 - 7），可以看出各个极化通道信号的相关系数均恢复至较高状态。

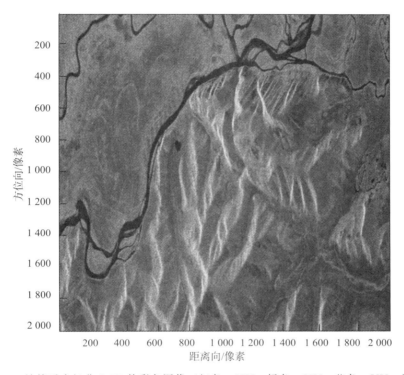

图 5 - 50　补偿后全极化 RGB 伪彩色图像（红色：HH，绿色：HV，蓝色：VV，见彩插）

表 5 - 7　相关系数

极化通道	相关系数	
	校正前	校正后
HH	0.96	1
HV	0.66	0.99
VH	0.65	0.99
VV	0.94	1

这里同样给出了利用本章算法估计所得的法拉第旋转角（图 5 - 51），对比所估计的法拉第旋转角与原始法拉第旋转角，计算可得对应的角度估计误差标准差为 $0.12°$。

由此可见，利用 Bickel 和 Bates 方法可以实现法拉第旋转效应误差补偿。

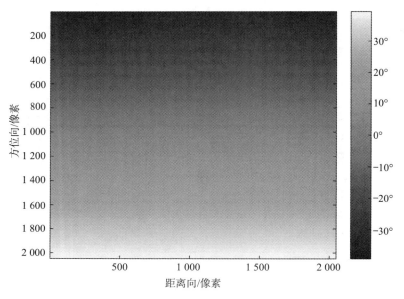

图 5 - 51　估计法拉第旋转角（见彩插）

参 考 文 献

［1］ 熊年禄，唐存琛，等.电离层物理概论［M］.武汉：武汉大学出版社，1999.

［2］ 魏钟铨，等.合成孔径雷达卫星［M］.北京：科学出版社，2001.

［3］ 张澄波.综合孔径雷达：原理、系统分析与应用［M］.北京：科学出版社，1989.

［4］ IAN G，Cumming，等.合成孔径雷达成像：算法与实现［M］.洪文，等，译.北京：电子工业出版社，2007.

［5］ 熊年禄，唐存琛，李行健.电离层物理概论［M］.武汉：武汉大学出版社，1999.

［6］ 黄捷.电波大气折射误差修正［M］.北京：国防工业出版社，1999.

［7］ 皮亦鸣，杨建宇，付毓生，等.合成孔径雷达成像原理［M］.成都：电子科技大学出版社，2008.

［8］ 焦培南，张忠治.雷达环境与电波传播特性［M］.北京：电子工业出版社，2007.

［9］ 李卓.星载 VHF/UHF - SAR 电离层效应误差补偿方法研究［D］.北京：北京航空航天大学，2013.

［10］ 郭威.基于长波长天基 SAR 的电离层高精度探测方法研究［D］.北京：北京航空航天大学，2018.

［11］ 朱正平.电离层垂直探测中的观测模式研究［D］.北京：中国科学院，2006.

［12］ 李力.电离层对星载 P 波段高分辨 SAR 成像的影响分析及误差校正［D］.长沙：国防科技大学，2009.

［13］ 戚任远.星载全极化 SAR 观测低频波段 Faraday 旋转效应分析与消除［D］.上海：复旦大学，2008.

［14］ 武昕伟.SAR 自聚焦技术及相干斑抑制算法研究［D］.南京：南京航空航天大学，2002.

［15］ 王越.合成孔径雷达自聚焦算法研究［D］.南京：南京航空航天大学，2006.

［16］ BLAUNSTEIN，N，PLOHOTNIUC E.Ionosphere and Applied Aspects of Radio Communication and Radar［M］.Crc Press，2012.

［17］ HELLIWELL R A.Whistlers and Related Ionospheric Phenomena［M］.Dover Pubilcaions in Mineola N. Y，2006.

［18］ URYADOV V P.Doppler HF Radar Measurements of Backscattered Signals Induced by Small - scale Field - aligned Irregularities of Subpolar F - region Ionosphere［C］.Trans Black Sea Region Symposium on Applied Electromagnetism，1996.

［19］ GORDON W E.Incoherent Scattering of Radio Waves by Free Electrons with Appliations to Space Exploration by Radar［C］.Proceedings of the IRE，1958.

［20］ PARKINSON M L，DEVLIN J C，YE H，et al.On the Occurrence and Motion of Decameter - scale Irregularities in the Sub - auroral，Auroral，and Polar Cap Ionosphere［J］.Annales Geophysicae，2003（21）：1847 - 1968.

［21］ LIN C S，BEAUJARDIERE O，DE LA，et al.Predicting Ionospheric Densities and Scintillation With the Communication/Navigation Outage Forecasting System（C/NOFS）Mission［R］.1 - 5.

[22] BELCHER D P, ROGERS N C. Theory and Simulation of Ionospheric Effects on Synthetic Aperture Radar [J]. Radar Sonar & Navigation Iet, 2009, 3 (5): 541 - 551.

[23] YESIL A, AYDOGDU M. Reflection and Transmission in the Ionosphere Considering Collisions in a First Approximation [J]. Progress In Electromagnetics Research Letters, 2008 (1): 93 - 99.

[24] BERIZZI F, CORSINI G, DIANI M, et al. Autofocusing of Wide Angle SAR Images by Contrast Optimisation [C]. IGARSS, 1996.

[25] LIU J. Ionospheric Effects on Synthetic Aperture Radar Imaging [D]. Ph. D. Thesis, University of Washington, 2003.

[26] LINSON L M, WORKMAN J B. Formation of Striations in Ionospheric Plasma Clouds [J]. Journal of Geophysical Research, 1970, 75 (16): 3211 - 3219.

[27] REID G C. The Formation of Small - scale Irregularities in the Ionosphere [J]. Journal of Geophysical Research, 1968, 73 (5): 1627 - 1640.

[28] TIAN Y, HU C, DONG X, et al. Theoretical Analysis and Verification of Time Variation of Background Ionosphere on Geosynchronous SAR Imaging [J]. IEEE Geoscience & Remote Sensing Letters, 2014, 12 (4): 721 - 725.

[29] MITCHELL J D, HALE L C, OLSEN R O, et al. Positive Ions and the Winter Anomaly [J]. Radio Science, 1972, 7 (1): 175 - 179.

[30] KERSLEY L, RUSSELL C D, RICE D L. Phase Scintillation and Irregularities in the Northern Polar Ionosphere [J]. Radio Science, 2016, 30 (3): 619 - 629.

[31] BASLER R P, SCOTT T D, DUPUY R L. Irregularity Motions in the Polar Ionosphere [J]. Radio Science, 1973, 8 (8 - 9): 745 - 751.

[32] RAGHUNATH S, RATNAM D V. Maximum - Minimum Eigen Detector for Ionospheric Irregularities Over Low - Latitude Region [J]. IEEE Geoscience & Remote Sensing Letters, 2017 (99): 1 - 5.

[33] CERVERA M A, THOMAS R M, G K M, et al. Validation of WBMOD in the Southeast Asian Region [J]. Radio Science, 2001, 36 (6): 1559 - 1572.

[34] GUO W, CHEN J, LI Z. Quantitative Analysis of Faraday Rotation Impacts on Image Formation of Spaceborne VHF/UHF - SAR [C]. Geoscience and Remote Sensing Symposium. IEEE, 2014.

[35] FREEMAN A. Calibration of Linearly Polarized Polarimetric SAR Data Subject to Faraday Rotation [J]. IEEE Transactions on Geoscience & Remote Sensing, 2004, 42 (8): 1617 - 1624.

[36] BICKEL S H, BATES R H T. Effects of Magneto - ionic Propagation on the Polarization Scattering Matrix [J]. Proceedings of the IEEE, 1965, 53 (8): 1089 - 1091.

[37] QI R Y, JIN Y Q. Analysis of the Effects of Faraday Rotation on Spaceborne Polarimetric SAR Observations at P - Band [J]. IEEE Transactions on Geoscience & Remote Sensing, 2007, 45 (5): 1115 - 1122.

[38] CHEN J, QUEGAN S. Improved Estimators of Faraday Rotation in Spaceborne Polarimetric SAR Data [J]. IEEE Geoscience & Remote Sensing Letters, 2010, 7 (4): 846 - 850.

[39] QUEGAN S, ROGERS N C, PAPATHANASSIOU K P, et al. Ionospheric Mitigation Schemes and Their Consequences for BIOMASS Product Quality [R]. U. K.: The University of Sheffield, 2012.

第6章　射频干扰抑制技术

6.1　P波段SAR干扰抑制需求分析

  P波段SAR卫星系统因其信号波长较长，具有较强的穿透特性，具有其他波段SAR无可比拟的优势，在森林生物量探测、林下地形测绘、次地表探测、冻土层监测等方面发挥着日益重要的作用。然而，工作在P波段的SAR很容易受到同一波段的电视网、通信网等民用无线电设备和地基雷达等军用无线电设备的电磁信号干扰，主要是射频干扰（Radio Frequency Interference，RFI），如图6-1所示。这些干扰信号一般处于连续工作状态，而且发射功率较高，特别是地基雷达。因此，当干扰信号进入P波段星载SAR系统接收机将降低SAR图像的信噪比，且当干扰功率较大时，会在SAR图像中出现亮线，导致图像模糊，严重影响SAR系统成像质量，进而给后续SAR数据的定量化应用带来困难，甚至无法精确反演获取生物量数据。针对这一新特点，如何合理选择干扰抑制方法，在抑制效果和算法实现复杂度之间取得合理的平衡，并在有效抑制干扰信号的同时，尽量保持有用信号不失真，是P波段SAR卫星必须防范和解决的风险。

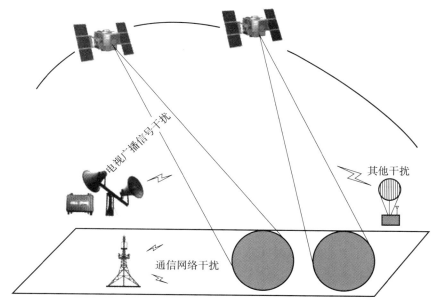

图6-1　P波段SAR卫星射频干扰示意图

6.2　P 波段星载 SAR 潜在射频干扰建模与影响分析

RFI 主要指 SAR 系统接收机受到同一频段的电视、广播、雷达以及通信系统等各种无线电辐射源的非相参电磁信号的干扰。由于 RFI 的存在，使得 SAR 回波的信干比下降，进而严重影响 SAR 图像质量，形成距离向的亮条纹，使得目标信息被干扰覆盖而无法判读。虽然 SAR 系统使用二维匹配滤波技术，使得 SAR 系统本身具有一定的抗干扰能力，但是由于 RFI 信号单程传播，高功率的干扰信号仍会对 SAR 系统造成不同程度的影响。与其他波段的星载 SAR 系统相比，由于 P 波段内存在大量广播、电视信号，使得 P 波段星载 SAR 系统更容易受到射频干扰的影响。本章首先对 P 波段干扰源进行广泛调研，根据调研的结果对干扰进行建模，然后采用所建干扰模型对 SAR 图像质量的影响进行了分析。

6.2.1　潜在干扰分析

在 P 波段星载 SAR 的工作频段内，密布着大量的广播电视信号，即所谓的射频干扰，RFI 严重影响 P 波段星载 SAR 系统的成像性能，调研的频段范围为 100 MHz～1 GHz。通过查询《中华人民共和国无线电频率划分规定》（最新版 2018 版），对 P 波段频段范围内的业务内容进行统计，包括固定、移动、无线电定位、广播、业余无线电业务等。

另外还存在一些人为无法控制的自然现象干扰，如日凌干扰、星蚀干扰、电离层闪烁干扰、雨衰雪衰干扰等，如图 6-2 和图 6-3 所示。

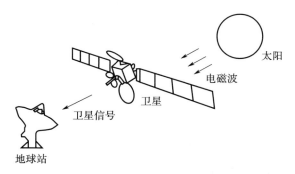

图 6-2　日凌干扰示意图

对这些无线电业务进行分析，发现其中主要存在的干扰形式有窄带干扰、宽带干扰，其中，宽带干扰包括线性调频型宽带干扰和正弦调制型宽带干扰。

6.2.2　干扰模型

根据上述对地面干扰源的分析，可将干扰构建成以下几种基本模型：

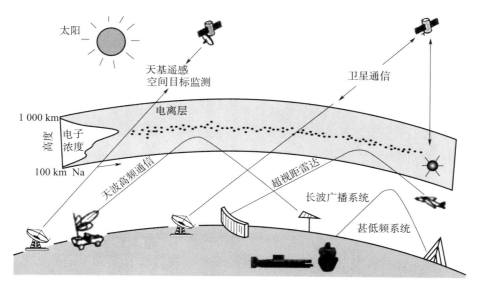

图 6 - 3　电离层干扰示意图

1）窄带干扰的模型可构建成以下形式：

$$rfi(n) = \sum_{m=1}^{N} A_m(n) \exp[i(2\pi f_m n)] \tag{6-1}$$

式中，N 表示干扰信号的数量；A_m、f_m 分别表示系统工作信号的幅度、载波频率。

2）线性调频型宽带干扰的模型可构建成以下形式：

$$rfi(n) = \sum_{m=1}^{N} A_m(n) \exp[i(2\pi f_m n + \pi g_l n^2)] \tag{6-2}$$

式中，N 表示干扰信号的数量；A_m、f_m、g_l 分别表示系统工作信号的幅度、载波频率、调频率。

正弦调制型宽带干扰的模型可构建成以下形式：

$$rfi(n) = \sum_{m=1}^{N} A_m(n) \exp[ig_l \sin(2\pi f_m n + \theta_l)] \tag{6-3}$$

式中，N 表示干扰信号的数量；A_m、f_m、g_l、θ_l 分别表示系统工作信号的幅度、载波频率、调频率和相位。

6.2.3　影响分析

在欧洲实测 ERS 雷达回波的某一距离维回波数据上分别添加窄带干扰、线性调频型宽带干扰和正弦调制型宽带干扰三种联合干扰，取其中单次方位回波数据观察其频域与时频谱图，如图 6 - 4 所示。

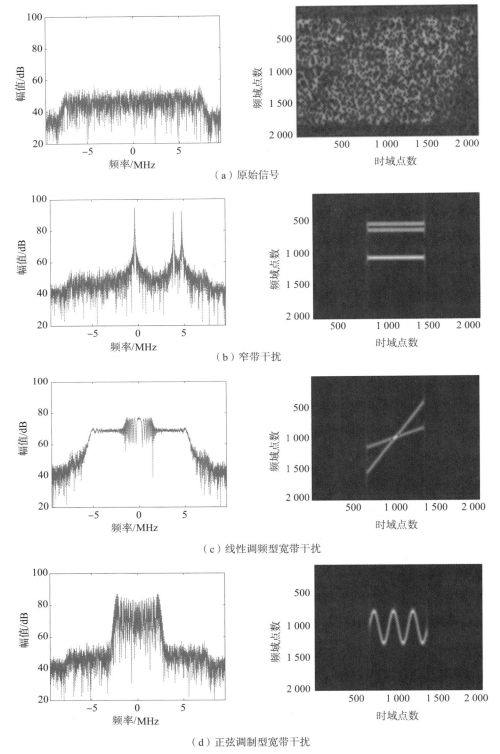

（a）原始信号

（b）窄带干扰

（c）线性调频型宽带干扰

（d）正弦调制型宽带干扰

图 6 - 4　不同干扰情况下频谱及时频谱比较图（见彩插）

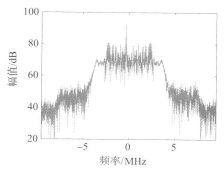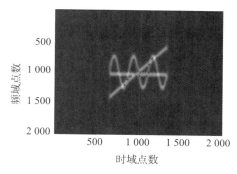

（e）复杂非平稳干扰

图 6-4　不同干扰情况下频谱及时频谱比较图（续，见彩插）

图 6-4（a）为原始图像的频谱与时频谱图，其频谱图呈现随机噪声分布，频域可以看作多个线性调频信号频谱的叠加。图 6-4（b）在图 6-4（a）基础上加入了 3 处不同频率的窄带干扰，在频域上对应有 3 处尖峰，时频谱图上的窄带干扰表现出窄带干扰的频率不随时间变化的特点。图 6-4（c）在其基础上加入了 2 个调频率不同的线性调频型宽带干扰。图 6-4（d）在其基础上加入了正弦调制型宽带干扰。可以看出两类宽带干扰在原始图像基础上均有一个较宽的带宽凸起，其实质可看作多个复正弦信号的叠加。线性调频型宽带干扰表现出其频率随时间线性变化的特点；正弦调制型宽带干扰表现出其频率随时间以正弦波线性变化的特点。图 6-4（e）展示了上述三种干扰叠加后的干扰频谱与时频谱图，这一类复杂非平稳干扰是目前干扰抑制领域研究的难点问题。

图 6-5（a）为未加入干扰的原始图像，图 6-5（b）为加入图 6-4（e）联合干扰后的图像。可以看出，原始图像受干扰影响的部分呈现条纹状的白带，对地物场景产生了遮盖，将会影响后续的图像解译处理。

（a）原始图像

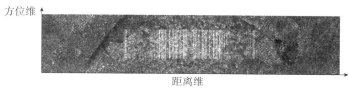

（b）联合干扰后图像

图 6-5　加入干扰前后成像结果对比图

6.3 星载 SAR 系统抗干扰能力分析

SAR 作为一种二维相关处理系统，具有一定的抗干扰能力，这里对 SAR 的抗干扰性能进行分析。

射频干扰占优的是干扰为单程传播，即电磁波直接从干扰机传播到 SAR 接收机，而 SAR 回波为双程传播，即电磁波从 SAR 发射机到目标，再经过目标后向散射返回 SAR 接收机，SAR 占优的是它的匹配接收方式，相对于干扰具有相干积累增益。

假设 SAR 发射机的发射功率为 P，天线的增益为 G（假设天线收发共用），SAR 平台与目标的距离为 R，目标的雷达散射截面面积为 σ，传输损耗因子为 K_s（$K_s > 1$），雷达中心波长是 λ，接收天线的有效接收面积 $A = \dfrac{G\lambda^2}{4\pi}$，雷达的接收机输入信号功率是 P_r，则有

$$P_r = \frac{PG}{4\pi R^2} \frac{s}{4\pi R^2} A \frac{1}{K_s} = \frac{PG^2 \lambda^2 s}{(4\pi)^3 R^4 K_s}$$
$$= \frac{PA^2 s}{4\pi R^4 K_s \lambda^2} \qquad (6-4)$$

接收机的噪声功率为

$$P_n = kT_0 B_n \qquad (6-5)$$

式中，k 为玻耳兹曼常数，$k = 1.38 \times 10^{-23}$ J/K；B_n 为等效噪声功率谱宽度；T_0 为总的等效噪声温度，包括天线产生的电噪声。假设接收机噪声系数为 F_n，则接收机的输出信噪比为

$$\mathrm{SNR}_0 = \frac{P_r}{P_n F_n} = \frac{PG^2 \lambda^2 s}{(4\pi)^3 R^4 K_s k T_0 B_n F_n} \qquad (6-6)$$

对于 SAR 系统而言，由于 SAR 通过距离向和方位向的脉冲压缩获得信噪比改善因子，所以最终输出的 SAR 图像的信噪比要考虑匹配滤波过程中的压缩增益。在脉冲压缩雷达中，信噪比改善因子是以脉冲压缩前与压缩后的脉冲宽度的比值给出的。在 SAR 成像的过程中，距离向和方位向都采用脉冲压缩手段来对线性调频信号进行匹配滤波，获得聚焦的 SAR 图像。在对距离向进行匹配滤波时，受到接收机系统的带限滤波限制，输入的噪声功率谱宽与距离向的线性调频信号的谱宽相同，距离向信噪比改善因子等于距离向线性调频信号的时宽带宽积，可以表示为

$$w_r = B_r T_p \qquad (6-7)$$

式中，B_r、T_p 分别表示为 SAR 系统发射信号的带宽和脉冲宽度。

在对方位进行匹配滤波时，输入噪声是经过 SAR 脉冲重复频率采样的白噪声，不同于方位向的带宽，不能使用方位向线性调频信号的时宽带宽积来表示，方位向信噪比改善因子可以表示为

$$w_a = B_a L_s N_a \cdot \frac{PRF}{uB_a} = L_s N_a \frac{PRF}{u} \qquad (6-8)$$

式中，B_a、L_s 分别表示 SAR 系统的多普勒带宽和合成孔径长度；u 表示平台速度，方位向的信噪比改善因子约等于合成孔径内的发射脉冲的数目 N_a。为了表达简洁，没有考虑加窗引起的损耗。

考虑 SAR 成像过程中的压缩增益后，SAR 图像的信噪比公式可以表示为

$$
\begin{aligned}
\mathrm{SNR}_0 &= \frac{PG^2\lambda^2 s}{(4\pi)^3 R^4 K_s k T_0 B_n F_n} w_r w_a \\
&= \frac{PG^2\lambda^2 s}{(4\pi)^3 R^4 K_s k T_0 B_n F_n} B_r T_p \frac{L_s PRF}{u} \qquad (6-9) \\
&= \frac{PA^2 s}{4\pi R^4 K_s k T_0 B_n F_n} B_r T_p \frac{L_s PRF}{u}
\end{aligned}
$$

射频干扰是单程传播，则雷达接收机接收到的干扰信号功率为

$$
P_J = P_j G_j \frac{A}{4\pi R^2 K_s} = P_j G_j G \frac{\lambda^2}{4\pi R^2 K_s} \qquad (6-10)
$$

式中，P_j 表示干扰机的发射功率；G_j 表示干扰机的天线增益系数；R 为干扰机距 SAR 接收机的距离，这里考虑干扰机就在 SAR 波束覆盖的区域内。为方便起见，假设干扰机的天线方向正对 SAR 接收机，则干扰功率与回波功率的比为

$$
\psi = \frac{P_J}{P_r} = \frac{P_j G_j}{P_t G} \frac{4\pi R^2}{s} \qquad (6-11)
$$

虽然 SAR 系统一般具有很高的压缩增益，有一定的抗干扰能力，但是干扰由于单程优势，功率往往会比回波高出许多，所以必须对干扰进行抑制，以保证 SAR 系统的可靠性能。

6.4 干扰抑制算法

本节将针对图 6-4（e）所示的复杂非平稳干扰，比较分析不同干扰抑制算法的有效性。

6.4.1 频域陷波法

频域陷波法是最常见的解决干扰的方法，通过设置门限将超过的部分去除来达到抑制干扰的效果。其基本步骤如下：

步骤 1：干扰信号作距离维傅里叶变换。

步骤 2：设定门限，取干扰信号的期望与 3 倍标准差的和，若干扰功率过大，可以适当调整选取标准差的倍率。

步骤 3：陷波处理，主要有归零法、设立衰减系数和取均值法，这里采取归零法。

步骤 4：对数据作傅里叶逆变换，获得抑制窄带干扰后的回波。

处理干扰的结果如图 6-6 所示，时频图上的干扰已基本消去，但与图 6-5（a）频谱上对比实际成像可以看出陷波法处理会导致频谱断裂并且大量原始数据丢失，导致目标响

应旁瓣能量升高和空间分辨率降低。

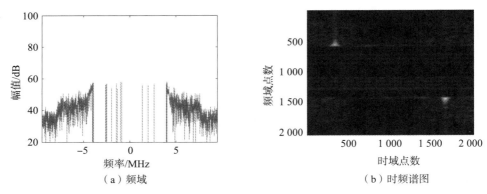

（a）频域　　　　　　　　　　　　　（b）时频谱图

图 6 - 6　复杂非平稳干扰情况下陷波处理结果图（见彩插）

6.4.2　最小均方算法

最小均方算法是使输入信号和期望信号之间的误差均方值最小，从而使输入信号尽可能逼近期望信号。其基本步骤如下：

步骤 1：确定原始信号 x 和期望信号 $d(n)$，初始化权值迭代系数 $w(n)$，步长 μ。

步骤 2：迭代循环，依次计算

$$y(n) = w(n)x^{\mathrm{T}} \tag{6-12}$$

$$e(n) = d(n) - y(n) \tag{6-13}$$

$$w = w + \mu e(n)x(n) \tag{6-14}$$

步骤 3：判断是否满足迭代次数。若满足则算法结束，输出结果 $y(n)$；否则，转入第 2 步继续循环。当步长 μ 选择过大导致均方误差过大，则会出现数据溢出的情况，而滤波器的抽头数 N 选择过小，则会导致收敛速度缓慢。

处理结果如图 6 - 7 所示，从频谱上可以看出其可以有效抑制窄带干扰，但从时频图中还有大量的宽带干扰能量残余。

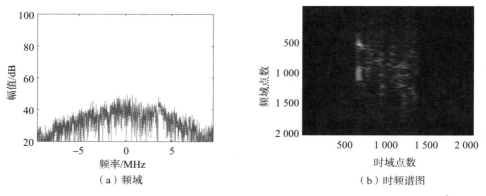

（a）频域　　　　　　　　　　　　　（b）时频谱图

图 6 - 7　复杂非平稳干扰情况下 LMS 处理结果（见彩插）

6.4.3　自适应线谱增强器算法

Vu 等人提出采用自适应线谱增强器来抑制 RFI，其特点是期望信号 $d(n)$ 无需噪声参考信号，而是利用输入信号的延迟信号 $x(n-\tau)$，其余步骤等同 LMS 算法。输入信号包括宽带干扰和窄带信号时，如果延迟信号 τ 大于宽带干扰的自相关函数的有效宽度而小于窄带信号的有效宽度，则利用 LMS 滤波器将使宽带干扰与延时宽带干扰无关，窄带信号与延时窄带信号相关，从而将窄带信号从宽带干扰中分离出来。

该方法处理窄带干扰效果与 LMS 处理结果类似，如图 6-8 所示，从时频图上可以看出窄带干扰已经消去，但宽带干扰仍有很大残留。

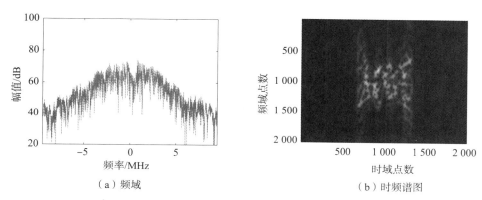

（a）频域　　　　　　　　　　（b）时频谱图

图 6-8　复杂非平稳干扰情况下 ALE 处理结果（见彩插）

6.4.4　特征子空间分解法

特征子空间分解法利用干扰信号与接收信号正交的特性，对原始数据的协方差矩阵进行特征值分解，找出特征值中明显较大的值，与之对应的特征向量构成干扰子空间，将原始数据投影到干扰子空间，即可得到对干扰数据的估计；然后从原始数据中减去估计所得的干扰数据，即为干扰抑制后的回波数据，处理结果如图 6-9 所示。从图中可见，宽带干扰一定程度上被抑制，但仍存在干扰残留。

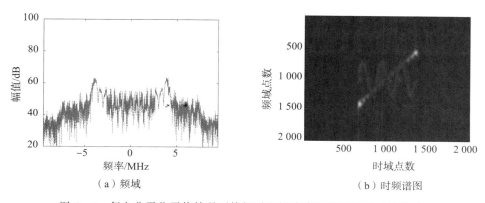

（a）频域　　　　　　　　　　（b）时频谱图

图 6-9　复杂非平稳干扰情况下特征子空间滤波法处理结果（见彩插）

6.4.5　时频域非相干滤波

时频域非相干处理干扰的基本步骤如下：

步骤 1：将输入信号作短时傅里叶变换，得到轴坐标为时间-频率的二维矩阵。

步骤 2：对矩阵每个时间点上的频谱设置门限，判定存在干扰较严重的频谱。对含有干扰较严重的频谱设置增益系数去除干扰。

步骤 3：将处理过的信号进行短时傅里叶逆变换，得到去除干扰后的数据。

非相干检测干扰无须利用信号的相位信息，原理较为简单，处理大功率干扰时效果显著。处理干扰的结果如图 6 - 10 所示。显然，干扰处理效果很好，且无明显宽带干扰残留。

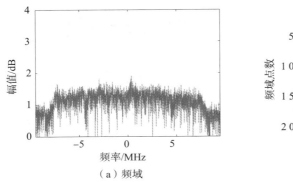

（a）频域

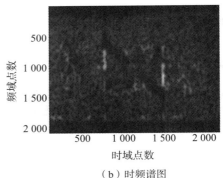

（b）时频谱图

图 6 - 10　复杂非平稳干扰情况下时频非相干滤波处理结果（见彩插）

6.4.6　时频域相干滤波

时频域相干滤波法是针对特征子空间抑制窄带干扰较好，处理宽带干扰不干净而提出的一种改进措施，其具体原理是利用短时傅里叶变换将带干扰的非平稳信号分解到时频域上。由于在时频域上宽带干扰的能量分布被打散到每一条瞬时频谱上，因此每个瞬时频谱上的干扰可以视作窄带干扰，此时用特征子空间法进行分解重构，便可以抑制掉原来的宽带干扰。其具体步骤如下：

步骤 1：将输入信号作短时傅里叶变换，得到轴坐标为时间-频率的二维矩阵。

步骤 2：将时频谱上的每个频点对应的向量作特征子空间分解，求出对应的干扰子空间及其特征值进行正交，之后对每一个频点重构。

步骤 3：将处理过的信号进行逆短时傅里叶变换，得到去除干扰后的数据。

处理干扰的结果如图 6 - 11 所示。相比经典特征子空间分解法，其抑制干扰更为干净。

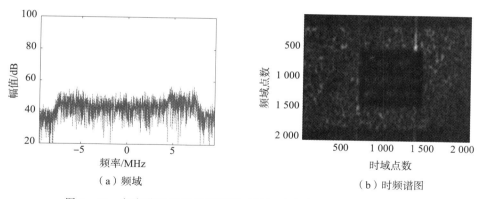

（a）频域　　　　　　　　　　（b）时频谱图

图 6 - 11　复杂非平稳干扰情况下时频相干滤波处理结果（见彩插）

6.4.7　算法性能比较

本文选择数据处理前后的信噪比（SNR）和处理增益（Processing Gain，PG）作为算法性能比较的客观性指标，其定义如下：

$$\mathrm{RMS}(x) = \frac{1}{\sqrt{N}} \parallel x \parallel_2 \tag{6-15}$$

$$R = 20 \log_{10} \frac{\mathrm{RMS}(x)}{\mathrm{RMS}(x_1 - x)} \tag{6-16}$$

式中，R 为信噪比（SNR）。

$$G = 20 \left[\log_{10} \frac{\mathrm{RMS}(x)}{\mathrm{RMS}(x_1 - x)} - \log_{10} \frac{\mathrm{RMS}(x)}{\mathrm{RMS}(y - x)} \right] \tag{6-17}$$

式中，G 为处理增益（PG）；x 表示原始图像数据；x_1 表示干扰抑制后的图像数据；y 表示加入干扰后的图像数据。

几种处理干扰算法对应的处理增益（PG）见表 6 - 1。从表中可以看出，LMS 和 ALE 算法的 PG 大于 0 但远低于其余方法，说明其抑制窄带干扰有一定的效果，但处理宽带干扰效果欠佳，对应第 6.4.2 节、第 6.4.3 节频谱和时频谱图的结果。剩下的方法都可以在一定程度上抑制宽带干扰，但频域陷波法、特征子空间分解法的增益稍低于两类时频滤波方法，说明后者处理宽带干扰的效果更好。

表 6 - 1　干扰方法抑制效果对比

抑制方法	PG/dB
频域陷波法	19.29
LMS	9.10
ALE	8.59
特征子空间分解法	21.33
时频域非相干滤波	24.08
时频域相干滤波	26.25

　　从结果上看,本章几种抑制 RFI 的方法均有一定的作用。由于 LMS 算法的局限性,在正常步长的调整范围内未能抑制干扰。ALE 理论上可以很好地抑制窄带信号中的宽带干扰,但当信号为宽带信号时,它不能把信号从宽带干扰中提取出来。其余方法均能对宽带干扰有一定的抑制作用,但是频域陷波法会造成频谱断裂;经典特征子空间分解法的频谱并未与原始信号的频谱相匹配,同时时频图上仍有模糊的残留的宽带干扰。相比之下,时频滤波算法抑制宽带干扰造成的信号损失最小,比较适合处理复杂非平稳干扰。

6.5　干扰侦听与跳频规避方案

　　针对 P 波段存在的特殊干扰环境和定量化遥感应用需求,在 P 波段 SAR 干扰抑制技术的基础上,针对星载系统特点,采用预先侦收与主动跳频规避方案等来提升系统的主动干扰抑制能力。图 6-12 为中国电科 38 所 2016 年 1 月 18 日在海南三亚获取的 SAR 图像距离向频谱分析图,可以清楚地看出频谱中同时存在窄带和宽带干扰信号,且干扰信号电平高于有用地物回波信号电平 10～30 dB 左右。但在部分区间干扰的数量和强度明显小于其他区域。

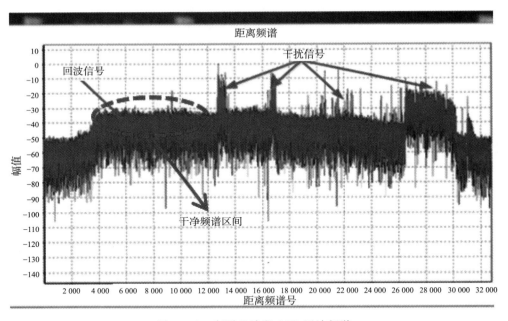

图 6-12　实测 P 波段 SAR 回波频谱

　　在系统最大工作带宽 196 MHz 的情况下,针对大多数地物目标,5 m、10 m 距离向地距分辨率需求带宽远远低于系统的设计带宽。因此,可将 410～606 MHz 工作频率范围设计成多个工作频率区间。预先侦收与主动跳频规避实际工作步骤如图 6-13 所示。

　　步骤 1:成像开始前,利用平板有源相控阵天线体制波束灵活扫描优势,系统调整波束指向待成像区域,开启 196 MHz 全频带只接收功能,侦听成像区域干扰信号。

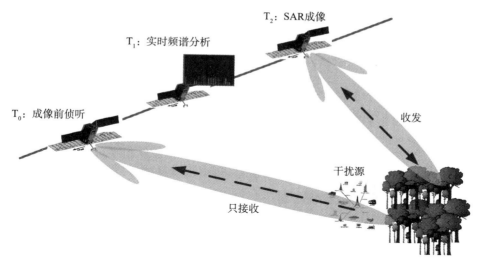

图 6 - 13　预先侦收与跳频规避模式示意图

　　步骤 2：通过系统在轨实时 FFT 处理和频谱分析，确定干扰最小的频率区间后反馈至主控模块，中央电子设备内部的主控模块下发指令设定相应的中心频点和带宽等参数，波束控制器完成天线阵面单机的布相功能，做好成像准备。

　　步骤 3：雷达到达预定区域上空，开机成像获取目标区图像数据。

　　通过主动跳频规避设计，系统可最大程度避免地面射频干扰对成像性能的影响，其成像脉冲中侦听干扰信号可用于每个接收到的脉冲回波信息干扰精准对齐抑制，摒除传统的干扰抑制算法干扰估计时将部分有用地物回波信息识别为干扰信号，最终造成有用信息散失的问题。另外值得一提的是，采用上述方案完成全球重点监测区域获取后，即可形成该区域的射频干扰数据库，为后续进行成像参数预设置提供数据支撑。

参 考 文 献

［1］ PHYSICSASTRONOMY B O，SCIENCES E P，et al. National academies of sciences，engineering，and medicine. a strategy for active remote sensing amid increased demand for radio spectrum ［M］. Washington DC：National Academies Press，2015.

［2］ 李永祯，黄大通，邢世其，等. 合成孔径雷达干扰技术研究综述［J］. 雷达学报，2020，9（5）：753－764.

［3］ LI Y，HUANG D，XING S，et al. A review of synthetic aperture radar jamming technique ［J］. Journal of Radars，2020，9（5）：753－764.

［4］ LENG X G，JI K F，ZHOU S，et al. Discriminating ship from radio frequency interference based on noncircularity and non－gaussianity in Sentinel－1 SAR imagery ［J］. IEEE Transactions on Geoscience and Remote Sensing，2019，57（1）：352－363.

［5］ YANG H Z，C CHEN，CHEN S Y，et al. SAR RFI suppression for extended scene using interferometric data via joint low－rank and sparse optimization ［J］. IEEE Geoscience and Remote Sensing Letters，2021，18（11）：1976－1980.

［6］ 陈筠力，陶明亮，李劼爽，等. 合成孔径雷达射频干扰抑制技术进展及展望［J］. 上海航天（中英文），2021，38（2）：1－13.

［7］ 丁斌，向茂生，梁兴东. 射频干扰对机载 P 波段重复轨道 InSAR 系统的影响分析［J］. 雷达学报，2012，1（1）：82－90.

［8］ DING B，XIANG M，LIANG X. Analysis of the effect of radio frequency interference on repeat track airborne in SAR system ［J］. Journal of Radars，2012，1（1）：82－90.

［9］ 邓云凯，禹卫东，张衡，等. 未来星载 SAR 技术发展趋势［J］. 雷达学报，2020，9（1）：1－33.

［10］ DENG Y，YU W，ZHANG H，et al. Forthcoming spaceborne SAR development ［J］. Journal of Radars，2020，9（1）：1－33.

［11］ 王樱洁，王宇，禹卫东，等. See－Earth：高频时序多维地球环境监测 SAR 星座［J］. 雷达学报，2021，10（6）：842－864.

［12］ WANG Y，WANG R，YU W，et al. See－Earth：SAR constellation with dense time－series for multi－dimensional environmental monitoring of the earth ［J］. Journal of Radars，2021，10（6）：842－864.

［13］ MATTHAEIS P，OLIVA R，SOLDO Y. Spectrum management and its importance for microwave remote sensing ［J］. IEEE Geoscience and Remote Sensing Magazine，2018（6）：17－25.

［14］ ITU，Radio Regulations ［OL］. https：//www.itu.int/pub/R－REG－RR. 2020.

［15］ 工业和信息化部，中华人民共和国无线电频率划分规定［R］. 2018.

［16］ CARREIRASA J，QUEGAN S，TOAN T，et al. Coverage of high biomass forests by the ESA BIOMASS mission under defense restrictions ［J］. Remote Sensing of Environment，2017（196）：154－162.

[17]　工业和信息化部，国防科工局. 遥感和空间科学卫星无线电频率资源使用规划（2019 — 2025 年）[R] . 2019.

[18]　ITU - R RS. 1260，Feasibility of sharing between active spaceborne sensors and other services in the range 420 - 470 MHz [OL]. 2017.

[19]　MATTHAEIS P. Earth microwave remote sensing and the electromagnetic spectrum [J] . ITU News Magazine，2020（6）：30 - 34.

[20]　ITU - R RS. 1166，Performance and interference criteria for active spaceborne sensors，2009.

[21]　BOLLIAN T，YOUNIS M，KRIEGER G，et al. On - Ground RFI mitigation for spaceborne multichannel SAR systems using auxiliary beams [J] . IEEE Transactions on Geoscience and Remote Sensing，2022，60（1）：1 - 15.

[22]　LENG X G，JI K F，KUANG G Y. Radio frequency interference detection and localization in Sentinel - 1 images [J] . IEEE Transactions on Geoscience and Remote Sensing，2021，99（1）：1 - 12.

[23]　陈筠力，李劼爽，侯雨生，等. 低波段天基雷达射频干扰机理及抑制方法 [J] . 上海航天（中英文），2020，37（5）：48 - 55.

[24]　TAO M，SU J，WANG L，et al. Characterization of terrain scattered interference from space - borne active sensor：a case study in Sentinel - 1 image [C] . IEEE International Geoscience and Remote Sensing Symposium，Yokohama，Japan，2019：1 - 4.

[25]　YANG H Z，TAO M L，CHEN S Y，et al. On the mutual interference between spaceborne SARs：modeling，characterization，and mitigation [J] . IEEE Transactions on Geoscience and Remote Sensing，2021：1 - 16.

[26]　S - 1 Mission Performance Center. Sentinel - 1 long duration mutual interference [OL].

[27]　SPENCER M，CHEN C，GHAEMI H，et al. RFI characterization and mitigation for the SMAP radar [J] . IEEE Transactions on Geoscience and Remote Sensing，2013，51（10）：4973 - 4982.

[28]　JOHNSON J T，BALL C，CHEN C C，et al. Real - time detection and filtering of radio frequency interference onboard a spaceborne microwave radiometer：the cuberrt mission [J] . IEEE Journal of Selected Topics in Applied Earth Observations and Remote Sensing，2020（13）：1610 - 1624.

[29]　MEYER F，NICOLL J，DOULGERIS A. Correction and characterization of radio frequency interference signatures in L - band synthetic aperture radar data [J] . IEEE Transactions on Geoscience and Remote Sensing，2013，51（10）：4961 - 4972.

[30]　MONTI - GUARNIERI A，ALBINET C，COTRUFO A，et al. Passive sensing by sentinel - 1 SAR：methods and applications [J]. Remote Sensing of Environment，2022（270）：1 - 17.

[31]　PARIKSHIT P，AGGARWAL K，RAMANUJAM V. RFI detection and mitigation in SAR data [C] //URSI Asia - Pacific Radio Science Conference（AP - RASC）. New Delhi，India，2019：1 - 4.

[32]　LI Y，GUARNIERI A，HU C，et al. Performance and requirements of GEO SAR systems in the presence of radio frequency interferences [J] . Remote Sensing，2018，10（1）：82.

[33]　LEANZA A，MANZONI M，MONTI - GUARNIERI M，et al. LEO to GEO - SAR interferences：modelling and performance evaluation [J] . Remote Sensing，2019，11（14）：1720.

[34]　IEEE standard p4006，standard for remote sensing frequency band radio frequency interference（RFI）impact assessment [OL]. 2022.

[35]　IEEE frequency allocation in remote sensing technical committee. FARS RFI Database Tool

［OL］. 2022.

［36］ TAO M L, SU J, HUANG Y, et al. Mitigation of radio frequency interference in synthetic aperture radar data: current status and future trends ［J］. Remote Sensing, 2019, 11 (20): 24 - 38.

［37］ 黄岩, 赵博, 陶明亮, 等. 合成孔径雷达抗干扰技术综述 ［J］. 雷达学报, 2020, 9 (1): 86 - 106.

［38］ HUANG Y, ZHAO B, TAO M, et al. Review of synthetic aperture radar interference suppression ［J］. Journal of Radars, 2020, 9 (1): 86 - 106.

［39］ HUANG Y, ZHANG L, LI J, et al. Reweighted tensor factorization method for SAR narrowband and wideband interference mitigation using smoothing multiview tensor model ［J］. IEEE Transactions on Geoscience and Remote Sensing, 2020, 58 (5): 3298 - 3313.

［40］ LYU Q, HAN B, LI G, et al. SAR interference suppression algorithm based on low - rank and sparse matrix decomposition in time - frequency domain ［J］. IEEE Geoscience and Remote Sensing Letters, 2022, 19 (1): 1 - 5.

［41］ JOY S, NGUYEN L H, TRAN T D. Joint down - range and cross - range RFI suppression in ultra - wideband SAR ［J］. IEEE Transactions on Geoscience and Remote Sensing, 2021, 59 (4): 3136 - 3149.

［42］ LU X, YANG J, YEO T S, et al. Accurate SAR image recovery from RFI contaminated raw data by using image domain mixed regularizations ［J］. IEEE Transactions on Geoscience and Remote Sensing, 2022, 60 (1): 1 - 13.

［43］ YANG H Z, CHEN C Z, CHEN S Y, et al. SAR RFI suppression for extended scene using interferometric data via joint low - rank and sparse optimization ［J］. IEEE Geoscience and Remote Sensing Letters, 2021, 18 (11): 1976 - 1980.

［44］ TAO M L, LAI S Q, LI J S, et al. Extraction and mitigation of radio frequency interference artifacts based on time - series sentinel - 1 SAR data ［J］. IEEE Transactions on Geoscience and Remote Sensing, 2022 (60): 1 - 11.

［45］ NGUYEN L, TRAN T. Efficient and robust RFI extraction via sparse recovery ［J］. IEEE Journal of Selected Topics in Applied Earth Observations and Remote Sensing, 2016, 9 (6): 2104 - 2117.

［46］ LU X Y, YANG J C, YU W C, et al. Enhanced lrr - based RFI suppression for SAR imaging using the common sparsity of range profiles for accurate signal recovery ［J］. IEEE Transactions on Geoscience and Remote Sensing, 2021, 59 (2): 1302 - 1318.

［47］ DING Y, FAN W W, ZHANG Z Z, et al. Radio frequency interference mitigation for synthetic aperture radar based on the time - frequency constraint joint low - rank and sparsity properties ［J］. Remote Sensing, 2022, 14 (3): 1 - 14.

［48］ HUANG Y, ZHANG L, LI J, et al. Reweighted tensor factorization method for sar narrowband and wideband interference mitigation using smoothing multiview tensor model ［J］. IEEE Transactions on Geoscience and Remote Sensing, 2020, 58 (5): 3298 - 3313.

［49］ LI N, LV Z S, GUO Z. Pulse RFI mitigation in synthetic aperture radar data via a three - step approach: location, notch, and recovery ［J］. IEEE Transactions on Geoscience and Remote Sensing, 2022, 60 (1): 1 - 17.

［50］ 郭华东, 张露. 雷达遥感六十年: 四个阶段的发展 ［J］. 遥感学报, 2019, 23 (6): 1023 - 1035.

［51］ GUO H D, ZHANG L. 60 years of radar remote sensing: Four - stage development ［J］. Journal of

Remote Sensing，2019，23（6）：1023 - 1035.

［52］　YU J F，LI J W，SUN B，et al. Multiclass radio frequency interference detection and suppression for sar based on the single shot multibox detector［J］. Sensors，2018，18（11）：1 - 17.

［53］　FAN W W，ZHOU F，TAO M L，et al. Interference mitigation for synthetic aperture radar based on deep residual network［J］. Remote Sensing，2019，11（14）：1 - 26.

［54］　CHOJKA A，ARTIEMJEW P，RAPINSKI J. RFI artefacts detection in Sentinel - 1 level - 1 SLC data based on image processing techniques［J］. Sensors，2020，20（10）：2919.

［55］　ARTIEMJEW P，CHOJKA A，RAPINSKI J. Deep learning for RFI artifact recognition in sentinel - 1 data［J］. Remote Sensing，2021，13（1）：1 - 12.

［56］　黄钟泠，姚西文，韩军伟. 面向 SAR 图像解译的物理可解释深度学习技术进展与探讨［J］. 雷达学报，2022，11（1）：107 - 125.

［57］　HUANG Z，YAO X，HAN J. Progress and perspective on physically explainable deep learning for synthetic aperture radar image interpretation［J］. Journal of Radars，2022，11（1）：107 - 125.

［58］　REICHSTEIN M，CAMPS - VALLS G，STEVENS B，et al. Deep learning and process understanding for data - driven earth system science［J］. Nature，2019，566（7743）：195 - 204.

［59］　MONGA V，LI Y，ELDAR Y C. Algorithm unrolling：interpretable，efficient deep learning for signal and image processing［J］. IEEE Signal Processing Magazine，2021，38（2）：18 - 44.

［60］　XU Z B，SUN J. Model - driven deep - learning［J］. National Science Review，2018，5（1）：22 - 24.

［61］　TAO M L，LI J S，SU J，et al. Characterization and removal of c artifacts in radar data via model - constrained deep learning approach［J］. Remote Sensing，2022，14（7）：1578.

第 7 章　在轨定标

7.1　概述

随着星载 SAR 技术的不断发展，对 SAR 图像的定量化应用越来越迫切，特别是对 SAR 图像的辐射特性的定量化应用需求，希望能够通过星载 SAR 图像获取地面观测区域的后向散射特性，进而定量化研究地表的物理特性。辐射精度是衡量辐射定标后 SAR 图像反演目标后向散射特性精确程度的图像质量指标，为获取高精度辐射特性结果，需要在轨进行辐射定标。

由于 P 波段微波信号具有较强的穿透性，P 波段 SAR 卫星系统在全球测图、森林资源调查与生态环境监测等国家需求方面具有巨大的应用潜力，成为当前 SAR 技术研究的一个重要发展方向。目前，欧洲空间局已立项研制 P 波段 SAR 卫星，预计 2022 年底发射，我国也已开展该技术的前期论证工作；但由于星载 SAR 系统在对地观测过程中，受系统信号通道因素会产生通道串扰、通道不平衡等极化误差；同时，由于穿透雷达波长较长，在信号通过地球电离层时会产生严重的法拉第旋转问题，这两种因素会导致观测影像质量下降，不能反映地表目标的真实状况；为满足相关研究应用对影像的精度需求，在设计 P 波段 SAR 系统的同时，针对系统观测中引起的通道串扰、通道不平衡、相位误差和电离层引起的法拉第旋转误差进行极化定标，是保障 P 波段星载 SAR 系统影像质量的关键，对观测影像在林业、测绘、次地表目标探测等相关领域的成功应用具有重要意义。

除辐射定标和极化定标外，为进一步提升 P 波段 SAR 卫星的目标定位精度和波束指向精度，通常会进行波束指向在轨定标与修正、在轨联合斜距定标。

7.2　辐射定标

7.2.1　图像产品的雷达方程

对于分布目标，以条带模式为例，根据雷达方程可以得到接收机的输出信号功率

$$
\begin{aligned}
P_r &= \frac{P_t \cdot L \cdot G_r \cdot G^2(\theta, \varphi) \cdot \lambda^2}{(4\pi)^3 \cdot R^4} \cdot (\sigma^0 \cdot \Delta x \cdot \Delta R_g) + P_n \\
&= \frac{P_t \cdot L \cdot G_r \cdot G^2(\theta, \varphi) \cdot \lambda^2}{(4\pi)^3 \cdot R^4} \cdot \left(\sigma^0 \cdot \frac{\lambda R}{L_a} \cdot \frac{c\tau_p}{2\sin\eta}\right) + P_n \qquad (7-1) \\
&= \frac{P_t \cdot L \cdot G_r \cdot G^2(\theta, \varphi) \cdot \lambda^3 \cdot c\tau_p}{2(4\pi R)^3 \cdot L_a \cdot \sin\eta} \cdot \sigma^0 + P_n
\end{aligned}
$$

式中，$\Delta x \cdot \Delta R_g$ 为压缩前的分辨单元，$\Delta x = \lambda R / L_a$，$\Delta R_g = c\tau_p / (2\sin\eta)$；$P_t$ 为发射功率；G_r 为接收增益；$G^2(\theta,\varphi)$ 为双程天线方向图（由于是单通道条带模式，可以假设天线收发是互易的）；L 为空间传播损耗；R 为斜距；η 为入射角；P_n 为热噪声功率；λ 为波长；c 为光速；τ_p 为脉冲宽度；L_a 为天线长度；σ^0 为目标的后向散射系数。

经成像处理后的图像像素值的平均功率为

$$
\begin{aligned}
\bar{P}_r &= \frac{P_t \cdot L \cdot G_r \cdot G^2(\theta,\varphi) \cdot \lambda^2}{(4\pi)^3 \cdot R^4} \cdot (\sigma^0 \cdot \delta x \cdot \delta R_g) \cdot (n \cdot N_I^2 \cdot W_L) + \bar{P}_n \cdot (n \cdot N_I \cdot W_L) \\
&= \frac{P_t \cdot L \cdot G_r \cdot G^2(\theta,\varphi) \cdot \lambda^2}{(4\pi)^3 \cdot R^4} \cdot \left(\sigma^0 \cdot \frac{L_a}{2} \cdot \frac{c}{2B\sin\eta}\right) \cdot (n \cdot N_I^2 \cdot W_L) + \bar{P}_n \cdot (n \cdot N_I \cdot W_L) \\
&= \frac{P_t \cdot L \cdot G_r \cdot G^2(\theta,\varphi) \cdot \lambda^2 \cdot L_a \cdot c}{4(4\pi)^3 R^4 \cdot B \cdot \sin\eta} \cdot \sigma^0 \cdot (n \cdot N_I^2 \cdot W_L) + \bar{P}_n \cdot (n \cdot N_I \cdot W_L)
\end{aligned}
$$

$$(7-2)$$

式中，δx 和 δR_g 为图像方位和地面距离分辨单元的尺寸，$\delta x \approx L_a/2$，$\delta R_g = c/(2B\sin\eta)$；$N_I = L_r L_{az}$，为相关处理过程中积累采样的数目，$L_r$ 和 L_{az} 分别为距离向和方位向参考函数的长度；$W_L = W_r W_{az}$，为由于距离向和方位向加权函数造成的峰值信号强度的总损失，W_r 和 W_{az} 分别为距离向和方位向参考函数加权损失因子；n 为多视数或非相干叠加的分辨单元数。因为热噪声样本没有进行相干叠加，所以式（7-2）中的第二项乘以 N_I（而不是 N_I^2）。

由于不同的成像处理算法会产生不同的成像处理器增益，所以成像处理器增益需要根据具体的成像处理方法计算确定，为此，设定成像处理器对信号的增益为 K_S，成像处理器对热噪声的增益为 K_N，由此可将式（7-2）变为

$$
\bar{P}_r = \frac{P_t \cdot L \cdot G_r \cdot G^2(\theta,\varphi) \cdot \lambda^2 \cdot L_a \cdot c}{4(4\pi)^3 R^4 \cdot B \cdot \sin\eta} \cdot \sigma^0 \cdot K_S(R) + P_n \cdot K_N(R) \quad (7-3)
$$

在理想情况下，所有经 SAR 处理器生成的数据产品均是经过绝对定标处理的，所以其图像像素的灰度值可直接由面目标平均后向散射系数表示。由式（7-3）可得，如果要完成绝对定标处理，除已知的系统参数外，需要测量获得发射功率值、空间传播损耗值、接收增益值、双程天线方向图、成像处理器增益值、斜距值、入射角值和热噪声值，而发射功率值、空间传播损耗值、接收增益值很难直接测量得到，其中，发射功率值和接收增益值只能通过内定标器测量其随时间的相对变化值。为此，需要借助已知后向散射系数或雷达截面面积的目标测定端对端的系统传递函数（即定标常数），而且需要对系统传递函数进行归一化，完成斜距归一化、入射角归一化、方向图归一化和成像处理器增益归一化，同时，结合内定标器完成相对定标，最后实现对任意 SAR 图像的绝对定标。只有通过相对定标，SAR 系统才能实现对不同区域、不同轨道、不同时间目标散射特性的绝对测量。下面给出通过外定标进行定标常数测量的方法。

7.2.2　定标常数

星载 SAR 系统的外定标用以确定被测地物的绝对散射系数，它是通过对已知雷达散

射截面面积目标的观察，得到 SAR 图像上的灰度值与绝对的雷达散射截面面积之间的关系，即得到定标常数。定标常数的测量目标分为：点目标和面目标。

点目标是指已知雷达截面面积（RCS）的标准反射器。标准反射器分为有源和无源两种。常用的无源点目标包括金属球和角反射器等。它们的面积远远小于一个雷达分辨单元，这种目标具有很强的雷达后向散射能力。有源点目标包括雷达收发器、地面接收器和信号发生器等。虽然无源点目标在某些应用中取得很好的效果，但是雷达截面面积和尺寸间的矛盾会带来它们在制造和安装上的一些缺陷，相比之下，有源点目标在辐射定标中的应用更为普遍。有源点目标作为一种定标反射器有下列优点：

1）通过控制放大器的增益可以调节定标点目标的雷达截面面积值；

2）雷达截面面积不受物理尺寸的影响，因此，可以尽可能地减小体积，便于制造、运输和安装；

3）有源点目标受周围环境的地物杂波影响较小；

4）有源点目标具有收发天线，适用于交叉极化的辐射定标。

面目标一般采用具有稳定的后向散射系数 σ^0 的分布目标，这类地物目标应该具有"时不变"的散射特性（其介电常数与地面粗糙度在测量持续时间内保持不变），而且它的散射特性应该是各向同性的。通过大量的研究，发现南美洲的亚马逊热带雨林具有稳定的均匀的散射特性，能够满足作为定标面目标的基本要求。

7.2.2.1 已知点目标测量定标常数

选择合适的定标场，按照一定的规则排列设置已知雷达截面面积的点目标，星载 SAR 对定标场进行照射、接收回波，并进行成像处理，在图像中选取点目标，采用积分法提取点目标响应功率为

$$\varepsilon_p = \left(\sum_{i \in A}^{N_A} DN_i^2 - \frac{N_A}{N_B} \sum_{i \in B}^{N_B} DN_i^2 \right) \tag{7-4}$$

式中，DN_i 为像素值；A 为点目标功率积分区域，其像素点数为 N_A；B 为背景区域，其像素点数为 N_B。

若有 N 个点目标，第 i 个点目标的响应功率记为 ε_{pi}，已知的雷达截面面积记为 σ_{refi}，参考斜距为 R_{ref}，参考入射角为 η_{ref}，而且在一次成像过程中，可以认为在很短的时间内发射功率和接收增益是不变的，空间传播损耗在很短时间和一定区域内是稳定的，对每个点目标的作用是相等的，所以只需对该点进行斜距、入射角、双程方向图和成像处理器增益进行归一化，归一化后的定标常数为

$$
\begin{aligned}
K_i &= \frac{\varepsilon_{pi}}{\left(\dfrac{\sigma_{refi}}{\delta x \cdot \delta R_g} \right)} \cdot \frac{R_i^4}{R_{ref}^4} \cdot \frac{\sin\eta_i}{\sin\eta_{ref}} \cdot \frac{1}{G^2(\theta_i, \varphi)} \cdot \frac{1}{K_S(R_i)} \\
&= \frac{\varepsilon_{pi} \cdot \delta x \cdot \delta R}{\sigma_{refi} \cdot \sin\eta} \cdot \frac{R_i^4}{R_{ref}^4} \cdot \frac{\sin\eta_i}{\sin\eta_{ref}} \cdot \frac{1}{G^2(\theta_i, \varphi)} \cdot \frac{1}{K_S(R_i)} \\
&= \frac{\varepsilon_{pi} \cdot \delta x \cdot \delta R}{\sigma_{refi}} \cdot \frac{R_i^4}{R_{ref}^4} \cdot \frac{1}{\sin\eta_{ref}} \cdot \frac{1}{G^2(\theta_i, \varphi)} \cdot \frac{1}{K_S(R_i)}
\end{aligned}
\tag{7-5}
$$

式中，δx 和 δR_g 为图像方位向和地面距离向分辨单元的尺寸；δR 为图像斜距分辨单元的尺寸；R_i 为第 i 个点目标对应的斜距；η_i 为第 i 个点目标对应的入射角；$G^2(\theta_i,\varphi)$ 为第 i 个点目标对应的双程方向图；$K_S(R_i)$ 为斜距 R_i 处的成像处理器增益。

N 个点目标获得的定标常数取平均值为

$$K = \frac{1}{N}\sum_{i=1}^{N} K_i \tag{7-6}$$

通过 N 个点目标获得定标常数的平均值可以提高定标常数测量的精度。

7.2.2.2　已知面目标测量定标常数

选定亚马逊热带雨林作为定标场，并通过只接收模式获得热噪声数据，面目标图像像素值信号功率为

$$\varepsilon_{pi} = DN_i^2 - DN_n^2 \tag{7-7}$$

式中，DN_i 为第 i 个像素点的值；DN_n 为噪声功率值。

已知的均匀场景目标后向散射系数记为 σ^0，与点目标测量定标常数一致，参考斜距为 R_{ref}，参考入射角为 η_{ref}，而且在一次成像过程中，可以认为在很短的时间内发射功率和接收增益是不变的，空间传播损耗在很短时间和一定区域内是稳定的，对每个面目标的作用是相等的。该像素点经斜距、入射角、双程方向图和成像处理器增益进行归一化，归一化后的定标常数为

$$K_i = \frac{\varepsilon_{pi}}{\sigma^0} \cdot \frac{R_i^4}{R_{\text{ref}}^4} \cdot \frac{\sin\eta_i}{\sin\eta_{\text{ref}}} \cdot \frac{1}{G^2(\theta_i,\varphi)} \cdot \frac{1}{K_S(R_i)} \tag{7-8}$$

式中，R_i 为第 i 个点目标对应的斜距；η_i 为第 i 个点目标对应的入射角；$G^2(\theta_i,\varphi)$ 为第 i 个点目标对应的双程方向图；$K_S(R_i)$ 为斜距 R_i 处的成像处理器增益。

N 个像素点获得的定标常数取平均值为

$$K = \frac{1}{N}\sum_{i=1}^{N} K_i \tag{7-9}$$

7.2.3　辐射定标

对在同一工作模式下获得的任意 SAR 图像进行辐射定标，首先要完成相对定标，然后利用测量得到的定标常数进行绝对定标，即可完成整个星载 SAR 辐射定标，使得 SAR 图像像素的亮度代表目标的后向散射系数，为定量化研究目标物理特性提供数据支撑。经成像处理后的 SAR 图像中任一像素点的功率为

$$\varepsilon_{pij} = DN_{ij}^2 - PN_{ij} \tag{7-10}$$

式中，DN_{ij} 为第 (i,j) 个像素点的值；PN_{ij} 为噪声功率值。

首先，任意成像时刻的发射功率和接收增益与定标常数测量时可能会发生变化，所以要对发射功率和接收增益的变化量进行归一化；其次，任意成像时刻对应的空间传播损耗与定标常数测量时可能会发生变化，所以也要对空间传播损耗的变化量进行归一化。同时，需要对斜距、入射角、双程方向图、成像处理器增益和空间传播损耗进行归一化，最后利用定标常数获得任意 SAR 图像像素点所代表的后向散射系数为

$$\sigma_{ij}^0 = \varepsilon_{pij} \cdot \left(\frac{R_{ij}^4}{R_{ref}^4}\right) \cdot \left(\frac{\sin\eta_{ij}}{\sin\eta_{ref}}\right) \cdot \left(\frac{G_{sys0}}{G_{sysij}}\right) \cdot \left(\frac{L_0}{L_{ij}}\right) \left[\frac{1}{G^2(\theta_{ij},\varphi)}\right] \cdot \left[\frac{1}{K_S(R_{ij})}\right] \cdot \frac{1}{K}$$

$$(7-11)$$

式中，R_{ij} 为第 (i,j) 个像素点对应的斜距；η_{ij} 为第 (i,j) 个像素点对应的入射角；G_{sys0} 为测量定标常数时发射功率和接收增益的积；G_{sysij} 为任意成像时刻对应的发射功率和接收增益的积；L_0 为测量定标常数时对应的空间传播损耗；L_{ij} 为任意成像时刻对应的空间传播损耗；$G^2(\theta_{ij},\varphi)$ 为第 (i,j) 个像素点对应的双程方向图；$K_S(R_{ij})$ 为第 (i,j) 个像素点对应斜距 R_{ij} 处的成像处理器增益。

由于空间传播损耗的不确定性和不可知性，很难完成空间传播损耗 L 的归一化，所以在通常的辐射定标过程中，认为空间传播损耗是稳定的，即取式（7-11）中 $\frac{L_0}{L_{ij}}=1$，所以式（7-11）变化为

$$\sigma_{ij}^0 = \varepsilon_{pij} \cdot \left(\frac{R_{ij}^4}{R_{ref}^4}\right) \cdot \left(\frac{\sin\eta_{ij}}{\sin\eta_{ref}}\right) \cdot \left(\frac{G_{sys0}}{G_{sysij}}\right) \cdot \left[\frac{1}{G^2(\theta_{ij},\varphi)}\right] \cdot \left[\frac{1}{K_S(R_{ij})}\right] \cdot \frac{1}{K} \quad (7-12)$$

综上所述，整个单通道条带模式辐射定标流程如图 7-1 所示。

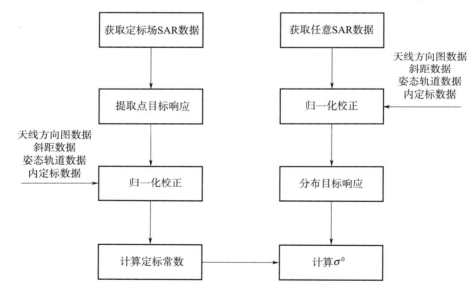

图 7-1　单通道单极化条带模式辐射定标流程

7.2.3.1　发射功率和接收增益变化量获取

（1）有源部分发射功率和接收增益变化量获取

星载 SAR 系统本身收发通路特性受温度变化等因素的影响，存在一定的不确定性，这种不确定性既会表现在一次成像过程中，也会表现在多次成像之间。系统收发通路特性变化一方面是发射功率及接收增益的变化，这会对 SAR 图像的辐射定标精度产生影响；另一方面是收发通带内幅频和相频特性的变化，这会对图像距离向的脉冲压缩效果产生影响。内定标就是为解决上述问题而引入星载 SAR 系统中，其实现方式是在系统中配置专

门用于定标的设备，在系统收发通道之间建立联系，用于定标除天线阵面外的整个有源收发通道特性，在地面处理时就可以做出相应的补偿。

内定标器内部有光延迟线，会受到温度的影响，为进一步准确获得系统总增益的变化量监测值，一是为更加贴近实际总增益变化建议采用成像尾部定标数据进行处理；二是利用定标回路和参考定标回路获得内定标器光延迟线部分的增益值，同时，基于全阵面收发定标获得系统总增益变化值，具体定标链路和计算公式如下：

1）定标回路：调频信号源→内定标器（无延迟）→微波组合→雷达接收机；

2）参考定标回路：调频信号源→内定标器（延迟）→微波组合→雷达接收机；

3）收发定标回路：调频信号源→预功率放大器→微波组合→天线发射通道→天线定标网络→内定标器（延迟）→天线定标网络→天线接收通道→微波组合→雷达接收机；

4）发射功率和接收增益监测值＝收发定标回路功率值 P_{tr} －（参考定标回路功率值 P_{ref} －定标回路功率值 P_{cal}），两次监测值的差为总增益的变化量。

在基于内定标数据计算有源通道发射功率和接收增益变化量时，也需要进行成像处理增益归一化，消除不同波位间脉宽和带宽不一样带来的固有增益变化量。

（2）无源部分天线增益变化量获取

除有源链路部分系统发生功率和接收增益变化外，由于不同波位间天线波控码设置不同，无源部分天线增益和接收增益会不一样，需要获取与定标常数测量波位间无源部分天线增益的变化值，通过参数设置或地面测试结果进行不同波位天线增益的核算，即可得到无源部分天线增益的变化量。

7.2.3.2　成像处理增益的补偿

$$距离向成像处理增益补偿公式为 = 10 \cdot \log(脉宽 \cdot 带宽)$$

$$方位向成像处理增益补偿公式为 = 10 \cdot \log\left(\frac{处理带宽}{方位向调频斜率}\right)$$

7.3　极 化 定 标

对于多极化 SAR 图像，目标极化散射特性的测量是极化 SAR 领域研究的基础性问题，其正确获取能够为后续的极化检测、目标识别及极化抗干扰等应用提供有力的保证。极化散射矩阵 S 通常被认为可以完整地描述地物目标的极化散射特性，而且后续用于多极化 SAR 图像应用的极化特征，也均来源于对极化散射矩阵的分解和变换，因此需要获得尽可能准确的极化散射矩阵，来表征目标真实的极化散射特性。

在理想状态下，极化 SAR 系统的极化通道间是没有能量泄漏、互不影响的，而且两个极化通道间的幅相特性一致，但是由于极化 SAR 系统的极化通道间隔离度不够高、工程上不可能做到完全一致，且电磁波在空间链路传输特性复杂，极化 SAR 系统测量得到的极化散射矩阵会引入失真，因此在极化 SAR 图像应用前，为了完全利用包含在雷达数据中的信息，反演真实的地球物理参数，必须消除极化 SAR 数据失真的影响，这一过程需要极化定标来完成。极化定标方案及其定标后的极化精度，极大地影响了极化 SAR 图像的解译，因此，它是极化 SAR 图像应用前关键性的技术步骤。

7.3.1 极化精度指标定义

由于提出极化精度指标的最终目的是保证多极化 SAR 图像的质量，因此，对于最终极化精度指标的定义，应当定义到多极化 SAR 图像中，从而通过极化精度指标反映经过极化定标与修正后的目标极化散射矩阵估计值和极化散射矩阵真实值之间的偏差。极化精度指标的定义如下：

记 $[\boldsymbol{S}]$ 为目标极化散射矩阵的真值，$[\hat{\boldsymbol{S}}]$ 为经过极化定标与修正后的目标极化散射矩阵的估计值，$[\tilde{\boldsymbol{S}}]$ 为目标极化散射矩阵真值的归一化矩阵，$[\tilde{\hat{\boldsymbol{S}}}]$ 为目标极化散射矩阵估计值的归一化矩阵，归一化方式均为相对于 HH 的复归一化（幅值相除，相位相减），如式（7-13）所示

$$[\boldsymbol{S}] = \begin{bmatrix} \boldsymbol{S}_{HH} & \boldsymbol{S}_{HV} \\ \boldsymbol{S}_{VH} & \boldsymbol{S}_{VV} \end{bmatrix} = \begin{bmatrix} \alpha_{HH} \angle \varphi_{HH} & \alpha_{HV} \angle \varphi_{HV} \\ \alpha_{VH} \angle \varphi_{VH} & \alpha_{VV} \angle \varphi_{VV} \end{bmatrix} \qquad (7-13a)$$

$$[\hat{\boldsymbol{S}}] = \begin{bmatrix} \hat{\boldsymbol{S}}_{HH} & \hat{\boldsymbol{S}}_{HV} \\ \hat{\boldsymbol{S}}_{VH} & \hat{\boldsymbol{S}}_{VV} \end{bmatrix} = \begin{bmatrix} \hat{\alpha}_{HH} \angle \hat{\varphi}_{HH} & \hat{\alpha}_{HV} \angle \hat{\varphi}_{HV} \\ \hat{\alpha}_{VH} \angle \hat{\varphi}_{VH} & \hat{\alpha}_{VV} \angle \hat{\varphi}_{VV} \end{bmatrix} \qquad (7-13b)$$

$$[\tilde{\boldsymbol{S}}] = \begin{bmatrix} \tilde{\boldsymbol{S}}_{HH} & \tilde{\boldsymbol{S}}_{HV} \\ \tilde{\boldsymbol{S}}_{VH} & \tilde{\boldsymbol{S}}_{VV} \end{bmatrix} = \begin{bmatrix} 1 \angle 0 & \dfrac{\alpha_{HV}}{\alpha_{HH}} \angle (\varphi_{HV} - \varphi_{HH}) \\ \dfrac{\alpha_{VH}}{\alpha_{HH}} \angle (\varphi_{VH} - \varphi_{HH}) & \dfrac{\alpha_{VV}}{\alpha_{HH}} \angle (\varphi_{VV} - \varphi_{HH}) \end{bmatrix} \qquad (7-13c)$$

$$[\tilde{\hat{\boldsymbol{S}}}] = \begin{bmatrix} \tilde{\hat{\boldsymbol{S}}}_{HH} & \tilde{\hat{\boldsymbol{S}}}_{HV} \\ \tilde{\hat{\boldsymbol{S}}}_{VH} & \tilde{\hat{\boldsymbol{S}}}_{VV} \end{bmatrix} = \begin{bmatrix} 1 \angle 0 & \dfrac{\hat{\alpha}_{HV}}{\hat{\alpha}_{HH}} \angle (\hat{\varphi}_{HV} - \hat{\varphi}_{HH}) \\ \dfrac{\hat{\alpha}_{VH}}{\hat{\alpha}_{HH}} \angle (\hat{\varphi}_{VH} - \hat{\varphi}_{HH}) & \dfrac{\hat{\alpha}_{VV}}{\hat{\alpha}_{HH}} \angle (\hat{\varphi}_{VV} - \hat{\varphi}_{HH}) \end{bmatrix} \qquad (7-13d)$$

根据式（7-13）中目标极化散射矩阵真值和估计值的定义，可以给出极化隔离度、极化通道幅度不平衡度和极化通道相位不平衡度 3 个指标的定义：

（1）极化隔离度

H（或 V）极化波在收发传输链路中，除目标变极化效应外被转换成 V（或 H）极化波的现象，被称为极化串扰（或极化耦合、极化泄漏）。其中，目标变极化效应指的是目标对于极化电磁波具有改变极化方向的特性，该特性的表征方式为目标的极化散射矩阵 $\boldsymbol{S}$。极化串扰的大小反映的是不同极化波之间能量泄漏的大小，极化串扰越小，说明极化隔离度越高，两者是互反关系。极化隔离度的定义应分为 V 通道对 H 通道的极化隔离度 C_{HV} 和 H 通道对 V 通道的极化隔离度 C_{VH}，在互易情况下两者相等，其定义式为

$$C_{HV} = -10\log \left| \left(\frac{\hat{\alpha}_{HV}}{\hat{\alpha}_{HH}} \right)^2 - \left(\frac{\alpha_{HV}}{\alpha_{HH}} \right)^2 \right| \quad \mathrm{dB} \qquad (7-14a)$$

$$C_{\text{VH}} = -10\log \left| \left(\frac{\hat{\alpha}_{\text{VH}}}{\hat{\alpha}_{\text{HH}}} \right)^2 - \left(\frac{\alpha_{\text{VH}}}{\alpha_{\text{HH}}} \right)^2 \right| \quad \text{dB} \tag{7-14b}$$

（2）极化通道幅度不平衡度/极化通道相位不平衡度

H（或 V）极化波在收发传输链路中，因系统内部工程差异等因素，造成的除目标变极化效应外 H 通道和 V 通道的复差异（包括幅值和相位），即为极化散射矩阵中存在的极化通道幅度不平衡度/极化通道相位不平衡度，记为 $F_{\text{VV–HH}}$，其中，极化通道幅度不平衡度为 $|F_{\text{VV–HH}}|$，极化通道相位不平衡度为 $\text{Angle}(F_{\text{VV–HH}})$，则极化通道幅度不平衡度/极化通道相位不平衡度的定义式为

$$|F_{\text{VV–HH}}| = 20\log \left[\left(\frac{\hat{\alpha}_{\text{VV}}}{\hat{\alpha}_{\text{HH}}} \right) \Big/ \left(\frac{\alpha_{\text{VV}}}{\alpha_{\text{HH}}} \right) \right] \text{dB} \tag{7-15a}$$

$$\text{Angle}(F_{\text{VV–HH}}) = \angle (\hat{\varphi}_{\text{VV}} - \hat{\varphi}_{\text{HH}}) - \angle (\varphi_{\text{VV}} - \varphi_{\text{HH}}) \tag{7-15b}$$

在上述极化精度评价指标的定义下，在极化定标方案中可采用在定标场布设三面角定标器作为极化精度的考核工具。三面角定标器的理论极化散射矩阵模型为 $[\boldsymbol{S}_T] = \begin{bmatrix} 1 & 0 \\ 0 & 1 \end{bmatrix}$，对其进行成像可以得到在极化定标前直接由卫星 SAR 系统测量得到的极化散射测量矩阵 $[\boldsymbol{S}_T^m]$，对该极化散射测量矩阵采用极化定标方案进行修正后得到该三面角定标器的极化散射矩阵估计值 $[\hat{\boldsymbol{S}}_T]$。由式（7-14）和式（7-15）可以分别得到该三面角定标器在极化定标前后的极化精度计算公式为

$$C_{\text{HV}}^m = -20\log \left(\frac{\alpha_{\text{HV}}^m}{\alpha_{\text{HH}}^m} \right) \text{dB} \qquad \hat{C}_{\text{HV}} = -20\log \left(\frac{\hat{\alpha}_{\text{HV}}}{\hat{\alpha}_{\text{HH}}} \right) \text{dB} \tag{7-16a}$$

$$C_{\text{VH}}^m = -20\log \left(\frac{\alpha_{\text{VH}}^m}{\alpha_{\text{HH}}^m} \right) \text{dB} \qquad \hat{C}_{\text{VH}} = -20\log \left(\frac{\hat{\alpha}_{\text{VH}}}{\hat{\alpha}_{\text{HH}}} \right) \text{dB} \tag{7-16b}$$

$$|F_{\text{VV–HH}}^m| = 20\log \left(\frac{\alpha_{\text{VV}}^m}{\alpha_{\text{HH}}^m} \right) \text{dB} \qquad |\hat{F}_{\text{VV–HH}}| = 20\log \left(\frac{\hat{\alpha}_{\text{VV}}}{\hat{\alpha}_{\text{HH}}} \right) \text{dB} \tag{7-16c}$$

$$\text{Angle}(F_{\text{VV–HH}}^m) = \angle (\varphi_{\text{VV}}^m - \varphi_{\text{HH}}^m) \qquad \text{Angle}(\hat{F}_{\text{VV–HH}}) = \angle (\hat{\varphi}_{\text{VV}} - \hat{\varphi}_{\text{HH}}) \tag{7-16d}$$

其中，式（7-16）各组公式中前一个是进行极化定标前的极化精度计算公式，后一个是进行极化定标和修正后（即最终指标）的极化精度计算公式。

7.3.2　极化定标的理论模型

极化定标是指通过测量极化散射特性已知的定标器来定标未知的极化失真参数，并利用极化失真参数来对获得的极化 SAR 图像进行修正的过程。极化定标的目的是通过定标出 SAR 系统星地全链路的极化失真矩阵，来修正测量得到的极化 SAR 图像，得到尽可能真实的目标极化散射矩阵。其理论模型可由式（7-17）表示

$$[\boldsymbol{S}^m] = A \, e^{j\phi} [\boldsymbol{R}][\boldsymbol{S}][\boldsymbol{T}] + [\boldsymbol{N}] \tag{7-17a}$$

$$\begin{bmatrix} S_{\text{HH}}^m & S_{\text{HV}}^m \\ S_{\text{VH}}^m & S_{\text{VV}}^m \end{bmatrix} = A \, e^{j\phi} \begin{bmatrix} r_{11} & r_{12} \\ r_{21} & r_{22} \end{bmatrix} \begin{bmatrix} S_{\text{HH}} & S_{\text{HV}} \\ S_{\text{VH}} & S_{\text{VV}} \end{bmatrix} \begin{bmatrix} t_{11} & t_{12} \\ t_{21} & t_{22} \end{bmatrix} + \begin{bmatrix} N_{\text{HH}} & N_{\text{HV}} \\ N_{\text{VH}} & N_{\text{VV}} \end{bmatrix} \tag{7-17b}$$

$$\begin{bmatrix} S_{HH}^m & S_{HV}^m \\ S_{VH}^m & S_{VV}^m \end{bmatrix} = A\,e^{j\phi}r_{11}t_{11}\begin{bmatrix} 1 & \dfrac{r_{12}}{r_{11}} \\ \dfrac{r_{21}}{r_{11}} & \dfrac{r_{22}}{r_{11}} \end{bmatrix}\begin{bmatrix} S_{HH} & S_{HV} \\ S_{VH} & S_{VV} \end{bmatrix}\begin{bmatrix} 1 & \dfrac{t_{12}}{t_{11}} \\ \dfrac{t_{21}}{t_{11}} & \dfrac{t_{22}}{t_{11}} \end{bmatrix} + \begin{bmatrix} N_{HH} & N_{HV} \\ N_{VH} & N_{VV} \end{bmatrix}$$

$$= A'e^{j\phi}\begin{bmatrix} 1 & \delta_1 \\ \delta_2 & f_1 \end{bmatrix}\begin{bmatrix} S_{HH} & S_{HV} \\ S_{VH} & S_{VV} \end{bmatrix}\begin{bmatrix} 1 & \delta_3 \\ \delta_4 & f_2 \end{bmatrix} + \begin{bmatrix} N_{HH} & N_{HV} \\ N_{VH} & N_{VV} \end{bmatrix}$$

$$\tag{7-17c}$$

$$[S] = \frac{1}{A\,e^{j\phi}}[R]^{-1}([S^m]-[N])[T]^{-1} \tag{7-17d}$$

式中，A 表示 SAR 系统的增益（幅度）；ϕ 是目标和 SAR 之间传播时延相移和系统中所有相位损失之和，代表的是信号的绝对相位，由于极化定标所要校准的是极化散射矩阵中 4 个极化通道之间的相对幅度相位关系，因此，这两个绝对量可以不考虑；$[S^m]$ 为目标通过星载多极化 SAR 系统得到的极化散射矩阵测量值；$[S]$ 为目标真实的极化散射矩阵；$[R]$ 为极化传输星地全链路中接收链路的极化误差矩阵；$[T]$ 为极化传输星地全链路中发射链路的极化误差矩阵；$[N]$ 为测量中独立的加性噪声误差矩阵，可以通过只接收模式下 SAR 系统工作状态的测量获得，或在高信噪比的情况下忽略。

式（7-17c）对上述极化误差矩阵进行了以 HH 通道为基准的归一化，极化误差矩阵中提取出的 HH 收发通道误差系数 r_{11} 和 t_{11} 可以并入矩阵外的绝对值而不考虑，这样极化收发误差矩阵可以由式（7-17c）后半式表示，其中，δ_1 记为接收通道中 V 极化变换成 H 极化的极化串扰因子；δ_2 记为接收通道中 H 极化变换成 V 极化的极化串扰因子；δ_3 记为发射通道中 V 极化变换成 H 极化的极化串扰因子；δ_4 记为发射通道中 H 极化变换成 V 极化的极化串扰因子；f_1 记为接收通道中 VV 通道相对于 HH 通道的幅相不平衡因子；f_2 记为发射通道中 VV 通道相对于 HH 通道的幅相不平衡因子。

由上述极化定标理论模型可以看出，极化定标的过程即通过式（7-17c）对极化误差矩阵 $[R]$ 和 $[T]$ 进行求解，然后通过式（7-17d）对实测得到的每景极化 SAR 图像进行修正，从而得到尽可能接近目标真实极化散射矩阵的估计。

由极化定标的理论模型可以看出，极化定标涉及卫星段、空间段、地面成像处理部分等星地全链路中的极化串扰和极化通道幅相不平衡，形成全链路的极化失真矩阵 $[R]$ 和 $[T]$，通过数值求解得到这两个极化失真矩阵，并用该数学求解过程的逆过程来修正每次得到的 SAR 图像，在算法上具有极高的精度，而且修正了整个星地链路带来的极化误差。此外，极化定标是直接针对成像处理后得到的多极化 SAR 图像进行的，其定标和修正后的结果为最终的图像产品，因此，极化定标效果的好坏直接关系到多极化 SAR 图像的最终质量。

根据极化定标理论模型中公式（7-17c），若只考虑极化定标对极化隔离度的提升作用，可以将其简化为

$$\begin{bmatrix} S_{HH}^m & S_{HV}^m \\ S_{VH}^m & S_{VV}^m \end{bmatrix} = \begin{bmatrix} 1 & \delta_1 \\ \delta_2 & 1 \end{bmatrix}\begin{bmatrix} S_{HH} & S_{HV} \\ S_{VH} & S_{VV} \end{bmatrix}\begin{bmatrix} 1 & \delta_3 \\ \delta_4 & 1 \end{bmatrix} \tag{7-18}$$

可见，进行极化定标前的极化 SAR 图像 $[S^m]$ 是由真实目标散射矩阵 $[S]$ 分别左乘接收极化串扰误差矩阵和右乘发射极化串扰误差矩阵获得的。考虑到极化定标本身会引入极化串扰误差，因此，可以将式（7 - 18）中的极化串扰误差矩阵分解成卫星段、空间段、地面成像处理系统以及极化定标分别引入的极化串扰误差矩阵，如式（7 - 19）所示。

$$\begin{bmatrix} S_{HH}^m & S_{HV}^m \\ S_{VH}^m & S_{VV}^m \end{bmatrix} = \underbrace{\begin{bmatrix} 1 & \delta_{11} \\ \delta_{21} & 1 \end{bmatrix}}_{\text{成像处理}} \underbrace{\begin{bmatrix} 1 & \delta_{12} \\ \delta_{22} & 1 \end{bmatrix}}_{\text{卫星段}} \underbrace{\begin{bmatrix} 1 & \delta_{13} \\ \delta_{23} & 1 \end{bmatrix}}_{\text{空间段}} \underbrace{\begin{bmatrix} 1 & \delta_{14} \\ \delta_{24} & 1 \end{bmatrix}}_{\text{极化定标}} \begin{bmatrix} S_{HH} & S_{HV} \\ S_{VH} & S_{VV} \end{bmatrix}$$

$$\underbrace{\begin{bmatrix} 1 & \delta_{31} \\ \delta_{41} & 1 \end{bmatrix}}_{\text{极化定标}} \underbrace{\begin{bmatrix} 1 & \delta_{32} \\ \delta_{42} & 1 \end{bmatrix}}_{\text{空间段}} \underbrace{\begin{bmatrix} 1 & \delta_{33} \\ \delta_{43} & 1 \end{bmatrix}}_{\text{卫星段}}$$

$$(7 - 19)$$

由式（7 - 19）可见，只要极化定标引入的极化串扰误差小于卫星段、空间段和成像处理三者引入的极化串扰误差总量，对测量得到的极化 SAR 图像进行极化定标并修正，便可消除这三者带来的极化串扰误差。从测量的角度而言，极化定标实现的是一个测量并修正的过程，极化定标自身引入的误差反映了测量"尺子"的精度，对于任何比"尺子"精度低的（即比最小刻度长）物体，都可以用这把"尺子"测量来获得和"尺子"精度一样高的结果。

对于极化定标，定标器自身的极化隔离度是引入极化串扰的主要因素，有源定标器的极化隔离度能够做到优于 40 dB。在多极化 SAR 卫星的极化串扰影响因素中，仅 SAR 天线的远场交叉极化（约 −30 dB）带来的极化串扰就已经高于极化定标中引入的极化串扰，再加上空间段和成像处理引入的极化串扰，更会加剧极化串扰的总量。极化定标能够定标并修正掉这些极化串扰，只剩下定标系统自身引入的少量极化串扰，因此，通过极化定标能够提升极化 SAR 图像的极化隔离度。国外也有成功案例：加拿大的 RadarSat2 多极化 SAR 卫星天线极化隔离度为 31.7 dB，经极化定标提升至 40 dB。

7.3.3 极化定标的工作流程

极化定标包含极化外定标、极化内定标和极化校正 3 个步骤。

1）极化外定标：在定标场，通过测量极化散射矩阵已知的定标器，利用极化外定标算法求解极化失真参数。

2）极化内定标：在成像区，通过极化 SAR 系统内的定标网络，对成像时刻的 SAR 系统进行幅相特性的定标，通过卫星平台姿态测量数据对 SAR 天线阵面的旋转量定标，并利用内定标数据来修正极化外定标得到的极化失真参数。

3）极化校正：对于每一景极化 SAR 图像，用极化外定标和内定标联合得到的极化失真参数进行校正，得到尽可能接近目标真实极化散射矩阵的估计值。

极化定标和校正流程框图如图 7 - 2 所示。

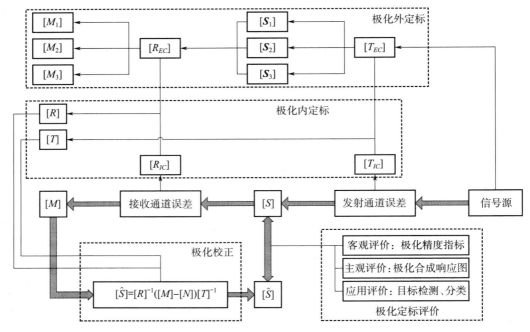

图 7 - 2　极化定标和校正流程框图

7.3.4　极化外定标

极化外定标是指在定标场通过一定数量的已知极化散射特性的定标器，采用"端-端"定标算法求解出极化收发误差矩阵。"端-端"极化外定标是一种图像到图像的变换求解技术，它不需要极化信号在星地全链路中的传输模型细节，而是将全链路视为一体进行求解。根据所采用的定标器种类的不同，可以将极化外定标算法分为无源点目定标标算法、有源点目定标标算法和分布目定标标算法，它们有各自的优缺点。

1）无源点目定标标算法：是利用已知极化散射矩阵的无源点目标定标器（如二面角反射器、三面角反射器、导体球等）进行定标的技术，该方法简单易行，但容易受点目标类型选择、制造精度、尺寸要求、位置摆放、指向角精度和背景噪声等因素的制约。

2）有源点目标定标算法：该类算法所采用的有源极化定标器与无源极化定标器相比，其优点为：①能提供更高的信噪比和定标器件精度；②在方位向和距离向均有较宽的波束宽度；③交叉极化通道可以保证较高的通道隔离度，进而可以确保极化信息的高定标；④ 体积小、质量小，便于野外摆放，方便控制绝对散射系数。其缺点为：价格高昂，需要提供外部电源，不利于在场景中大面积摆放。

3）分布目标定标算法：该算法是针对分布目标（如热带雨林），采用星载的在线极化散射计测量法或人工测量法，得到一定区域内分布目标的极化散射特性，由于一般采用区域内的极化协方差矩阵来表征分布目标的极化散射特性，该矩阵是场景内分布目标散射特性的统计平均，因此，较之点目标定标技术更具有稳定性，但在算法优化的过程中，会引入二次项最小项近似和场景假设,从而降低极化定标精度。

综上所述,针对高极化精度的要求,分布目标定标算法因定标精度不够高无法采用,因此,需要从无源点目标定标算法和有源点目标定标算法中,根据要求达到的定标精度、所需布设的定标器代价综合考虑来选择合适的极化外定标算法并形成相应的定标方案。对比各极化定标方案,对极化信号传输模型的假设条件越多,模型越简化,所要求解的极化误差矩阵参数就越少,因而所需要的定标器就越少,但离工程实际也越远;反之,极化信号传输模型越是一般化,即假设条件越少,模型越复杂,越接近工程实际,所需要的定标器数量就越多,从而导致设备变复杂,摆放位置、角度控制精度要求变高。

7.3.5　极化内定标和极化校正

极化内定标是指在成像区,通过极化 SAR 系统内的定标网络,对成像时刻的 SAR 系统进行幅相特性的定标,另一方面通过卫星平台姿态测量数据对 SAR 天线阵面的旋转量定标,并利用内定标数据来修正极化外定标得到的极化失真参数。

极化内定标的主要目的是解决成像时刻和定标时刻极化 SAR 系统链路中极化误差变化的问题。由于成像区通常没有外定标器,因此,无法通过极化外定标直接得到成像时刻极化 SAR 系统的极化失真矩阵,若直接用定标场获得的极化失真矩阵$[\boldsymbol{R}_{EC}]$和$[\boldsymbol{T}_{EC}]$来校正成像时刻的 SAR 图像,则会因信号幅相特性随温变等因素而变化导致误校正,因此需要通过极化内定标测量出成像时刻系统极化失真矩阵的变化$[\boldsymbol{R}_{IC}]$和$[\boldsymbol{T}_{IC}]$,来修正外定标获得的极化失真矩阵$[\boldsymbol{R}_{EC}]$和$[\boldsymbol{T}_{EC}]$,最终得到成像时刻极化 SAR 系统的真实极化失真矩阵$[\boldsymbol{R}]$和$[\boldsymbol{T}]$。

内定标器从线性调频源、微波组合和 T/R 组件输出端通过功分或定向耦合器取出定标取样信号。通过转换开关、延时、放大和数字衰减等处理后,将定标取样信号转换成可以被接收通道接收的,并满足一定动态范围要求的定标信号,这一过程被称为定标信号形成。定标信号分别通过定向耦合器馈入系统接收通道,经接收机进行变频、放大和正交解调后,再经过数据形成变成数字信号。此数据信号即是定标数据,分析和处理这些数据就可以得到所测定的系统参数。SAR 分系统采用延迟内定标方案,同时,加入非延迟参考直通定标通路用于延迟通路定标。

极化内定标主要用于定标 SAR 系统有源部分的幅相变化,因此只需要考虑内定标系统的幅相一致性定标精度。幅相误差内定标精度主要由天线定标网络(含定标耦合器)温度变化一致性决定。在系统工作过程中,天线模块内存在一定温度梯度,由于产品的个体差异,会导致两个极化通道间天线定标网络的非公共支路幅相一致性发生变化。

综上所述,要实现高精度的极化内定标,就要保证整个内定标系统中对于 H 通道和 V 通道的非公共支路部分,尽可能减少因温度等因素造成的变化不一致性。

在通过定标场极化外定标和成像区极化内定标联合获得的多极化 SAR 系统极化误差矩阵$[\boldsymbol{R}]$和$[\boldsymbol{T}]$之后,需要对该成像区获得的 SAR 图像进行极化校正。极化校正是指对于每一景极化 SAR 图像,用极化外定标和内定标联合得到的极化失真矩阵$[\boldsymbol{R}]$和$[\boldsymbol{T}]$进行校正，得到尽可能接近目标真实极化散射矩阵的估计值。

对于图像中的单个像素，极化校正就是对该像素点对应的极化散射矩阵测量值 $[M]$ 用 $[R]$ 和 $[T]$ 的逆矩阵进行数学运算的过程；然而对于整景 SAR 图像，由于 SAR 天线固有的远场交叉极化随扫描角不同而不同的特性，在图像中沿距离向不同位置对应的极化失真矩阵也不相同，因此，需要得到一组极化失真矩阵，来分别校正不同距离向的 SAR 图像。

7.4　波束指向在轨定标与修正

7.4.1　概述

卫星入轨运行后，受太阳、大气和磁等环境因素的影响，引起卫星 SAR 天线变形，同时，也影响卫星结构的变形，最终将影响 SAR 天线指向出现偏差。但是卫星在轨运行已不再像卫星在地面时，可以采用仪器设备对热、机、电等因素引起的变形进行定标。以上因素对卫星的在轨指向定标问题提出了挑战。

卫星在轨运行，卫星的姿态是以星敏感器为基准的，但是卫星成像是依靠有效载荷——SAR 天线，是以 SAR 天线为基准。除了电扫引起的指向偏差外，SAR 天线的变形、平面度变化使得 SAR 天线指向相对 SAR 基准的理论指向出现偏差；同时，由于卫星的姿态基准和 SAR 天线基准是两个基准，在轨热变形、机械变形等因素都会引起两个基准之间变化。卫星在轨运行，由于两个基准间的变形，会最终影响卫星 SAR 天线的指向。

总的来说，热变形、机械变形、电误差以及卫星姿态和卫星 SAR 天线指向存在直接联系，最终的天线指向是以上因素的综合反映。

波束指向精度是影响图像质量的重要的星地一体化指标。处理波束指向问题的一般思路是严格控制随机误差，同时，标校常值在轨误差，但标校的前提是能够精确测量。

目前，国外 TerraSAR 实施了波束指向在轨定标，采用具有差波束的方向图进行波束指向定标（图 7-3）。距离向波束指向利用热带雨林测量，距离向波束测量精度预计为 $0.015°$，实测为 $0.008°$（图 7-4）；方位向波束指向利用位置已知的地面接收机，可以达到较高精度 $0.002°$，但只能测量发射波束。

本章节给出波束指向在轨定标的一般方法，并进行了仿真分析和在轨试验验证。

7.4.2　波束指向误差模型

如图 7-5 所示，影响波束指向的主要因素有轨道、姿态控制和天线自身误差，最终的天线指向是以上因素的综合反映。其中，天线误差的固定部分可以在轨定标（测量和校正）。

在轨时，星敏感器指向、天线基准指向和电波束指向三者中，星敏感器指向和电波束指向可以较精确地测得，由于星敏感器也是控制系统的基准，所以自然地以星敏感器指向为基准，校正电波束的误差。

天线系统引起的波束指向误差除了电扫引起的指向偏差外，SAR 天线的变形、平面度变

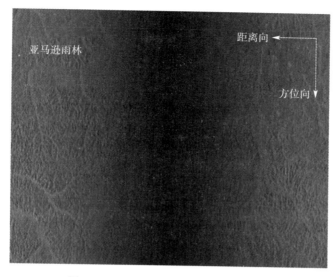

图 7-3　TerraSAR 成像后距离向情况

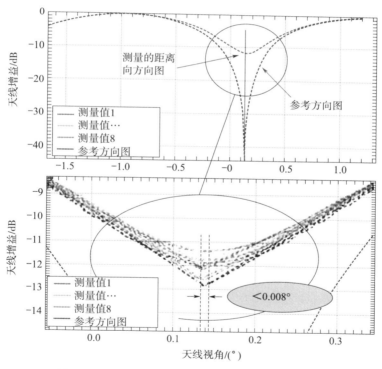

图 7-4　TerraSAR 距离向波束指向情况（见彩插）

化使得 SAR 天线指向出现了偏差；同时，在轨热变形、机械变形等因素还会引起星敏感器
和 SAR 天线基准的相对关系发生变化，最终也影响 SAR 天线波束的指向。定标的任务：通
过定标，获取卫星姿态修正量，以消除在轨卫星载荷基准和姿控基准之间的偏差。

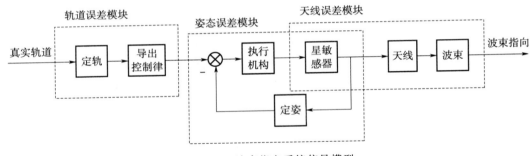

图 7 - 5　波束指向系统信号模型

7.4.3　定标方案和流程

在轨卫星 SAR 天线指向的定标，主要是从两个方面出发对天线指向进行比较定标的，即实际成像的天线指向和根据星历参数计算得到的天线指向。

通过对两方法得到的天线指向进行比较，得出天线指向误差。星历参数计算天线指向测的是光指向，再利用光指向与天线和星敏感器的固定关系（理论两基准间的关系），计算天线指向；另一方面计算的是实际成像得到的天线指向。那么天线指向误差反映的是理论两基准间的关系与实际两基准间的偏差。定标方案及流程如图 7 - 6 所示。

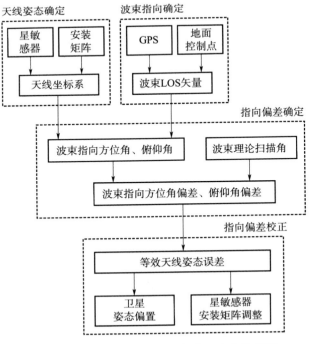

图 7 - 6　波束指向在轨定标与校正方案流程图

7.4.4　数学推导

7.4.4.1　天线姿态确定

假设天线坐标系为

$$S_{antenna} = [\, x_{antenna} \quad y_{antenna} \quad z_{antenna} \,] \tag{7-20}$$

式中，$x_{antenna}$，$y_{antenna}$，$z_{antenna}$ 分别为方位轴向、距离轴向、阵面法向单位矢量。

地固坐标系为

$$S_{go} = [\, x_{go} \quad y_{go} \quad z_{go} \,] \tag{7-21}$$

式中，x_{go}，y_{go}，z_{go} 按照 WGS84 标准定义。

天线坐标系和地固坐标系的关系为

$$S_{antenna} = S_{go} \, C_{go2antenna} \tag{7-22}$$

式中，$C_{go2antenna}$ 是从地固坐标系到天线坐标系的转换矩阵，由星敏感器的测量值再结合惯性坐标系到地固坐标系的变换而得到。

7.4.4.2　方位向波束指向确定

假设角反射器 CR 的位置矢量为 r_{CR}，卫星的位置矢量为 r_s，则斜距矢量为

$$R_t = r_{CR} - r_s \tag{7-23}$$

角反射器在天线中的方位角为

$$\theta_{azi} = \frac{\pi}{2} - \arccos\left(\frac{R_t \cdot x_{antenna}}{|R_t|}\right) \tag{7-24}$$

角反射器在天线中的俯仰角为

$$\theta_{rng} = \frac{\pi}{2} - \arccos\left(\frac{R_t \cdot y_{antenna}}{|R_t|}\right) \tag{7-25}$$

对包含 CR 回波的一段回波数据进行成像处理，并以 CR 对应距离单元的多普勒中心频率 f_{dc} 作为方位向匹配滤波器参考频率，则得到

$$[t_{CR}, A_{CR}] = imaging(r_{CR}, f_{dc}) \tag{7-26}$$

式中，函数 imaging() 为成像处理；t_{CR} 和 A_{CR} 分别为 CR 所在像素对应的时刻和幅度。由 t_{CR} 时刻的方位角 $\theta_{azi}(t_k)$ 可以计算方位向指向偏差

$$\Delta\theta_{azi} = \theta_{azi}(t_{CR}) - \theta_{azi}^{scan} \tag{7-27}$$

式中，$\Delta\theta_{azi}$ 为方位向指向偏差；θ_{azi}^{scan} 为方位向扫描角。真实波束方位向指向为

$$\theta_{azi}^{los} = \theta_{azi}^{scan} + \Delta\theta_{azi} \tag{7-28}$$

式中，θ_{azi}^{los} 为真实波束方位向指向。

7.4.4.3　距离向波束指向确定

t_{CR} 时刻的俯仰角 $\theta_{rng}(t_{CR})$ 和幅度 $A_{CR}(t_{CR})$ 包含有距离向波束指向信息，但需要多个角发射器信息才能提取出距离向波束中心信息，从而计算出距离向波束指向偏差。

假设有 N 个角发射器较为均匀地沿距离向排列，则可以得到俯仰角和幅度的信息，

从而可以得到距离向方向图的一个关于俯仰角的离散采样波形 $\hat{F}_{rng}$

$$[A_{CR}^1(t_{CR}^1),A_{CR}^2(t_{CR}^2),\cdots,A_{CR}^N(t_{CR}^N)]=\hat{F}_{rng}\{[\theta_{rng}^1(t_{CR}^1),\theta_{rng}^2(t_{CR}^2),\cdots,\theta_{rng}^N(t_{CR}^N)]\} \tag{7-29}$$

若距离向指向偏差为 $\Delta\theta_{rng}$，地面测试距离向方向图为 F_{rng}，则有

$$\hat{F}_{rng}[\theta_{rng}(t_{CR})]=F_{rng}[\theta_{rng}(t_{CR})-\Delta\theta_{rng}] \tag{7-30}$$

对 F_{rng} 和 $\hat{F}_{rng}$ 做相关处理即可解出距离向指向偏差 $\Delta\theta_{rng}$，从而真实波束距离向指向为

$$\theta_{rng}^{los}=\theta_{rng}^{scan}+\Delta\theta_{rng} \tag{7-31}$$

式中，θ_{rng}^{los} 为真实波束距离向指向；θ_{rng}^{scan} 为理论波束距离向扫描角。

7.4.5 仿真试验

根据前文所述定标方法进行蒙特卡洛仿真试验，仿真试验结果见表 7-1。该仿真试验是在轨道位置误差为 10 m（三轴）、速度误差为 0.05 m/s（三轴）、星敏姿态测量精度为 0.002°（包括偏航、滚动和俯仰）、多普勒中心估计误差为 20 Hz 和定标器增益误差为 0.2 dB 的条件下进行的。图 7-7 给出了波束指向方位角误差仿真试验结果，可以将其定标到 0.002 1°；图 7-8 给出了和波束下波束指向俯仰角误差仿真试验结果，可以将其定标到 0.003 5°；图 7-9 所示为采用差波束方法进行定标器增益误差定标，定标精度达到 0.000 88 dB；图 7-10 所示为采用差波束方法进行波束指向俯仰角误差定标，定标精度可以达到 0.002 2°。通过表 7-1 和图 7-7~图 7-10 可以进一步验证本书所述的波束指向定标方法的精确性。

表 7-1 天线坐标系中指向测量误差（99% 概率）

误差源			波束中心指向	
			方位向	距离向
轨道确定	位置/(m,1σ,三轴)	10	0.001	0.001 2
	速度/(m/s,1σ,三轴)	0.05	0	0.000 077
星敏姿态测量	偏航/(°,3σ)	0.002	0.000 87	0.000 077
	滚动/(°,3σ)	0.002	0	0.001 7
	俯仰/(°,3σ)	0.002	0.000 15	0.000 077
多普勒中心估计误差/(Hz,3σ)		20	0.000 46	0.000 077
定标器增益误差/(dB,3σ)		0.2	—	0.003 2(和波束) 0.000 88(差波束)
总误差			0.002 1	0.003 5(和波束) 0.002 2(差波束)

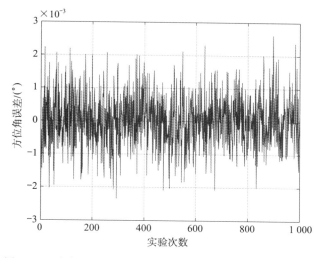

图 7 - 7　波束指向方位角误差（多定标器）0.002 1°（99%）

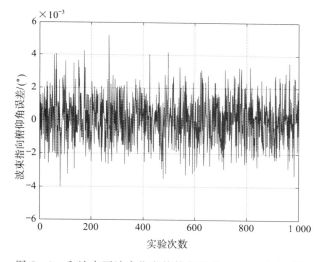

图 7 - 8　和波束下波束指向俯仰角误差 0.003 5°（99%）

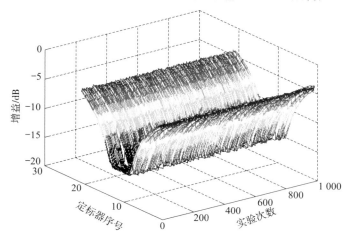

图 7 - 9　差波束下定标器增益

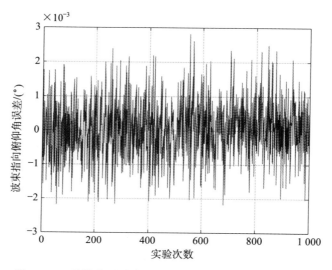

图 7 - 10　差波束下波束指向俯仰角误差 0.002 2°（99%）

7.4.6　在轨试验

基于在轨实测数据进行了波束指向定标验证工作，并取得了一定的成功，其方案流程如图 7 - 6 所示。其中，指向偏差校正模块中将指向偏差等效为天线姿态误差，用姿态和星敏感器调整的方法消除。

波束指向修正采用了平移调整和旋转调整两种方式，两种调整可同时完成。图 7 - 11 给出了波束方位角校正结果，可以看出，经两次调整后，除 S1 波位外，其余样本方位向波束指向误差均在 ±0.012° 以内。

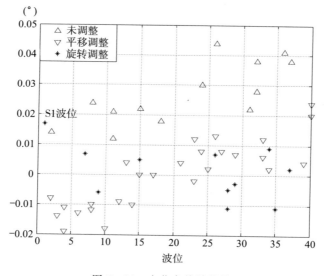

图 7 - 11　方位角统计结果

对补偿前后 54 组数据的分析结果表明，通过星敏感器测量基准校正及姿态补偿，多普勒中心频率取得以下两方面的改善：

1）多普勒中心频率星敏测量计算值更为准确；通过星敏感器的两步调整，多普勒中心频率偏差有明显改善，从图 7-13 可以看出，基本处于 ±100 Hz 以内，取得了预期的效果。图 7-11 是相应的天线波束指向偏差改善状况，基本处于 ±0.012°以内。

2）多普勒中心频率本身的控制也有改善，从图 7-12 可以看出，可以正确反映偏航导引规律。

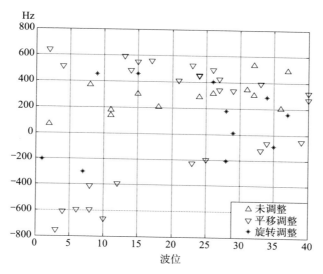

图 7-12　多普勒中心统计结果

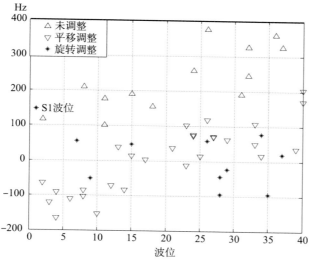

图 7-13　多普勒中心偏差统计结果（估计-计算）

7.5　在轨联合斜距定标

7.5.1　斜距测量误差建模

星载 SAR 的斜距是指目标到天线相位中心的距离，即电波在大气中传播的距离，但通常星载 SAR 测量的时延时间还包括发射机脉冲控制信号的产生到该脉冲从天线上发射所经过的时间，再加上接收回波从天线通过接收机到 ADC 所用的时间，称这段时间为电时延。设整个回波时延为 t，电时延为 t_e，回波的传播速度为 c，则对应的测距公式为

$$R = \frac{(t - t_e) \cdot c}{2} \tag{7-32}$$

由测距公式可以看出影响测量精度的因素，对式（7-32）求全微分，得到

$$dR = \frac{\partial R}{\partial c} dc + \frac{\partial R}{\partial t} dt + \frac{\partial R}{\partial t_e} dt_e = \frac{R}{c} dc + \frac{c}{2} dt + \frac{c}{2} dt_e \tag{7-33}$$

用增量代替微分，可得到测距误差为

$$\Delta R = \frac{R}{c} \Delta c + \frac{c}{2} \Delta t + \frac{c}{2} \Delta t_e \tag{7-34}$$

式中，Δc 为电波传播速度平均值的误差；Δt 为测量目标回波时延时间的误差；Δt_e 为测量电时延时间的误差。由式（7-34）可以看出，测距误差由电波传播速度 c 的误差 Δc、回波时延测量误差 Δt 以及电时延测量误差 Δt_e 组成，同时，大气介质分布不均匀将造成电波折射，因此，电波传播的路径不是直线而是走过一个弯曲的轨迹，所以，测距误差还包括因大气折射引起的误差。下面将详细研究引起测距误差的各个因素。

7.5.1.1　回波时延测量误差

星载 SAR 发射线性调频脉冲，波束照射如图 7-14 所示。一般采用数字式测距的方法，利用高稳定度的基准频率源（晶振）作为计数脉冲，并通过计数器在发射脉冲的同时开始对计数脉冲计数，一直到回波脉冲达到后停止计数。只要记录了此期间计数脉冲的数目 n，再乘以计数脉冲的周期 T，即可获得延时时间 nT。为了减小测读误差，通常计数脉冲产生器和雷达定时器触发脉冲在时间上是同步的。图 7-15 给出了回波时延测量的示意图。

回波信号一般经过整数 m 个 PRT 时间达到接收机，其中，PRT 为 p 整数倍的 T，接收机以频率 f（MHz）进行采样，第 i 采样点对应的回波时延测量表达式为

$$t = m \cdot \text{PRT} + n \cdot T + i/f = (m \cdot p + n) \cdot T + i/f \tag{7-35}$$

由式（7-35）可以看出，影响回波时延测量误差的因素主要包括时钟单元 T 和采样频率。当前，星载 SAR 的基准频率源可达 100 MHz，其稳定度可达 5e-11，时钟单元 T 误差可以忽略，所以，引起回波时延测量误差的主要因素为采样频率。由式（7-34）可得，采样频率分别为 60 MHz、300 MHz、960 MHz 时，回波时延测量误差引起的斜距误差分别约为 2.50 m、0.50 m、0.16 m。

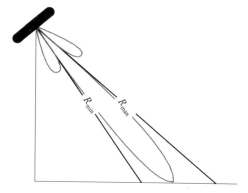

图 7 - 14 波束照射示意图

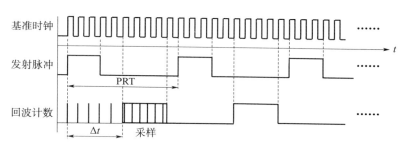

图 7 - 15 回波时延测量的示意图

7.5.1.2 电波传播速度变化产生的误差

电磁波在大气中的传播速度 c 为

$$c = \frac{C}{n}$$

式中，C 为电磁波在真空中的速度；n 为大气的折射率。大气折射率是随时间、地点和高度等因素变化的，当精确测量到测试路径上大气折射率 n，则可以得出电磁波在大气中传播的实际速度，其中，测量路径上的实际大气折射率 n 应是整个测量路径上大气折射率的积分平均值。

由式（7 - 34）可知，由于电波传播速度的计算误差而引起的相对测距误差为

$$\frac{\Delta R}{R} = \frac{\Delta c}{c} \tag{7 - 36}$$

随着距离 R 的增大，由电波速度的误差所引起的测距误差 ΔR 也增大。由于电波在大气中的平均传播速度和光速有差别，且随着工作波长 λ 而异，因而在公式（7 - 32）中 c 值也应根据实际情况校准，否则会引起系统误差。

7.5.1.3 因大气折射引起的误差

当电波在大气中传播时，由于大气介质分布不均匀将造成电波折射，因此，电波传播的路径不是直线而是走过一个弯曲的轨迹。在正折射时电波传播途径为一个向下弯曲的

弧线。

由图 7 - 16 可以看出，虽然目标的真实距离是 R_0， 但因电波传播不是直线而是弯曲弧线，故所测得的回波延迟时间 $t_R = 2R/c$ ，这就产生一个测距误差（同时还有测仰角的误差 $\Delta\beta$ ）

$$\Delta R = R - R_0 \tag{7-37}$$

ΔR 的大小和大气层对电波的折射率有直接关系。如果知道了折射率和高度的关系，就可以计算出不同高度和距离的目标由于大气折射所产生的距离误差，从而给测量值以必要的修正。目标距离越远、高度越高，由折射所引起的测距误差 ΔR 越大。

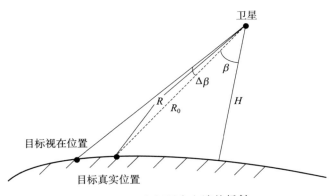

图 7 - 16　大气层中电波的折射

7.5.1.4　雷达系统收发链路的时延（电时延）测量误差

由于星载 SAR 系统测量得到的回波时延包括电波在系统收发链路中传播的时间，而这个时间分量在斜距测量中是不需要的，从理论上讲，该电时延量在校正雷达时是需要补偿掉的，而实际工作中很难完善地补偿，会残留一定的随机误差。

电时延值可以通过某种方法经过多次测量平均后获得其固定值，补偿掉固定值后，其残留量会随着设备本身工作的不稳定性造成一个随机量，在式（7 - 32）～式（7 - 34）中，t_e 是多次测量获得的电时延固定值，dt_e 是残留的电时延随机误差。

7.5.1.5　小结

根据前文所述的斜距测量误差因素分析，提高斜距测量精度，一是提高回波时延的测量精度；二是进行大气环境监测和建模，修正电波在大气中的传播速度和折射引起的误差；三是精确测量系统收发链路的时延（电时延），并控制残留的系统误差范围。

由于整个斜距测量过程涉及系统设备、大气传播，可以采用星地一体化的思路，通过在轨联合定标的方法测量并修正整个系统误差，提高斜距的测量精度。

7.5.2　在轨联合定标方法

误差按其性质可分为系统误差和随机误差两类，系统误差是指在测距时，系统各部分对信号的固定延时所造成的误差，而且星载 SAR 斜距测量涉及大气建模修正传播速度和折射误差、电时延测量补偿系统收发链路时延值，大气建模和电时延测量可以通过星地一体化的思路进行联合测量定标，主要是通过 GPS 设备和地面定标设备建立星地链路，利用 GPS 精确测量天线相位中心位置和地面定标设备的位置，两个位置的距离作为斜距的真实值，然后与系统测量的斜距作差，并且以多次测量的平均值作为系统误差，系统误差可以补偿掉，在实际过程中，不可能完全补偿系统误差，仍残留一定的误差。

　　德国的 TerraSAR 卫星利用亚马逊热带雨林定标场数据开展了图像的几何校正研究。通过对距离时延的补偿，其斜距误差明显减小，如图 7－17 所示。

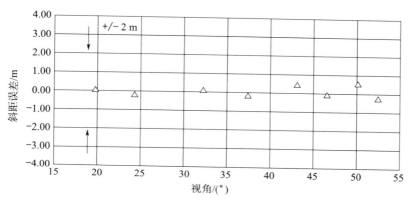

图 7－17　TerraSAR 时延补偿后斜距误差与视角的关系

7.5.2.1　定标方法

　　如果 SAR 图像上存在经纬度已知的控制点，那么结合星上 GPS 定轨数据，就可以计算出卫星和控制点之间的距离。这一距离和雷达测距相比较，可以得到一个测距偏差。这一偏差包含 GPS 定轨误差、控制点位置误差和上节所述系统及大气时延误差。为了获得高精度斜距固定偏差，通过多次测量取平均值。地面应用系统在成像处理和几何定位处理时对斜距值修正该固定偏差，即可以较大改善定位精度。利用角反射器无系统时延的特性可有效解决这一问题。

7.5.2.2　定标流程

　　斜距在轨定标的流程图如图 7－18 所示。

7.5.2.3　数据处理

　　首先，对定标场中的角反射器位置和卫星轨道位置进行精确测量，计算实际的斜距值，其次，对定标场数据进行成像处理，提取角反射器目标，并获取雷达测距值，最后，将实际斜距值与雷达测距值进行做差，通过多次测量或多点测量获得最终的修正值。

7.5.3　数学分析验证

　　在仿真试验中，将各影响因素分为固定值和随机误差，具体设置见表 7－2，该选定的

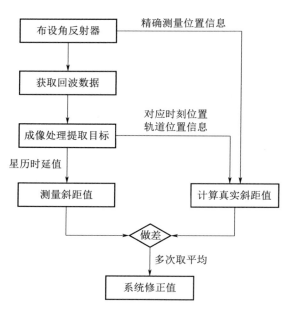

图 7 - 18　斜距在轨定标的流程图

定标工况是对应某一大气温度、气压、湿度分布和照射视角的情况下，并假设真实斜距为 700 km。仿真分析结果如图 7 - 19 所示，仿真试验误差取值见表 7 - 3。

表 7 - 2　仿真试验参数设置

序号	参数名词	在轨外定标工况取值	备注
1	真空中光速	$2.997\,73 \times 10^8$ m/s	
2	实际传播折射距离	10 km	
	折射距离计算误差	5 m(1σ)	
3	实际传播积分平均折射率	1.000 3	
	积分平均折射率计算误差	0.000 000 1(1σ)	
4	电时延	均值 30 ns／方差 3 ns	
5	计时测量	固定 10 ns／方差 1 ns	
6	GPS 定位精度	0.5 m(1σ)	

表 7 - 3　仿真试验误差取值

序号	误差参数	固定值	随机误差（方差）	备注
1	大气传播时延	4.6 ms	20 ns／3 m	
2	电时延	30 ns	3 ns／0.45 m	
3	计时	0	1 ns／0.15 m	正态分布
4	GPS 定轨	0	0.5 m	
5	角反射器位置	0	0.5 m	

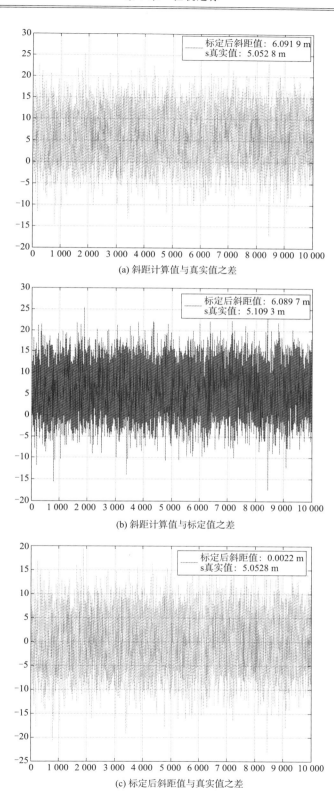

(a) 斜距计算值与真实值之差

(b) 斜距计算值与标定值之差

(c) 标定后斜距值与真实值之差

图 7 - 19　仿真分析结果

计算斜距时光速 c 取 $2.999\,998\times10^8$ m/s，假设真实斜距值为 700 km。

由此可得，大气传播时延 Tatm＝$(4.6\times10^{-3})+(20\times10^{-9})$・randn(1,100 000)s，电时延 Tele＝$(30\times10^{-9})+(3\times10^{-9})$・randn(1,100 000)s，整个传输时延 T＝Tatm＋Tele＋10^{-9}・randn(1,100 000)s，则测量斜距 Rm＝$cT/2$m，均值 Rm＿avg＝690 004.037 m，方差 Rm_std＝3.032 2m≈sqrt$(3^2+0.45^2+0.15^2)$m，由此可以看出，如果不进行斜距修正，测量斜距与真实斜距存在 9 995.963 m 的固定偏差；定标斜距 Rcal＝$(700\times10^3)+$sqrt$(0.5^2+0.5^2)$・randn(1,100 000)m；斜距偏差 Rd＝Rm－Rcal，均值 Rd＿avg＝9 995.965 2 m，方差 Rd_std＝3.114 5 m≈sqrt$(3^2+0.45^2+0.15^2+0.5^2+0.5^2)$m，理论上通过定标测量获得斜距偏差值，即均值 Rd＿avg，修正后的测量斜距 Rm＿cal＝Rm－Rd＿avg，其均值 Rm＿cal＿avg＝699 999.997 m，方差 Rm＿cal＿std＝3.038 8 m，由此可以看出，通过斜距在轨联合定标，固定偏差被精度补偿，只存在方差为 3.032 2 m 的随机误差；但实际在轨联合定标中，无法进行大量的测量，如果仅一次定标测量，修正后的斜距误差为 4.354 3 m≈sqrt(Rm_std2＋Rd_std2)，如果是两次定标取平均值，修正后的斜距误差为 3.761 6 m≈sqrt{Rm_std2＋(std[(Rd1＋Rd2)/2]2)} m，为此可以通过多次测量减小定标误差，实现斜距精度的大幅提升。

通过仿真分析，经过在轨联合定标技术，可以有效地修正斜距固定误差，验证了该技术的有效性和可行性。

参 考 文 献

［1］ 赵现斌，孔毅，严卫，等．机载合成孔径雷达海面风场探测辐射定标精度要求研究［J］．物理学报，2012，61（14）：1－9．

［2］ 柏仲干，周颖，王国玉，等．SAR 辐射定标的融合算法研究［J］．信号处理，2007，23（4）：557－560．

［3］ 陶鹍，张云华，郭伟，等．星载 SAR 亚马逊雨林辐射定标仿真研究［J］．空间科学学报，2006，26（4）：309－314．

［4］ 刘洪霞，肖志刚．基于工作流的星载 SAR 辐射定标系统研究与设计［J］．计算机工程与设计，2008，29（2）：448－450．

［5］ SCHWERDT M，BRÄUTIGAM B，BACHMANN M，et al. Final TerraSAR－X Calibration Results Based on Novel Efficient Calibration Methods［J］. IEEE Transaction on Geoscience and Remote Sensing，2010，48（2）：677－689．

［6］ BRÄUTIGAM B，RIZZOLI P，GONZÁÁLEZ C，et al. SAR Performance of TerraSAR－X Mission With Two Satellites［C］. in 8th European Conference on Synthetic Aperture Radar，Aachen，Germany，2010．

［7］ SCHWERDT M，BRÄUTIGAM B，BACHMANN M，et al. TerraSAR－X Calibration－First Results［C］. in 26th International Geoscience and Remote Sensing Symposium，Barcelona，Spain，2007．

［8］ 彭江萍，丁赤飚，彭海良．星载 SAR 辐射定标误差分析及成像处理器增益计算［J］．电子科学学刊，2000，22（3）：379－384．

［9］ 宋胜利，杨英科，刘磊．合成孔径雷达辐射定标误差分析［J］．电子对抗试验，2009，19（1）：6－10．

［10］ 袁礼海，葛家龙，江凯，等．SAR 辐射定标精度设计与分析［J］．雷达科学与技术，2009，7（1）：35－39．

［11］ 袁礼海，李钊，葛家龙，等．利用点目标进行 SAR 辐射定标的方法研究［J］．无线电工程，2009，39（1）：25－28．

［12］ 耿波．星载 SAR 定标处理软件系统的设计与实现［D］．北京：中国科学院，2005．

［13］ TI LUKOWSKI，HAWKINS R K，MOUCHA R Z，et al. Spaceborne SAR Calibration Studies：ERS－1［C］. 1994 IARGASS. Vol4，1994，pp. 2218－2220．

［14］ MANFRED ZLINK，RICHARD BAMLER. X－SAR Radiometric Calibration and Data Quality［J］. IEEE Transactions on Geoscience and Remote Sensing，1995，33（4）：840－847．

［15］ JOHN C CURLANDER，ROBERT N，MCDONOUGH. 合成孔径雷达：系统与信号处理［M］．北京：电子工业出版社，2006．

［16］ MARCO SCHWERDT，DIRK SCHRANK，MARKUS BACHMANN，et al. Calibration of the TerraSAR－X and the TanDEM－X Satellite for the TerraSAR－X Mission［C］. in 9th European

Conference on Synthetic Aperture Radar 2012，Nuremberg，Germany，2012.

[17] JOHN C，CURLANDER，ROBERT N，et al. Synthetic Aperture Radar：Systems and Signal Processing [M]. John Wiley & Sons，Inc，1991.

[18] MARCO SCHWERDT，BENJAMIN BRAUTIGAM，MARKUS BACHMANN，et al. TerraSAR - X Calibration Results [C]. 7th EUSAR ，2008：91 - 94.

[19] BUCKREUSS S，WERNINGHAUS R，PITZ W. German Satellite Mission TerraSAR - X [C]. 2008 IEEE Radar Conference，2008，pp. 1 - 5.

[20] LUKOWSKE T I，et al. Spaceborne SAR Calibration Studies：ERS - 1 [C]. Proc. IGARSS'94，Pasadena，CA，USA：August，1994，2218 - 2220.

[21] AGER T P，BRESNAHAN P C. Geometric Precision in Space Radar Imaging：Results from TerraSAR - X [C]. ASPRS 2009，Baltimore，USA，2009.

[22] SCHUBERT ADRIAN，JEHLE MICHAEL，SMALL DAVID. et al. Influence of Atmospheric Path Delay on the Absolute Geolocation Accuracy of TerraSAR - X high - resolution products [J]. Transactions on Geoscience and Remote Sensing，2010，48（2）：753 - 758.

[23] EINEDER M，MINET C，STEIGENBERGER P，et al. Imaging Geodesy—Toward Centimeter - Level Ranging Accuracy With TerraSAR - X [J]. IEEE Transactions on Geoscience and Remote Sensing，2011，49（2）：661 - 671.

[24] 丁鹭飞，耿富录. 雷达原理 [M]. 西安：西安电子科技大学出版社，2006.

[25] BJÖRN J DÖRING，PHILIPP LOOSER，et al. Highly Accurate Calibration Target for Multiple Mode SAR Systems [C]. EUSAR 2010，1 - 4.

[26] SHUO WANG，HAIMING QI，WEIDONG YU. Polarimetric SAR Internal Calibration Scheme Based on TR Module Orthogonal Phase Coding [J]. IEEE Transactions on Geoscience and Remote Sensing，Vol. 47，December 2009，12：3969 - 3980.

第8章　P波段数据应用处理

8.1　概述

SAR凭借其独有的全天时、全天候以及对地观测穿透性强的优势，已经在冰川探测、地壳形变、林业调查、地面沉降、变化监测、道路规划、环境监测、资源勘察、灾害评估以及地形测绘等多个领域得到了广泛应用，是当前国际上最前沿的对地观测技术之一。随着硬件技术的成熟和SAR理论的不断进步，在SAR对地观测领域不断涌现新技术，SAR对地观测也由传统的二维信息探测逐步拓展到三维信息探测，在SAR林业应用技术研究中，先后出现了干涉合成孔径雷达（InSAR）技术、极化干涉合成孔径雷达（PolInSAR）技术和层析SAR（TomoSAR）技术，这三种SAR技术也是森林垂直结构信息探测的重要技术手段。相比于现有卫星搭载的SAR载荷频段，P波段SAR相较于短波长SAR而言，能够穿透相对更深的地表覆盖层（如植被、冰雪、土壤或地表水等），从而具有获取地表覆盖层内部几何结构及属性信息的能力，为人类更为全面、系统地认知地球表层系统及地表覆盖层内部信息提供了巨大的潜力，对于森林碳汇分析、全球林下地形测绘、隐蔽军事目标侦查、资源环境调查、遥感考古等具有重要的意义。本章以森林地上生物量反演、森林高度及林下地形反演等应用为例介绍P波段SAR数据处理的相关理论与方法。

8.2　森林地上生物量反演

森林生态系统约占陆地表面的30%，占陆地总初级生产力的75%，约占全球植被生物量的80%。因此，它们在全球碳平衡和气候变化中发挥着重要作用。反映森林碳循环变化的一个重要参数是地上生物量（Above-Ground Biomass，AGB）。许多不同的技术已被用于估计AGB和AGB变化。其中，遥感技术在大尺度森林AGB制图中的表现优于传统的森林调查技术。

在过去的20年中，机载传感器和星载传感器已被用于估计森林AGB。光学遥感数据集（例如，中分辨率成像光谱仪、MODIS和Landsat Thematic Mapper，TM）已成功用于森林参数估计和不同质量结果的木本生物量评估，主要是通过揭示植被指数之间的相关性（如NDVI）或光谱响应和地面调查数据。然而，使用光学遥感数据反演的AGB值通常受到饱和效应的困扰，尤其是在高生物量森林中。由于植被区穿透力的限制，光学遥感图像中记录的光谱响应主要与太阳辐射和林分冠层的相互作用有关，其中，主要包含水平方向的植被信息。光学遥感的饱和点范围为$15\sim70$ t/hm²。与光学遥感相比，SAR具有穿透云层和植被冠层的能力。因此，SAR系统可以在所有天气条件下观察地表，并具有连续的时间覆盖。特别是，长波（如 L 波段和 P 波段）SAR 数据对 HV 和 HH 极化通道的森林 AGB 更敏感。通常，使用 SAR 的森林参数估计中最常用的方法可以分为几种类型。基于 SAR 数据的后向散射系数可以获得森林 AGB 的估计。大多数研究使用生物量的对数、平方根或立方根以及后向散射系数进行生物量预测。然而，该类方法也存在饱和问题，这取决于不同的波长、极化和入射角。

8.2.1　基于 P 波段 SAR 生物量估算模型

在对森林生物量估算中，半经验模型能够提供清晰的结构和思路，来理解不同后向散射相互作用的物理机制，能够对研究对象提供合理的解析。常用的模型主要包括线性模型、对数模型、二次模型、指数模型及水云模型等。本节以水云模型为例，对基于 SAR 的森林生物量估算模型进行描述。水云模型的公式为

$$\sigma_{all}^{0} = (1 - \eta) \sigma_{gr}^{0} + \eta \sigma_{gr}^{0} T_{tree} + \eta \sigma_{veg}^{0} (1 - T_{tree}) \qquad (8-1)$$

式中，σ_{all}^{0} 为森林总后向散射；σ_{gr}^{0} 为地面后向散射；σ_{veg}^{0} 为植被冠层后向散射；η 为面积填充因子，即植被冠层覆盖面积占区域面积的比重（若为 0，则表示无冠层覆盖；若为 1，则表示完全冠层覆盖）；T_{tree} 为植被双向透射率，可用 e^{-ah} 表示，其中，α 为衰减因子，h 为衰减层的厚度。由于面积填充因子难以直接获取，所以式（8-1）通常不直接使用，可用以下表达式进行替换

$$\eta = \frac{1 - e^{-\beta V}}{1 - e^{-ah}} \qquad (8-2)$$

式中，β 为通过经验定义的系数；V 为蓄积量。将式（8-2）代入式（8-1），可得

$$\sigma_{all}^{0} = \sigma_{gr}^{0} e^{-\beta V} + \sigma_{veg}^{0} (1 - e^{-\beta V}) \qquad (8-3)$$

对式（8-3）进一步参数化，由于本节估算的参数为森林 AGB，因此，将公式中的 V 用 AGB 替换

$$\sigma_{i}^{0} = \beta_1 + \beta_2 e^{\beta_3 AGB} \qquad (8-4)$$

式中，β_1，β_2，β_3 分别代替 σ_{veg}^{0}，$\sigma_{gr}^{0} - \sigma_{veg}^{0}$ 和 $-\beta$。

在上述分析模型的基础上考虑局部入射角的影响，通过引入局部入射角对模型进一步修正，得到最终模型（水云模型）为

$$\sigma^{0} \cos^{-1}(\theta_i - \theta_s) = \beta_1 + \beta_2 e^{\beta_3 AGB} \qquad (8-5)$$

为方便表述，令 $\gamma^{0} = \sigma^{0} \cos^{-1}(\theta_i - \theta_s)$

$$\gamma^{0} = \beta_1 + \beta_2 e^{\beta_3 AGB} \qquad (8-6)$$

构建森林 AGB 估算模型后，需要通过样地实测数据与后向散射系数确定模型的参数值。由于使用的估算模型多为非线性模型，难以用传统方法确定模型的参数值，而遗传算法（GA）适用范围较广，无论非线性问题能不能转化为线性问题，都可以直接进行数据拟合，并且对于可以转化为线性问题的非线性数据问题，遗传算法要优于其他算法，因此，使用遗传算法来确定生物量估算模型的最优参数值。

8.2.2　基于 P 波段 SAR 生物量估算实例

实验区位于瑞典北部西博滕省温德恩市（Vindeln Municipality）的 Krycklan 流域，是温德恩市森林实验场的一部分，同时，也是瑞典大学野外森林研究基地，面积约为 9 390 hm²，属于亚寒带针叶林气候。林区地形起伏较大，海拔范围为 100～400 m。森林类型为自然生长的混交林，其中，大多数为针叶林树种，包括云杉（Spruce）、松树（Pine），落叶阔叶林树种有桦树（Birch），除此之外，还有其他少量的落叶乔木，如山杨（Aspen）、花楸（Rowan）等。

SAR 数据来源于欧洲空间局 BIOSAR 项目，是由德国宇航中心应用机载 E-SAR 传感器获取的 P 波段全极化数据（HH、HV、VH、VV），机载平台高度为 4 090.1 m，中心频率为 0.35 GHz，天线俯视角为 40°，航向角为 —47.2°，脉冲重复频率（PRF）为 2 000 Hz。影像成像时间为 2008 年 10 月 14 日。在经过多视处理、滤波、地理编码、重采样等 SAR 影像基本处理之后，最终的影像坐标系统为 UTM WGS1984，像素点大小为 1 m×1 m。森林实测数据来自研究区 24 个林分采样区，样区分布如图 8-1 所示，面积在 3.07～24.34 hm² 范围内，在每个林分中根据林分面积按照一定的间距（50～160 m）布置 8～13 个半径为 10 m 的样地，样地总数为 310 个，样地调查时间为 2008 年 10 月 13—17 日。在这些样地中，对于胸径大于 4 cm 的树木，逐一测定单木的树种、树高和胸径，并记录其他一些参数，如植被种类和土壤类型等。实地测量的单木数据根据不同林分区域的树种类型先汇总成样地尺度的森林参数，包括每个树种的断面面积加权平均年龄、胸高断面面积加权平均直径（cm）、胸高断面面积加权平均树高（dm），然后将每个树种的生物量分成 3 个组分（树干、树枝、树叶）分别计算得到。

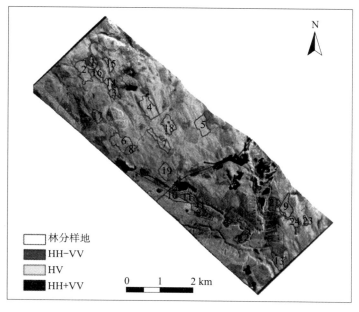

图 8-1　研究区极化 SAR Pauli-RGB 合成图及林分分布图（见彩插）

为了更深入了解不同地形对估算模型的影响，将坡度分为 3 个等级，分别为 $0°\sim5°$、$5°\sim10°$、$\geqslant10°$。从图 8-2 的拟合结果看出，坡度由 $0°\sim5°$、$5°\sim10°$，以及坡度 $\geqslant10°$ 的区域中，水云模型拟合决定系数分别为 0.57、0.504 及 0.424。结果表明，无论在地形起伏较小的地区还是地形起伏较大的地区，水云模型均能较好地估算森林 AGB。

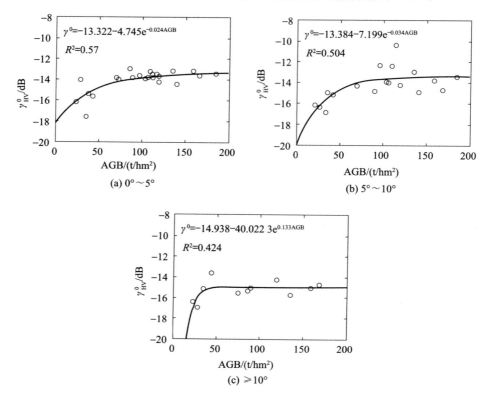

图 8-2　水云模型在不同坡度条件下拟合结果比较

实验中利用研究区 24 个完整林分的实测生物量与对应的 HV 极化方式后向散射系数，通过遗传算法得到估算模型最优系数，结果见表 8-1。

表 8-1　水云模型森林 AGB 估算参数

模型	β_1	β_2	β_3	R^2	RMSE
$\gamma^0 = \beta_1 + \beta_2 e^{\beta_3 \text{AGB}}$	−13.596	−7.414	−0.036	0.795	0.466

为便于理解及生物量估算结果检验，水云模型可写成以下形式

$$\text{AGB} = \frac{1}{-0.036}\ln\left(\frac{\gamma^0 + 13.596}{-7.414}\right) \tag{8-7}$$

确定适合复杂地形生物量估算模型之后，对模型精度检验是必要的。首先将林分对应的 HV 极化方式后向散射系数代入模型中，估算出生物量，然后计算出实测生物量与模型估算生物量的均方根误差，结果如图 8-3 所示。实测生物量与模型估算的生物量决定系数为 0.597，RMSE 为 30.876 t/hm²，拟合精度为 77.40%。最终的 AGB 制图结果如

图 8 - 4 所示，研究区生物量分布范围大致为：0～260 t/hm²，平均生物量为76.01 t/hm²。

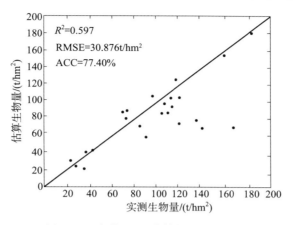

图 8 - 3　森林 AGB 估算结果精度评价

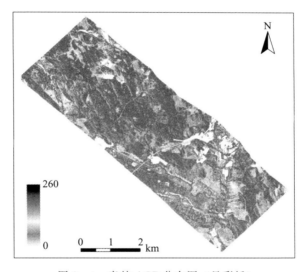

图 8 - 4　森林 AGB 分布图（见彩插）

8.3　森林高度及林下地形反演

　　传统的森林高度信息采集主要是通过地面测量手段对地面抽样点进行实地测量，进而通过局部调查区域的信息对森林资源进行整体评估。此种方法，虽然调查样本区域精度高，但是整体精度依赖于调查样本的数量。此外，由于受到人力、物力和财力等外界因素的限制，无法对森林进行大范围的监测，因而难以满足地形测绘、林业资源普查等的需求。

　　遥感技术，以其非接触的数据采集方式、大范围实时监测、采集数据周期短、高精度高分辨率的优势，在大范围监测森林资源的技术中得到广泛关注和认可。光学遥感是被动遥感技术，利用不同地物的波谱特性，有效识别地物的电磁辐射信息，可提取森林的水平分布状况，但是由于其难以穿透森林植被，难以有效反演森林高度。P 波段 SAR 作为一种具有较强穿透特性的传感器，一方面能够不受云雾雨雪等恶劣天气条件的影响，实现全天时、全天候对地表进行成像观测；另一方面能够完全穿透森林植被层，从而能够准确提取森林资源管理所需的森林高度、森林蓄积量、林下地形等森林垂直结构信息。

近些年发展起来的 PolInSAR 技术为精确提取森林高度及其内部结构信息提供了契机。PolInSAR 技术利用交替发射水平（H）、垂直（V）两种极化波电磁信号，通过接收方式的不同，获取 4 种组合方式（HH、HV、VH、VV）的极化信号，通过矢量干涉的方法，可提取不同的散射机制，从而用以森林高度的提取、地物分类、森林生物量评估等。PolInSAR 技术因其具有穿透性强、全天候、全天时等一般 SAR 的优势，弥补光学遥感易受天气影响的不足。同时，PolInSAR 技术通过有效结合极化信息与干涉测量信息，既具有对散射体的结构、运动、变化信息敏感的特性，又具有极化 SAR 数据对于散射体纹理、对称性，介电常数等信息的敏感性，是目前反演森林高度及林下地形的有效手段。

8.3.1　PolInSAR 森林高度及林下地形反演基本原理

RVoG（Random Volume over Ground）模型是极化干涉 SAR（PolInSAR）技术中最典型的一种相干散射模型。该模型将森林植被层简化描述为均匀分布的植被层和地表两层结构，从而建立 SAR 信号干涉过程与森林参数之间的关系（图 8 -5）。1996 年，Treuhaft 等人根据 InSAR 复相干系数分析提出了 RVoG 模型，接着 2001 年 Papathanassiou 等人又将该模型扩展到 PolInSAR 技术当中，从而极大发展了基于 RVoG 模型的 PolInSAR 植被参数反演算法与应用。对于不考虑时间去相干的 PolInSAR 数据，其复相干系数可以表示为

$$\left.\begin{array}{l} \gamma(\omega) = e^{i\phi_0} \dfrac{\gamma_v + \mu(\omega)}{1 + \mu(\omega)} \\[4mm] \gamma_v = \dfrac{\displaystyle\int_0^{h_v} f(z)\, e^{ik_z z}\, \mathrm{d}z}{\displaystyle\int_0^{h_v} f(z)\, \mathrm{d}z} = \dfrac{2\sigma\,(e^{2\sigma h_v/\cos\theta + i k_z h_v} - 1)}{(2\sigma + i\, k_z \cos\theta)\,(e^{2\sigma h_v/\cos\theta} - 1)} \end{array}\right\} \qquad (8-8)$$

式中，$\gamma(\omega)$ 为极化通道 ω 对应的复相干系数；ω 为极化通道；ϕ_0 为林下地形对应的地表相位；$\mu(\omega)$ 为极化通道 ω 对应的地体幅度比，表征地表散射能量与冠层体散射能量之比；γ_v 为由森林冠层散射贡献引起的纯体去相干系数；$f(z)$ 为微波在森林冠层的相对反射率函数，即 $f(z) = e^{2\sigma z/\cos\theta}$；$h_v$ 为森林高度；σ 为消光系数，主要与微波频率、森林属性（如密度、介电常数）有关；θ 为雷达传感器入射角；k_z 为垂直向有效波数，依赖于成像几何（垂直基线 $B_\perp$、斜距 R 和入射角）和雷达波长 λ，在单站模式下可表示为

$$k_z = \frac{4\pi\Delta\theta}{\lambda\sin\theta} \approx \frac{4\pi\, B_\perp}{\lambda R \sin\theta} \qquad (8-9)$$

根据上述分析可知，RVoG 模型是以复相干系数 $\gamma(\omega)$ 为观测值，以地体幅度比 $\mu(\omega)$ 为变量的函数，随着极化状态 ω 变化而变化。当地体幅度比 $\mu(\omega) \to \infty$，即该极化状态对应的散射机制只包含地表散射，相应的复相干系数是 $e^{i\phi_0}$；当地体幅度比 $\mu(\omega) = 0$，即只

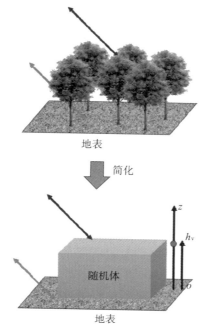

图 8 - 5　RVoG 模型示意图

包含冠层体散射，相应的复相干系数是包含地表相位的纯体去相干系数 $e^{i\phi_0} \gamma_v$。从几何角度分析（图 8 - 6），将 RVoG 模型表达式实部、虚部拆分，理论上构成了线性函数，即在复数单位圆内可用一条相干线段表示。在斑点噪声影响下复相干系数在复数单位圆内将以相干区域的形式分布在相干线段的两侧。因此，如何从相干区域中获取能够准确代表相干线段两端点值的最优极化复相干系数是 RVoG 模型森林参数反演成功的重要前提。

8.3.2　单基线 PolInSAR 森林高度与林下地形反演算法

2001 年，Papathanassiou 等人以 3 个复相干系数作为观测量，以 Euclidean 范数为优化目标来求解 RVoG 模型参数，该方法称为六维非线性迭代算法

$$\min_{h_v,\phi_0,\sigma,\mu_i} = \left\| \begin{bmatrix} \gamma(\omega_1) \\ \gamma(\omega_2) \\ \gamma(\omega_3) \end{bmatrix} - [\hat{M}] \begin{bmatrix} h_v \\ \phi_0 \\ \sigma \\ \mu_1 \\ \mu_2 \\ \mu_3 \end{bmatrix} \right\| \tag{8-10}$$

式中，M 为 RVoG 模型。在 RVoG 模型框架下，1 个复相干系数 $\gamma(\omega_i)$ 可拆分为实部和虚部这 2 个观测量，同时增加 1 个未知参数 μ_i。因此，上述方程组有 6 个已知观测值，6 个未知数，直接可求解。Papathanassiou 等人建议采用 3 个最优复相干系数 γ_{opt1}，γ_{opt2}，γ_{opt3} 来获得表征不同散射机制的观测值，从而保证在迭代过程中能够较好地重建相干线段。但

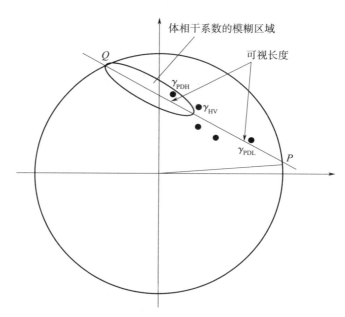

图 8 - 6 　RVoG 在复数单位圆上的几何表示

是，该方程组求解会存在病态问题，难以获取全局最优解。主要原因为：RVoG 模型在复数单位圆平面上为一条线段，为了确定一条直线只需要 2 个复数点（4 个独立实数观测值），即只需确定 $e^{i\phi_0}$ 和 γ_v，但是，此时 RVoG 模型中有 5 个未知参数无法求解而出现秩亏问题（可见，μ_i 是多余参数或由过度参数化产生的）。为了解决上述问题，六维非线性迭代算法采用了 3 个复相干系数作为观测值，在迭代优化过程中，RVoG 模型的线性约束会使得所选取的观测值趋近于线性相关而出现病态问题。

2003 年，Cloude 等人提出了三阶段算法，在解决模型求解秩亏问题的同时，有效避免了病态问题。三阶段的基本思路是基于 RVoG 模型的几何解释，通过固定一个模型参数来减少未知参数个数并实现模型参数求解，大大简化算法实现的复杂性（图 8 - 7）。

具体步骤如下：

（1）相干直线重建

理论上，如果 PolInSAR 数据满足 RVoG 模型假设，其相干区域在复数单位圆内为一条线段。实际上，由于受固定多视效应的影响，复相干系数将会分布在这条相干线段的两侧，其相干区域是以近似椭圆的形式展示，需要通过相干直线拟合来确定。原始三阶段算法是选取 5 种线性极化（γ_{HH}，γ_{HV}，γ_{VV}，γ_{HH+VV}，γ_{HH-VV}）复相干系数进行整体最小二乘直线拟合来获取相干直线。

（2）地表相位确定

相干直线确定之后，与复数单位圆有 2 个交点，需要判断哪一个点是地表相位。三阶段算法是基于不同极化状态下微波信号的散射特性不同来经验性地确定地表相位点，即 γ_{HV} 到地表相位点的距离应该大于 γ_{HH-VV} 到地表相位点的距离。针对这种先验信息不稳定

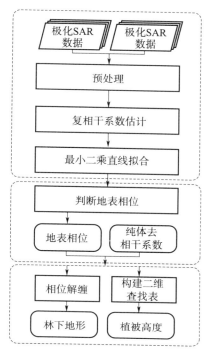

图 8 - 7　三阶段算法流程图

的问题，Kugler 等人提出了一种新的地表相位确定方法

$$
\begin{cases}
\text{For } k_z > 0 \\
\text{if } \arg\left[\exp(i\phi_1)\exp(i\phi_2)^*\right] < 0 \quad \text{then} \quad \phi_0 = \phi_1 \\
\text{if } \arg\left[\exp(i\phi_1)\exp(i\phi_2)^*\right] > 0 \quad \text{then} \quad \phi_0 = \phi_2 \\
\text{For } k_z < 0 \\
\text{if } \arg\left[\exp(i\phi_1)\exp(i\phi_2)^*\right] < 0 \quad \text{then} \quad \phi_0 = \phi_1 \\
\text{if } \arg\left[\exp(i\phi_1)\exp(i\phi_2)^*\right] > 0 \quad \text{then} \quad \phi_0 = \phi_2
\end{cases}
\tag{8-11}
$$

式中，ϕ_1，ϕ_2 分别为相干直线与复数单位圆的两个交点。从两个交点中确定地表相位之后，对该地表相位进行滤波、解缠、相高转换即可反演林下地形。

（3）森林高度解算

理论上，相干线段的另一个端点对应的是包含地表相位的纯体去相干系数，即当地体幅度比 $\mu(\omega)=0$，$\gamma(\omega)=e^{i\phi_0}\gamma_v$。但实际上，任一个极化状态均包含或多或少的地表散射能量，可选取体散射占优的复相干系数 $\gamma(\mu_{\min})$。因此，在确定地表相位之后，选取 $\gamma(\mu_{\min})$ 作为观测量更加有利于森林高度反演。此时 1 个复相干系数对应 2 个观测值，但包含 3 个未知参数（h_v，σ，μ），无法直接求解。为此，需要固定一个未知参数，主要有以下两种方式：

1）在场景内含有较低的地表散射贡献时，固定地体幅度比，即令体散射占优的复相干系数 $\gamma(\mu_{\min})$ 对应的 $\mu_{\min}$。利用二维查找表解算森林高度和消光系数，具体优化问题

如下

$$\min_{h_v, \sigma} \parallel \gamma(\mu_{\min}) - \mathrm{e}^{\mathrm{i}\phi_0} \gamma_v(h_v, \sigma) \parallel \tag{8-12}$$

适用于 X 波段、C 波段、L 波段 SAR 数据及茂密森林区域。

2）在场景内含有较高的地表散射贡献时，可选择固定消光系数，令体散射占优的复相干系数对应的 $\sigma = 0.1$ dB/m。同样地，利用二维查找表解算森林高度和地体幅度比，具体优化问题如下

$$\min_{h_v, \mu} \parallel \gamma(\mu_{\min}) - \mathrm{e}^{\mathrm{i}\phi_0} \frac{\gamma_v(h_v, \sigma = 0.1 \text{ dB/m}) + \mu_{\min}}{1 + \mu_{\min}} \parallel \tag{8-13}$$

适用于 P 波段 SAR 数据及稀疏森林区域。这两种策略均是在牺牲某一参数精度的前提下获取较为可靠的森林高度估计结果，其可靠性取决于先验信息的有效性。

8.3.3 多基线 PolInSAR 森林高度与林下地形反演算法

利用多基线 PolInSAR 数据对森林参数进行联合解算时，可假设多基线数据获取时间内，森林属性信息是保持相对平稳的，从而保证了微波散射特性在时序上是相对平稳的。接下来在不考虑时间去相干的情况下，分析多基线 PolInSAR 数据框架下，RVoG 模型参数在不同观测几何的干涉对之间是否存在一定的联系。虽然地表相位与地表高程和垂直向有效波数存在关联，但是每一条干涉对对应干涉相位所包含的轨道误差是不一致的，因此，此处建议不同干涉对几何下的地表相位是不同的且相互独立的。森林高度和消光系数与基线无关，是固定不变的。在极化平稳假设的前提下，可以认为地体幅度比是固定不变的。因此，在多基线 PolInSAR 数据配置下，对于任一干涉对 j、任一极化通道 i 复相干系数对应的 RVoG 模型表达式为

$$\gamma(\omega_i^j) = f(h_v, \sigma, \mu_i, k_z^j, \varphi_0^j) \tag{8-14}$$

可以看出，当干涉几何增加，观测量增加的个数大于待求未知参数增加的个数。

对于 k 组干涉对数据，建议每一干涉对均选取相干直线两个端点值对应的复相干系数 $\gamma(\mu_{\max})$，$\gamma(\mu_{\min})$ 作为观测量，则有 $4k$ 个观测量对应 $4+k$ 个待估参数。注意：当基线数大于或等于 2 时，无须固定模型参数可直接求解，不存在秩亏问题。相应地，以式（8-13）为函数模型，多基线森林参数反演的优化问题可表达为

$$\min_{h_v, \sigma, \mu_{\max}, \mu_{\min}, \phi_0^1, \cdots, \phi_0^j} \left\| P \circ \begin{bmatrix} \gamma^1(\mu_{\max}) \\ \gamma^1(\mu_{\min}) \\ \vdots \\ \vdots \\ \gamma^k(\mu_{\max}) \\ \gamma^k(\mu_{\min}) \end{bmatrix} - P \circ [\hat{M}] \begin{bmatrix} h_v \\ \sigma \\ \mu_{\max} \\ \mu_{\max} \\ k_z^j \\ \phi_0^1 \\ \vdots \\ \phi_0^j \end{bmatrix} \right\| \tag{8-15}$$

式中，P 为权重列向量；。表示哈达马积（Hadamard Product）。在第一次计算时，采用等权列向量。经过反复迭代计算，可求解模型参数估计值，迭代终止条件为待求参数变化值小于阈值或达到最大迭代次数。

8.3.4　层析 SAR 森林高度与林下地形反演

合成孔径雷达层析技术（Synthetic Aperture Radar Tomography，TomoSAR）通过传感器在高度向上的多次飞行形成高度向上的合成孔径，具备三维成像的能力。TomSAR 技术能够区分不同高度的散射体，获得森林反射率在高度向上的连续分布，进而完整地描述森林的三维结构。近年来，SAR 层析技术进入了一个高速发展的阶段，高分辨率的 SAR 层析成像算法和广泛的实际应用是 SAR 层析技术取得的主要成果。目前，SAR 层析技术在森林三维结构反演及生物量估计、城市建筑物高度反演和健康监测、冰川内部结构检测、森林隐藏目标探测等方面有着重要应用。

8.3.4.1　层析 SAR 三维成像模型

SAR 通过传感器在方位向上合成孔径，可以获得高分辨率的二维影像数据，已广泛应用于全天候、大尺度的对地观测任务。InSAR 技术通过传感器在不同的位置对同一目标进行观测，由两次观测的相位差可获得观测目标的高度信息。由于高度向分辨率的限制，传统 InSAR 技术并不能满足观测目标的三维成像需求。

获得二维 SAR 高度向分辨率的基本策略就是为传统 SAR 系统再增加一个合成孔径。与方位向的合成孔径类似，层析 SAR 技术通过在高度向上进行多次近似平行的飞行，形成高度向的合成孔径，以此获得高度向上的分辨率，实现对观测目标的三维成像。

如图 8-8 所示，假设 SAR 传感器在多条近似平行的轨道上进行了 N 次重复观测，经配准、去斜、去平地、相位误差校正等预处理后，获得的特定距离-方位向像素（r，x）的多基线复数观测值为

$$g(r,x,b_n)=\int_{\Delta s}\gamma(r,x,s)\mathrm{e}^{jk_z{}^{(n)s}}\mathrm{d}s \qquad (8-16)$$

式中，s 为散射体高度向上的高程值；$\gamma(r,x,s)$ 为高度向上的反射率函数；k_z 为有效垂直波数，其表达式为

$$k_z(n)=4\pi B_\perp(n)/(\lambda r\sin\theta) \qquad (8-17)$$

式中，$B_\perp$ 为垂直基线长度；λ 为波长；θ 为入射角。对于多基线的层析 SAR 数据集，对高度向上连续的信号进行 D 次离散的采样后，可将式（8-16）表达为

$$g(r,x,b_n)=\sum_{d=1}^{D}\exp[jk_z(n)s_d] \qquad (8-18)$$

以上多基线的层析 SAR 数学模型可通过矩阵形式进行表达，考虑观测数据包含服从高斯分布的白噪声，则有

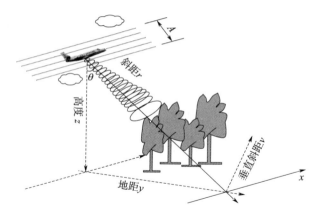

图 8 - 8 层析 SAR 三维成像几何模型

$$\begin{bmatrix} g_1 \\ g_2 \\ \vdots \\ g_N \end{bmatrix} = \begin{bmatrix} \exp[jk_z(1)s_1] & \cdots & \exp[jk_z(1)s_D] \\ \exp[jk_z(2)s_1] & \cdots & \exp[jk_z(2)s_D] \\ \vdots & \vdots & \cdots \\ \exp[jk_z(N)s_1] & \cdots & \exp[jk_z(N)s_D] \end{bmatrix} \begin{bmatrix} \beta_1 \\ \beta_2 \\ \vdots \\ \beta_D \end{bmatrix} + \begin{bmatrix} e_1 \\ e_2 \\ \vdots \\ e_N \end{bmatrix} \qquad (8-19)$$

将式（8-19）进行简化表达，可以得到

$$G = A\gamma + e \qquad (8-20)$$

式中，$A = \exp(jk_z s_d)$，s_d 为采样点处散射体的空间高度；e 为 N 维的噪声向量。

式（8-20）即为层析 SAR 的基本数学模型。森林的层析 SAR 三维成像便是基于以上数学模型，求解观测目标后向散射功率 $p = E(|\gamma|^2)$ 的空间分布。

8.3.4.2 层析 SAR 三维成像算法

森林场景层析 SAR 反演的直接目标是获得森林后向散射功率的空间分布，在此基础上提取林下地形、植被高、散射机理、地上生物量等植被垂直结构关键参数。已有的森林层析 SAR 算法大多从多基线层析 SAR 数据集的二阶统计量（协方差矩阵）出发，对森林的空间功率谱进行估计。谱估计方法是森林层析 SAR 反演最常用的方法，包括参数谱分析方法和非参数谱估计方法等。

8.3.4.3 单极化层析 SAR 算法

单极化层析 SAR 方法只需使用选定的单一极化通道的层析 SAR 数据便可获得森林的空间功率谱。常见的方法包括多重信号分类法（Multiple Signal Classification，MUSIC）、波束形成法（Beamforming）和自适应波束形成法（Capon）等。

（1）MUSIC 算法

MUSIC 算法是一种基于子空间的一维搜索算法。根据式（8-20）的层析 SAR 数学模型，多基线层析 SAR 数据集的协方差矩阵为

$$R = E(GG^H) = APA^H + \delta^2 I \qquad (8-21)$$

式中，$E(\cdot)$ 为求数学期望；$(\cdot)^H$ 为共轭转置操作；δ^2 为噪声功率值。将协方差矩阵进行特

征值分解，可以得到信号子空间和噪声子空间

$$R = U_S \boldsymbol{\Sigma}_S U_S^H + U_N \boldsymbol{\Sigma}_N U_N^H \tag{8-22}$$

由此可得

$$RU_N = APA^H U_N + \delta^2 U_N = \delta^2 U_N \tag{8-23}$$

结合式（8-21）和式（8-23）

$$APA^H U_N = 0 \tag{8-24}$$

由于信号功率矩阵为满秩非奇异矩阵，所以有逆存在。式（8-24）可进一步转换为

$$A^H U_N = 0 \tag{8-25}$$

式（8-25）表明导向矢量矩阵和噪声子空间正交。由噪声特征向量和信号向量的正交性，可得到 MUSIC 算法的空间功率谱函数为

$$P_{\text{MUSIC}} = \frac{1}{a(s)^H U_N U_N^H a(s)} \tag{8-26}$$

（2）Beamforming 算法

Beamforming 算法的核心思想是求解一个信号滤波器 h，使得位于合适位置散射体的后向散射信号可以通过，而拒绝其他不同高度散射体的信号。Beamforming 算法滤波器 h_{BF} 的求解方法为

$$h_{BF} = \min_h h^H h \qquad s.t. \ h^H a(s) = 1 \tag{8-27}$$

求解式（8-27）可得到 Beamforming 算法的滤波器 $h_{BF} = a(s)/N$。应用该滤波器对多基线层析 SAR 数据进行"滤波"处理，得到 Beamforming 算法的空间功率谱函数为

$$P_{\text{Beamforming}} = \frac{a(s)^H R a(s)}{N^2} \tag{8-28}$$

（3）Capon 算法

由于 Beamforming 算法的高度分辨率有限，当 SAR 数据基线分布不均匀时容易出现较为严重的旁瓣效应，Capon 算法在层析 SAR 反演中有着更为广泛的应用。Capon 算法假设复数观测值 G 和一个协方差矩阵为 R 的信号相关，基于此得到 Capon 算法滤波器 h_{CP} 的求解方法为

$$h_{CP} = \min_h h^H R h \qquad s.t. \ h^H a(s) = 1 \tag{8-29}$$

求解式（8-29）可得到 Capon 算法的滤波器 $h_{BF} = [a(s)^H R^{-1} a(s)]^{-1} R^{-1} a(s)$。应用该滤波器对多极限层析 SAR 数据进行"滤波"处理，得到 Capon 算法的空间功率谱函数为

$$P_{\text{Capon}} = \frac{1}{a(s)^H R^{-1} a(s)} \tag{8-30}$$

8.3.4.4　全极化层析 SAR 算法

全极化 SAR 数据具有对散射体形状、方向、极化属性敏感的特性。将极化信息引入层析 SAR 三维成像，有助于增强对森林这一复杂散射媒介的聚焦能力，同时，便于分析微波信号对不同组分散射机制的响应。森林区域散射体对电磁波的极化响应，可以用一个

Sinclair 复散射矩阵进行描述

$$S = \begin{bmatrix} S_{XX} & S_{XY} \\ S_{YX} & S_{YY} \end{bmatrix} \tag{8-31}$$

在单站后向散射体制下，式（8-31）中的 Sinclair 矩阵为对称矩阵，满足 $S_{XY} = S_{YX}$。现采用 Pauli 矩阵基对其进行线性组合，得到对应的三维目标矢量为

$$k = \frac{1}{\sqrt{2}} \begin{bmatrix} S_{XX} + S_{YY} & S_{XX} - S_{YY} & 2S_{XY} \end{bmatrix}^{\mathrm{T}} = s v_k \tag{8-32}$$

式中，s 为散射体的复散射系数；$v_k = \begin{bmatrix} k_1 & k_2 & k_3 \end{bmatrix}$ 为酉极化目标矢量。全极化多基线 SAR 数据集可以表示为

$$y_p = \begin{bmatrix} y_1 & y_2 & y_3 \end{bmatrix} \tag{8-33}$$

式中，$y_i \in C^{N \times 1}$ 为式（8-32）中不同极化组合的多基线数据集。

参考单极化多基线的层析 SAR 模型，可以得到全极化层析 SAR 模型为

$$y_P = A(s, V) r + e_p \tag{8-34}$$

式中，$A(s, V) r = \begin{bmatrix} a(s_1, v_{p1}), & \cdots, & a(s_D, v_{pD}) \end{bmatrix}$ 为全极化层析 SAR 模型的极化导向矢量矩阵；$V = \begin{bmatrix} v_{p1}, & v_{p2}, & \cdots, & v_{pD} \end{bmatrix}$ 中的每一个矢量代表高度向上第 d 个散射体的酉极化目标矢量。极化导向矩阵中的每一个列向量的数学表达式为

$$a(s_d, v_{pd}) = v_{pd} \otimes a(s_d) = B(s_d) v_{pd} \tag{8-35}$$

式中，$\otimes$ 为克罗内克积。与单极化的层析 SAR 模型类似，考虑全极化噪声服从均值为 0，方差为 δ_p^2 的高斯分布，则全极化多基线层析 SAR 数据的协方差矩阵为

$$R_p = E(y_p y_p^{\mathrm{H}}) = A(s, V) P A(s, V)^{\mathrm{H}} + \delta_p^2 I \tag{8-36}$$

基于式（8-36）的协方差矩阵可得到对应全极化层析 SAR 算法的空间功率谱函数。需要说明的是，全极化层析 SAR 算法涉及不同高度散射体高度位置、散射机理等多个参数的优化，已有的全秩极化层析 SAR 算法采用特征值分解的方式进行解算。由此得到的全极化 Beamforming 方法的空间功率谱函数为

$$P_{\mathrm{FP-Beamforming}} = \frac{\lambda_{\max}(B(s_d)^{\mathrm{H}} R_p B(s_d))}{N^2} \tag{8-37}$$

式中，$\lambda_{\max}(\cdot)$ 为取矩阵的最大特征值。

全极化 Capon 方法的空间功率谱函数为

$$P_{\mathrm{FP-Capon}} = \frac{1}{\lambda_{\min}(B(s_d)^{\mathrm{H}} R_p^{-1} B(s_d))} \tag{8-38}$$

式中，$\lambda_{\min}(\cdot)$ 为取矩阵的最小特征值。

而极化 MUSIC 方法的空间功率谱函数为

$$P_{\mathrm{FP-MUSIC}} = \frac{1}{\lambda_{\min}(B(s_d)^{\mathrm{H}} U_N U_N^{\mathrm{H}} B(s_d))} \tag{8-39}$$

8.3.4.5　基于散射机制分解和极大似然估计的极化层析 SAR 算法

森林区域主要包含表面散射、二面角散射、体散射等几种散射机制。SKP 分解是一种代数合成的方法，可以将多基线全极化的协方差矩阵分解为地表散射贡献（相位中心位于

地面）和冠层散射贡献（相位中心位于冠层）两部分，有利于植被高和地形等森林垂直结构参数 SAR 层析反演。通过对多基线全极化 SAR 数据的协方差矩阵进行 SKP 分解，将森林散射信号分为冠层散射贡献和地表散射贡献两部分，获取不同散射机制的干涉协方差矩阵。然后采用迭代极大似然估计的方法对不同散射机制的层析谱进行估计。迭代极大似然估计是一种概率统计方法，它将最小风险贝叶斯决策理论应用于信号的恢复，具备较高的垂直分辨率和聚焦能力。

对于多基线全极化的 SAR 数据集，基于代数合成进行极化干涉协方差矩阵分解

$$W = E\{yy^H\} = C_g \otimes R_g + C_v \otimes R_v \qquad (8-40)$$

式中，W 为多基线多极化数据的协方差矩阵；$y = [g_{HH}^T \sqrt{2} g_{HV}^T g_{VV}^T]$，为多基线多极化的观测数据；$E\{\cdot\}$ 为求期望操作；C_g 和 R_g 分别为地表散射的极化协方差矩阵和干涉协方差矩阵；C_v 和 R_v 分别为冠层散射的极化协方差矩阵和干涉协方差矩阵；$(\cdot)^H$ 为共轭转置操作；$\otimes$ 为克罗内克积。然后对多基线多极化协方差矩阵 W 进行 SVD 分解，由前两个最大特征值对应的特征矢量重塑矩阵 R_1 和 R_2。

由于层析 SAR 森林结构反演只需用到干涉协方差矩阵，所以可以通过一个线性组合求解不同散射机制的干涉协方差矩阵

$$R_g(a,b) = aR_1 + (1-a)R_2$$
$$R_v(a,b) = bR_1 + (1-b)R_2 \qquad (8-41)$$

式中，a，b 为一对实数，可以根据矩阵 R_g 和 R_v 的半正定约束，求解实数 a，b 的取值区间。最后，根据以下散射机制最大化分离的准则，求解实数 a，b

$$(a,b) = \arg \max_{a,b} \left\{ \sum_{g,v \neq g} 1 - \frac{\text{trace} \mid R_g(a,b)R_v(a,b) \mid}{\| R_g(a,b) \|_F \| R_v(a,b) \|_F} \right\} \qquad (8-42)$$

式中，$\text{trace}(\cdot)$ 为求矩阵的迹；$\| \cdot \|_F$ 为求矩阵的 Frobenius 范数。

将式（8-21）的多基线 SAR 数据的协方差矩阵改写为

$$R = E\{GG^H\} = AR_bA^H + R_n \qquad (8-43)$$

式中，$R_b = \text{diag}\{(p_b)_{b=1}^D\}$，为后向散射功率矩阵；$R_n = \sigma^2 I$，为噪声功率矩阵。现定义多基线观测数据 G 服从复高斯分布，其概率密度函数为

$$p(G) = \pi^{-N} \det^{-1} R \exp[-(G^H R^{-1} G)] \qquad (8-44)$$

根据最小风险贝叶斯策略进行极大似然估计，忽略无关的项，定义 G 关于散射功率矢量 p_b 概率密度的对数函数为

$$\ln p(G \mid p_b) = -\ln \det(R) - g^H R^{-1} g \qquad (8-45)$$

根据式（8-45）中的对数函数，功率矢量 p_b 的极大似然优化求解可以转化为以下目标函数的最小化问题

$$p_{bML} = \arg \min_{p_b} [-\ln p(G \mid p_b)] \qquad (8-46)$$

式（8-46）的最小化可以通过求解目标函数关于 b 的一阶导数为 0 时的自变量值进行。参考文献提出的解算策略，当式（8-46）中的目标函数关于变量 p_b 的一阶导数为 0 时，可以得到下述关系式

$$(MRM^H)_{diag} = diag[(A^H M^H MA)_{diag}]p_b + (MR_n M^H)_{diag} \qquad (8-47)$$

式中，$(\cdot)_{diag}$ 为提取矩阵的对角线元素操作；$diag(\cdot)$ 为将矢量转为对角矩阵操作；$M = diag(p_b)A^H R^{-1}$。

最后，通过循环迭代的方法对后向散射功率矢量进行优化。将式（8-47）中的 p_b 表示为待求解的目标量，得到稳健迭代极大似然估计层析 SAR 方法（MARIA）的求解公式为

$$p_b^{(i+1)} = [C^{(i)}]^{-1}[V^{(i)} - W^{(i)}]$$
$$C^{(i)} = diag(\{A^H[M^{(i)}]^H M^{(i)} A\}_{diag})$$
$$V^{(i)} = \{M^{(i)} R'[M^{(i)}]^H\}_{diag} \qquad (8-48)$$
$$W^{(i)} = \{M^{(i)} R_n [M^{(i)}]^H\}_{diag}$$

式中，i 为当前迭代次数；R' 为多基线 SAR 数据的样本协方差矩阵。在实际处理中，多基线 SAR 数据真实协方差矩阵无法直接计算。给定一个多视视数 L，以视数窗口内的样本值计算协方差矩阵的方式为

$$R' = (1/L) \sum_{l=1}^{L} G(l)G(l)^H \qquad (8-49)$$

当后向散射功率矢量 p_b 的优化值满足迭代终止条件时，即可获得相应层析谱的最优估计值。迭代终止条件可设置为两次优化结果的限差满足 $\| p_b^{(i+1)} - p_b^{(i)} \|_2 \leqslant 10^{-4}$；或达到预设的最大迭代次数 I。此外，计算中可以 Beamforming 方法的层析谱估计值作为稳健迭代极大似然估计算法的迭代初始值

$$p_b^{(0)} = \frac{(AR'A^H)_{diag}}{N^2} \qquad (8-50)$$

通过式（8-40）~式（8-42）阐述的 SKP 散射机制分解方法获得的地表散射协方差矩阵和冠层散射协方差矩阵可表示为

$$R_g = AR_{gb}A^H + R_{gn}$$
$$R_v = AR_{vb}A^H + R_{vn} \qquad (8-51)$$

式中，R_{gb}，R_{vb} 分别为地表散射和冠层散射的后向散射功率矩阵；R_{gn}，R_{vn} 分别为地表散射和冠层散射的噪声方差矩阵。

现假设 SAR 观测数据中仅包含一种特定散射机制的信号，忽略散射机制分解误差，将式（8-50）中不同散射机制的协方差矩阵代入稳健迭代极大似然估计算法，可获得基于散射机制分解和迭代极大似然估计的层析 SAR 反演结果（SKP-IMLE）。

8.3.5　P 波段 PolInSAR 森林高度及林下地形反演实例

（1）试验区及试验数据

采用欧洲空间局 AfriSAR 项目提供的 F-SAR 机载 SAR 系统获取的 4 景 P 波段全极化数据进行试验。AfriSAR 项目由欧洲空间局、德国宇航中心和法国航空航天局（ONERA）等研究机构共同开展。所选的试验区域主要位于非洲中西部西海岸加蓬 Mabounie 地区，该区域以丘陵地貌为主，起伏较为平缓，覆盖着典型的非洲热带雨林，森林平均高度约为 30 m。实例中采用的 F-SAR P 波段全极化 SAR 数据是 2016 年 2 月 11 日获取的，4 景数据

的飞行轨道是沿着垂直方向分布的，斜距向和方位向分辨率分别为 1.2 m 和 0.9 m。具体参数见表 8-2。试验区全极化 SAR 数据 PauliRGB 彩色合成图如图 8-9 所示。

表 8-2　极化 SAR 影像参数表

传感器	影像编号	平台高度/m	影像分辨率/m	时间基线/min	空间基线/m	入射角
F-SAR P 波段 全极化	♯0708	6 154	斜距向：1.20 方位向：0.90	2016/02/11 11:14:48	主影像	25°～60°
	♯0703	6 184		10:27:06 47.70	30	
	♯0704	6 194		10:43:03 31.75	40	
	♯0706	6 164		10:58:43 16.08	10	

（2）实验结果

1）森林高度反演结果。采用基于林分平均树高的对比策略，具体地，在整个 SAR 影像覆盖区域范围内均匀选取大小为 51×51 像素的样地，求取窗口内树高的平均值。这样的对比方法可以有效地避免 SAR 与 LiDAR 的配准误差，已被广泛用于利用 Lidar 数据评价 PolInSAR 树高精度中。图 8-10 所示为多基线反演算法反演得到的树高结果。树高反演精度为 6.76 m。基于多基线固定消光系数算法森林高度估计精度评价如图 8-11 所示。

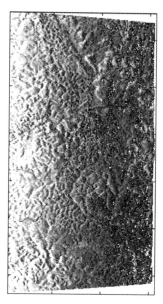

图 8-9　试验区全极化 SAR 数据
PauliRGB 彩色合成图（见彩插）

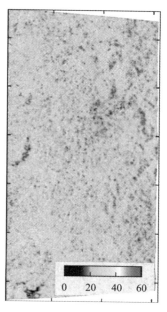

0　20　40　60

图 8-10　基于多基线固定消光系数算法
森林高度估计精度评价（见彩插）

2）林下地形反演结果。由于林下地形的估计一般需求高分辨率，因此，采用基于像素的精度评价策略，具体地，在整个 SAR 影像覆盖区域范围内计算 PolInSAR DEM 与 LiDAR DEM 的均方根误差 RMSE 和平均误差。图 8-12 所示为基于多基线固定消光系数算法林下地形反演结果，其反演精度为 7.1 m，如图 8-13 所示。

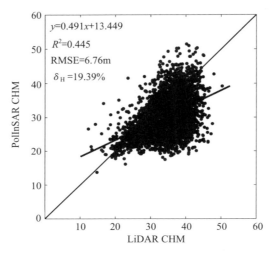

图 8-11　基于多基线固定消光系数算法森林高度估计精度评价

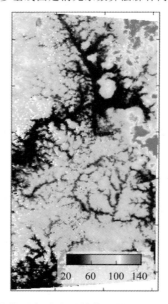

图 8-12　基于多基线固定消光系数算法林下地形反演结果（见彩插）

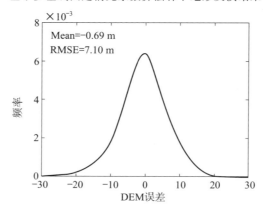

图 8-13　林下地形反演结果精度评价

8.3.6　P 波段层析 SAR 森林高度及林下地形反演实例

（1）试验区介绍

本节以热带雨林为研究对象，研究 P 波段 SAR 层析技术反演林下地形、植被高度以及重构森林三维结构的方法。试验中选择 TropiSAR2009 项目 Paracou 试验区的多基线全极化 SAR 数据开展研究。Paracou 试验区位于南美洲北部，靠近大西洋，试验区的地理位置如图 8 – 14 所示。Paracou 地区雨水充沛，为热带气候，年平均气温为 26 ℃。该地区为验证 P 波段 SAR 生物量反演性能的重要试验区。TropiSAR 2009 项目覆盖范围（图 8 – 14 黄色矩形）的主要植被覆盖类型为热带雨林，包含橄榄科、金莲科、桑科等诸多树种。试验区地势较为平坦，海拔范围在 5～50 m 之间，森林高度在 20～45 m 范围内。

图 8 – 14　TropiSAR 2009 Paracou 试验区地理位置（见彩插）

（2）试验数据

TropiSAR 2009 项目的多基线 SAR 数据由法国 ONERA 研制的 SETHI 机载获得。主影像航高为 3.962 km，中心斜距为 4.905 km，入射角范围大致在 20°～50°之间。该数据集包含时间基线为 2 h 的 6 条轨道 P 波段全极化 SAR 影像，各轨道间的垂直基线长度较为均匀。垂直基线的总跨度为 75 m 左右，可获得高度向约 15 m 的理论瑞利分辨率。SAR 影像方位向采样间距为 1.245 m，距离向采样数据为 1.0 m。表 8 – 3 展示了 SETHI 机载 SAR 系统和 TropiSAR 2009 项目全极化 SAR 数据的相关参数。

表 8 - 3　　TropiSAR2009 系统参数和基线参数

系统参数		基线参数	
		编号	基线长度
波长	0.754 2 m	0402	0 m
中心斜距	4 905 m	0403	−14.487 9 m
中心入射角	35.061 4°	0404	−30.116 3 m
距离向分辨率	1.000 m	0405	−43.834 3 m
方位向分辨率	1.245 m	0406	−60.063 2 m
极化方式	HH+HV+VH+VV	0407	−74.968 3 m

　　法国农业发展国际合作研究中心（French Agricultural Research Center for International Development，CIRAD）提供了覆盖 Paracou 试验区小部分区域的 LiDAR 数据，可用于验证林下地形、植被高的反演结果。2009 年 4 月，ALTOA 系统在 Paracou 试验区采集了空间分辨率为 1m 的 LiDAR 点云数据。由 LiDAR 点云数据可获得数字高程模型（Digital Elevation Model，DEM）和数字表面模型（Digital Surface Model，DSM）产品。将 DSM 和 DEM 做差分，可获得研究区域的冠层高度模型（Canopy Height Model，CHM）。LiDAR 数据在 SAR 影像上的覆盖范围如图 8 - 15 所示。

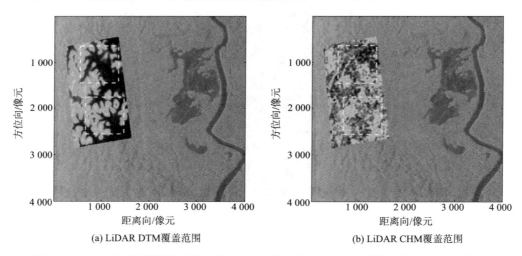

(a) LiDAR DTM覆盖范围　　　　　　　　　　(b) LiDAR CHM覆盖范围

图 8 - 15　LiDAR 数据覆盖范围及其在 Pauli 基合成 RGB SAR 影像上的位置（见彩插）

（3）层析 SAR 数据预处理

　　对多基线 SAR 数据进行预处理是获得高质量的层析 SAR 反演结果，提取可靠的森林三维结构信息的关键。多基线层析 SAR 数据预处理主要包括多基线 SAR 影像配准、去斜、去平地效应、相位误差校正等基本流程。

　　多基线 SAR 影像配准的目的是将所有轨道获取的 SAR 影像匹配采样到公共主影像上，使得所有影像上相同的像素单元对应相同的地物点。精确的 SAR 影像配准处理包括粗配准和精配准两个过程。粗配准通过传感器平台的轨道参数计算主从影像的初始偏移量，而精配准方法包括相干系数法、最小波动函数法和最大频谱法等。

去斜的目的是去除由参考斜距引起的相位，建立观测数据与目标空间结构之间的内在联系。常用的去斜方法包括两类：一是由传感器记录的电磁波延迟计算参考斜距进行去斜距；二是通过传感器的运动状态计算特定时刻传感器的位置，结合外部地形数据计算参考斜距。

去平地的目的是去除由平坦的地形引起的干涉相位，以获取真实地形起伏引起的干涉相位。常用去除平地效应的方法包括：根据轨道参数去平；根据干涉条纹频率去平；根据外部 DEM 去平。

多基线层析 SAR 相位误差的来源主要包括两类：一是由于飞行过程中传感器平台的随机运动，导致系统参数文件记录的传感器位置不准确（主要针对机载 SAR 系统）；二是由于电磁波在传播过程中不可避免会受到大气延迟的影响（主要针对星载系统）。两类误差在层析成像中都会表现为严重的相屏（Phase Screen）影响，使得层析谱出现散焦，故在层析三维聚焦成像前必须进行相位误差的校正。常用相位误差校正的方法有永久散射体干涉法（Permanent Scatterer Interferometry，PSI）、多项式拟合法、相位梯度自聚焦法、相位中心双定位法（Phase Center Double Localization，PCDL）等。

（4）森林层析谱分析

本节在 TropiSAR2009 数据集所覆盖试验区中选取 1 条方位向剖面，进行各极化通道层析谱反演。所选剖面在 RGB 合成的 SAR 影像中的位置如图 8-16 红色虚线所示。试验中选取极化 Beamforming、极化 Capon 两种全极化谱分析方法与本节提出的 SKP-IMLE 方法进行对比与讨论。

图 8-16　层析剖面在 Pauli 基合成 RGB SAR 影像上的位置（见彩插）

首先，采用本节提出的 SKP-IMLE 极化层析 SAR 方法对所选剖面（图 8-16 红色虚线）不同散射机制的层析谱进行反演，获得的植被冠层散射和地表散射的超分辨率层析谱如图 8-17 所示。

从图 8-17 中可以看出，本节提出的 SKP-IMLE 极化层析 SAR 方法获得的层析谱十分清晰且高度聚焦，几乎不受任何旁瓣影响。层析谱的整体趋势和 LiDAR 测量获得的林下地形和森林冠层高度保持着较高的一致性。为了进一步说明 SKP-ILME 极化层析 SAR 方法反演林下地形、植被高等森林参数的优势，现从获得的层析谱中提取林下地形和冠层高度，并与传统极化谱分析方法的结果进行分析。

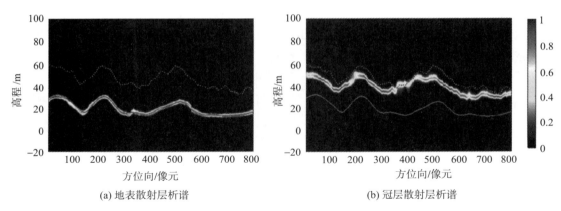

(a) 地表散射层析谱　　　　　　　　(b) 冠层散射层析谱

图 8-17　SKP-IMLE 极化层析 SAR 方法获取的地表散射层析谱和冠层散射层析谱（见彩插）
图中红色实线和红色虚线分别表示 LiDAR 数据获取的林下地形高度和森林冠层高度

图 8-18 所示为 SKP-IMLE 极化层析 SAR 方法反演的不同散射机制的层析谱以及从对应层析谱中提取的植被高和林下地形高度。从图中可以看出，SKP-IMLE 极化层析 SAR 方法可以获得更加聚焦的层析谱。如图 8-17（a）、（c）所示，冠层散射和地表散射的层析谱均十分连续，和 LiDAR 数据吻合，可以从中准确地定位不同散射机制的相位中心。而通过 SKP-IMLE 方法提取得到的植被高和林下地形也和 LiDAR 数据相匹配，如图 8-18（b）、（d）所示。

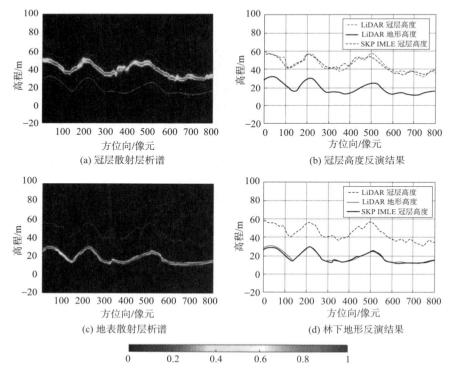

(a) 冠层散射层析谱　　　　　　　　(b) 冠层高度反演结果

(c) 地表散射层析谱　　　　　　　　(d) 林下地形反演结果

图 8-18　SKP-IMLE 极化层析 SAR 方法提取植被高和林下地形高度分析（见彩插）
红色实线和红色虚线分别表示 LiDAR 数据获取的林下地形高度和森林冠层高度

图 8-19 所示为两种传统极化谱分析层析 SAR 方法反演的极化层析谱以及从对应层析谱中提取的植被高和林下地形高度。两种极化谱分析方法虽然使用了全极化的数据集，但在茂密的热带雨林试验区垂直分辨率仍然有限。在部分区域不能准确地区分冠层相位中心和地表相位中心。

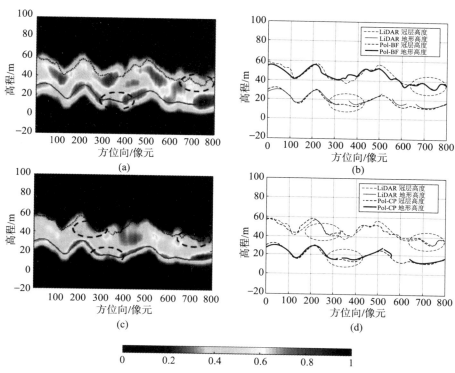

图 8-19　极化谱分析层析 SAR 方法提取植被高和林下地形高度（见彩插）

红色实线和红色虚线分别表示 LiDAR 数据获取的林下地形高度和森林冠层高度

（5）林下地形与森林高度估计结果

林下地形和森林高度是森林垂直结构的重要参数。鉴于 SKP－IMLE 方法的超分辨率，地表相位中心和冠层相位中心可以被清晰地识别和区分，这十分有利于植被高和林下地形的反演。为保证林下地形和植被高的反演精度，从地表散射层析谱中提取地表相位中心，进行林下地形的反演；从冠层散射层析谱中提取冠层相位中心，进行森林高度的反演。

图 8-20 所示为 SKP－IMLE 方法反演的林下地形和 LiDAR 测量数据获取的林下地形对比图。从图中可以看出，SKP－IMLE 方法反演的林下地形与 LiDAR 测量结果整体趋势上较为一致，地形起伏范围在 0～50 m 之间。

TomoSAR 提取森林高度需要略微复杂的操作，因为由层析谱的峰值高度只能获得冠层相位中心的高度值。由于微波信号较强的传统性，植被冠层体散射相位中心位于树顶高度以下的某一位置。故森林顶部的高度需要通过对冠层相位中心进行"标校"获得。常用的树顶高度标校方法有两类：1）功率损失法，将冠层相位中心处的散射功率值设为 0，以

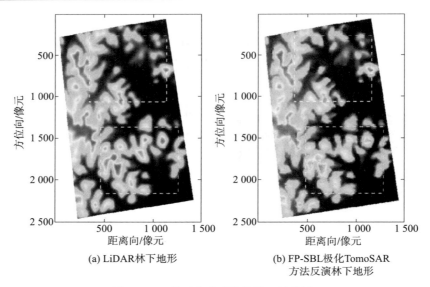

(a) LiDAR林下地形　　　　(b) FP-SBL极化TomoSAR
　　　　　　　　　　　　　　方法反演林下地形

图 8 - 20　林下地形反演结果（见彩插）

一定的步长向上进行衰减并提取对应的"树顶高度"，当提取的树顶高度和 LiDAR 树顶高度的偏差及均方根误差达到最小时，获得 TomoSAR 树顶高度的估计值；2）样地定标法，在整个试验区选取一些均匀分布的样地（样点），将这些样本处的冠层相位中心高度和 LiDAR 树顶高度进行最小二乘拟合分析，获得树顶高度的标校关系式。然后用该关系式对整个试验区冠层相位中心高度进行标校，获得森林树顶高度的估计值。这两类方法的共同点是都需要借助外部数据确定冠层相位中心和树顶高度之间的关系。

图 8 - 21 所示为 SKP - IMLE 方法反演的森林高度和 LiDAR 测量获得的森林高度对比图。从图中可以看出，SKP - IMLE 方法可以较好地反演该热带雨林试验区的森林高度，反演值与 LiDAR 测量值整体趋势十分一致，树高范围在 0～40 m 之间。

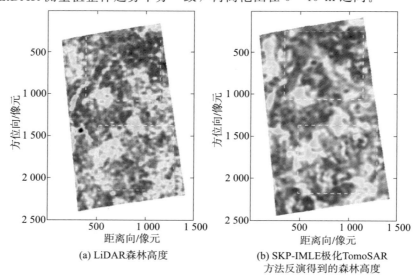

(a) LiDAR森林高度　　　　(b) SKP-IMLE极化TomoSAR
　　　　　　　　　　　　　　方法反演得到的森林高度

图 8 - 21　森林高度反演结果（见彩插）

　　为进一步分析 SKP-IMLE 方法估计该热带雨林试验区的精度，现以 LiDAR 测量值为真值，对反演误差进行统计。表 8-4 展示了 3 种极化层析 SAR 方法在两个不同区域（图 8-20、图 8-21 中白色虚线框）反演植被高和林下地形的精度。

表 8-4　TomoSAR 森林参数反演结果对比

		Pol-BF	Pol-Capon	SKP-IMLE
ROI1	CHM/m	3.390	3.076	1.997
	DTM/m	2.014	1.769	1.489
ROI2	CHM/m	5.871	4.750	1.765
	DTM/m	3.076	2.429	1.786

　　从表 8-4 中可以看出，以 LiDAR 测量值为真值，SKP-IMLE 方法在两个区域都可获得最优的植被高和林下地形反演结果，且较传统极化谱分析方法的反演精度有了大幅的提升。

参 考 文 献

［1］ 张海波. 基于长波多极化 SAR 的森林地上生物量反演研究［D］. 长沙：中南大学，2020.

［2］ KINDERMANN G E, MCCALLUM I, FRITZ S, et al. A Global Forest Growing Stock, Biomass and Carbon Map Based on FAO Statistics［J］. Silva Fennica, 2008（42）：387 - 396.

［3］ PAN Y, BIRDSEY R A, HOUGHTON R, et al. A Large and Persistent Carbon Sink in the World's Forests［J］. Science, 2011（333）：988 - 993.

［4］ ASKNE J I H, FRANSSON J E S, SANTORO M, et al. Model - Based Biomass Estimation of a Hemi - Boreal Forest from Multitemporal TanDEM - X Acquisitions［J］. Remote Sens, 2013（5）：5725 - 5756.

［5］ HOUGHTON R A. Aboveground Forest Biomass and the Global Carbon Balance［J］. Glob Change Biol, 2005（11）：945 - 958.

［6］ HOUGHTON R A, HALL F, GOETZ S J. Importance of Biomass in the Global Carbon Cycle［J］. Geophys. Res. : Biogeosci, 2009.

［7］ LU D. The Potential and Challenge of Remote Sensing - based Biomass Estimation［J］. Int. J. Remote Sens, 2006（27）：1297 - 1328.

［8］ POWELL S L, COHEN W B, HEALEY S P, et al. Quantification of Live Aboveground Forest Biomass Dynamics with Landsat Time - series and Field Inventory Data: A Comparison of Empirical Modeling Approaches［J］. Remote Sens. Environ, 2010（114）：1053 - 1068.

［9］ GIBBS H K, BROWN S, NILES J O, et al. Monitoring and Estimating Tropical Forest Carbon Stocks: Making REDD a Reality［J］. Environ. Res. Lett, 2007, 2（4）：13.

［10］ UDDIN K, GILANI H, MURTHY M S R, et al. Forest Condition Monitoring Using Very - high - resolution Satellite Imagery in a Remote Mountain Watershed in Nepal［J］. Mountain Research and Development, 2015（35）：264 - 277.

［11］ YU Y, SAATCHI S. Sensitivity of L - band SAR Backscatter to Aboveground Biomass of Global Forests［J］. Remote Sens, 2016（8）：522.

［12］ ANDERSON G L, HANSON J D, HAAS RH. Evaluating Landsat Thematic Mapper Derived Vegetation Indices for Estimating Above - ground Biomass on Semiarid Rangelands［J］. Remote Sens. Environ, 1993（45）：165 - 175.

［13］ STEININGER M K. Satellite Estimation of Tropical Sencondary Forest Above - ground Biomass: Data From Brazil and Bolivia. Int［J］. Remote Sens, 2000（21）：1139 - 1157.

［14］ BACCINI A, LAPORTE N, GOETZ S J, et al. A First Map of Tropical Africa's Above - ground Biomass Derived From Satellite Imagery［J］. Environ Res Lett, 2008, 3（4）：9.

［15］ SINHA S, JEGANATHAN C, SHARMA L K, et al. A Review of Radar Remote Sensing for Biomass Estimation. Int［J］. Environ Sci Technol, 2015（12）：1779 - 1792.

［16］ SU Y J, GUO Q H, XUE B L, et al. Spatial Distribution of Forest Aboveground Biomass in China:

　　　　Estimation Through Combination of Spaceborne Lidar，Optical Imagery，and Forest Inventory Data
　　　　[J]. Remote Sens Environ，2016（173）：197 - 199.

[17]　LE TOAN T，BEAUDOIN A，RIOM J，et al. Relating Forest Biomass to SAR Data [J]. IEEE
　　　　Trans Geosci Remote Sens，1992（30）：403 - 411.

[18]　LE TOAN T，QUEGAN S，WOODWARD I，et al. Relating Radar Remote Sensing of Biomass to
　　　　Modelling of Forest Carbon Budgets [J]. Clim. Chang，2004（67）：379 - 402.

[19]　MERMOZ S，RÉJOU - MÉCHAIN M，VILLARD，L，et al. Decrease of L - band SAR
　　　　Backscatter With Biomass of Dense Forests [J]. Remote Sens Environ，2015（159）：307 - 317.

[20]　SANDBERG G，ULANDER L M H，FRANSSON JES，et al. T. L - and P - band Backscatter
　　　　Intensity of Biomass Retrieval in Hemiboreal Forest [J]. Remote Sens Environ，2011（115）：
　　　　2874 - 2886.

[21]　RANSON K J，SUN G. Mapping Biomass of a Northern Forest Using Multi - frequency SAR Data
　　　　[J]. IEEE Trans Geosci Remote Sens，1994（32）：388 - 396.

[22]　SAATCHI S，HALLIGAN K，DESPAIN D G，et al. Estimation of Forest Fuel Load from Radar
　　　　Remote Sensing [J]. IEEE Trans Geosci. Remote Sens，2007（45）：1726 - 1740.

[23]　ROBINSON C，SAATCHI S，NEUMANN M，et al. Impacts of Spatial Variability on
　　　　Aboveground Biomass Estimation From L - band Radar in a Temperate Forest [J]. Remote Sens，
　　　　2013（5）：1001 - 1023.

[24]　RANSON K J，SUN G. Effects of Environmental Conditions on Boreal Forest Classification and
　　　　Biomass Estimates With SAR [J]. IEEE Trans Geosci Remote Sens，2000（38）：1242 - 1252.

[25]　SANTOS J R，FREITAS CC，ARAUJO LS，et al. Airborne P - band SAR Applied to the
　　　　Aboveground Biomass Studies in the Brazilian Tropical Rainforest [J]. Remote Sens Environ，2003
　　　　（87）：482 - 493.

[26]　CARTUS O，SANTORO M，KELLNDORFER J. Mapping Forest Aboveground Biomass in the
　　　　Northeastern United States with ALOS PALSAR Dual - polarization L - band [J]. Remote
　　　　Sens. Environ，2012（124）：466 - 478.

[27]　PULLIAINEN J T，KURVONEN L，HALLIKAINEN M T. Multitemporal Behavior of L - and C -
　　　　band SAR Observations of Boreal Forests [J]. IEEE Trans Geosci Remote Sens，1999（37）：
　　　　927 - 937.

[28]　黎夏，叶嘉安，王树功，等. 红树林湿地植被生物量的雷达遥感估算 [J]. 遥感学报，2006，10
　　　　（3）：388 - 396.

[29]　ASKNE J，DAMMERT P B G，ULANDER L M H，et al. C - band Repeat - pass Interferometric
　　　　SAR Observations of the Forest [J]. IEEE Transactions on Geoscience and Remote Sensing，1997，
　　　　35（1）：25 - 35.

[30]　SANTORO M，ASKNE J，SMITH G，et al. Stem Volume Retrieval in Boreal Forests From ERS -
　　　　1/2 Interferometry [J]. Remote Sensing of Environment，2002，81（1）：1117 - 1124.

[31]　ASKNE J，SANTORO M. Multitemporal Repeat pass SAR Interferometry of Boreal Forests [J].
　　　　IEEE Transactions on Geoscience and Remote Sensing，2005，43（6）：1219 - 1228.

[32]　张风雷. 遗传算法与最小二乘法在实验数据处理中的对比研究 [J]. 大学物理，2007，26（3）：
　　　　32 - 34.

［33］　张海波，汪长城，朱建军，等．利用 ESAR 极化数据的复杂地形区森林地上生物量估算［J］．测绘学报，2018，47（10）：1353－1362．

［34］　郭华东．雷达对地观测理论与应用［M］．北京：科学出版社，2000．

［35］　廖明生，林珲．雷达干涉测量：原理与信号处理基础［M］．北京：测绘出版社，2003．

［36］　付海强．基于测量平差理论的 PolInSAR 植被垂直结构提取模型与方法［D］．长沙：中南大学，2014．

［37］　罗环敏．基于极化干涉 SAR 的森林结构信息提取模型与方法［D］．成都：电子科技大学，2011．

［38］　LEE J SEN，POTTIER E. Polarimetric Radar Imaging：From Basics to Applications［M］．CRC Press，2009．

［39］　CLOUDE S R. Polarisation：Applications in Remote Sensing［M］．Oxford University Press，2010．

［40］　CLOUDE S R，PAPATHANASSIOU K P. Polarimetric SAR Interferometry［J］．IEEE Transactions on Geoscience and Remote Sensing，1998，36（5）：1551－1565．

［41］　PAPATHANASSIOU K P，CLOUDE S R. Single－baseline Polarimetric SAR Interferometry［J/OL］．IEEE Transactions on Geoscience and Remote Sensing，2001，39（11）：2352－2363．

［42］　CLOUDE S R，PAPATHANASSIOU K P. Three－stage Inversion Process for Polarimetric SAR Interferometry［J］．IEE Proc.－Radar Sonar Navig，2003，150（3）：125－134．

［43］　沈鹏．极化干涉 SAR 复相干系数非局部估计与相干集建模［D］．长沙：中南大学，2019．

［44］　万杰．顾及散射机理的极化层析 SAR 算法与森林三维结构参数反演［D］．长沙：中南大学，2021．

［45］　REIGBER A，MOREIRA A. First Demonstration of Airborne SAR Tomography Using Multibaseline L－band Data［J］．IEEE Transaction on Geoscience and Remote Sensing，2000，38（5）：2142－2152．

［46］　李文梅，李增元，陈尔学，等．层析 SAR 反演森林垂直结构参数现状及发展趋势［J］．遥感学报，2014，18（4）：741－751．

［47］　LIANG L，GUO H D，LI X W. Three－Dimensional Structural Parameter Inversion of Buildings by Distributed Compressive Sensing－Based Polarimetric SAR Tomography Using a Small Number of Baselines［J］．IEEE Journal of Selected Topics in Applied Earth Observations and Remote Sensing，2014，7（10）：4218－4230．

［48］　ZHU XIAOXIANG. Very High Resolution Tomographic SAR Inversion for Urban Infrastructure Monitoring－A Sparse and Nonliear Tour［D］．TUM，2011．

［49］　YITAYEW T G，et al. Tomographic Imaging of Fjord Ice Using a Very High Resolution Ground－Based SAR System［J］．IEEE Transactions on Geoscience and Remote Sensing，2017，55（2）：698－714．

［50］　HUANG Y，FERRO－FAMIL L，REIGBER A. Under－Foliage Object Imaging Using Sar Tomography and Polarimetric Spectral Estimators. IEEE Tran［J］．Geosci Remote Sens，2012（50）：2213－2225．

［51］　LOMBARDINI F，REIGBER A. Adaptive Spectral Estimation for Multibaseline SAR Tomography With Airborne L－band data［C］．International Geoscience and Remote Sensing Symposium. Toulouse，France，IEEE，2003．

［52］　TEBALDINI S. Algebraic Synthesis of Forest Scenarios from Multibaseline PolInSAR Data［J］．

IEEE Transactions on Geoscience and Remote Sensing，2009，47（12）：4132－4142.

[53] TEBALDINI S，ROCCA F. Multibaseline Polarimetric SAR Tomography of a Boreal Forest at P－ and L－Bands [J]. IEEE Transactions on Geoscience and Remote Sensing，2012，50（1）：232－246.

[54] GUSTAVO MARTIN DEL CAMPO，MATTEO NANNINI，ANDREAS REIGBER. Towards Feature Enhanced SAR Tomography：A Maximum－Likelihood Inspired Approach [J]. IEEE Geoscience and Remote Sensing Letters，2018，15（11）：1730－1734.

[55] SHKVARKO Y V. Unifying Regularization and Bayesian Estimation Methods for Enhanced Imaging With Remotely Sensed Data—Part I：Theory [J]. IEEE Transactions on Geoscience and Remote Sensing，2004，42（5）：923－931.

[56] JIE WAN，CHANGCHENG WANG，PENG SHEN，et al. Forest Height and Underlying Topography Inversion Using Polarimetric SAR Tomography Based on SKP Decomposition and Maximum Likelihood Estimation [J]. Forests，2021，12（4）：444.

[57] 王青松. 星载干涉合成孔径雷达高效高精度处理技术研究 [D]. 长沙：国防科技大学，2011.

[58] LI F K，GOLDSTEIN R M. Studies of Multibaseline Spaceborne Interferometric Synthetic Aperture Radars [J]. IEEE Transactions on Geoscience and Remote Sensing，1990，28（1）：88－97.

[59] LIN Q，VESECKY J F，ZEBKER H A. New Approaches in Interferometric SAR Data Processing [J]. IEEE Transactions on Geoscience and Remote Sensing，1992，30（3）：560－567.

[60] GABRIEL A K，GOLDSTEIN R M. Crossed Orbit Interferometry：Theory and Experimental Results From SIR－B [J]. International Journal of Remote Sensing，1988，9（5）：857－872.

[61] 王超，张红，刘智. 星载合成孔径雷达干涉测量 [M]. 北京：科学出版社，2003.

[62] TEBALDINI S，ROCCA F，MARIOTTI M D'ALESSANDRO，et al. Phase Calibration of Airborne Tomographic SAR Data via Phase Center Double Localization [J]. IEEE Transactions on Geoscience and Remote Sensing，2016，54（3）：1775－1792.

[63] TEBALDINI S，AM GUARNIERI. On the Role of Phase Stability in SAR Multibaseline Applications [J]. IEEE Transactions on Geoscience and Remote Sensing，2010，48（7）：2953－2966.

[64] FU H Q，ZHU J J，WANG C C，et al. A Wavelet Decomposition and Polynomial Fitting－based Method for the Estimation of Time－varying Residual Motion Error in Airborne Interferometric SAR [J]. IEEE Transaction on Geoscience and Remote Sensing，2018，56（1）：49－59.

[65] EICHEL P H，JAKOWATZ，C V. Phase－gradient Algorithm as an Optimal Estimator of the Phase Derivative [J]. Optics Letters，1989，14（20）：1101－1103.

[66] IBRAHIM E M，DINH H T M，NICOLAS B，et al. L－Band UAVSAR Tomographic Imaging in Dense Forests：Gabon Forests [J]. Remote Sens，2019（11）：475.

[67] 李兰. 森林垂直信息 P－波段 SAR 层析提取方法 [D]. 北京：中国林业科学研究院，2016.

[68] PENG X，LI X，WANG C，et al. A Maximum Likelihood Based Nonparametric Iterative Adaptive Method of Synthetic Aperture Radar Tomography and Its Application for Estimating Underlying Topography and Forest Height [J]. Sensors，2018（18）：2459.

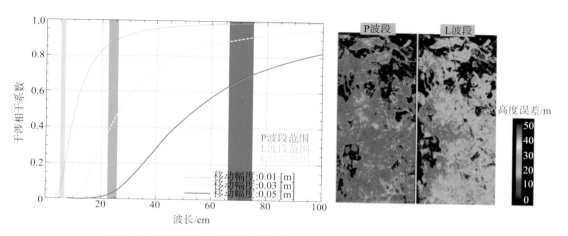

图 3-6　植被时间去相干随波长的变化（BIOSAR 试验结果，P61）

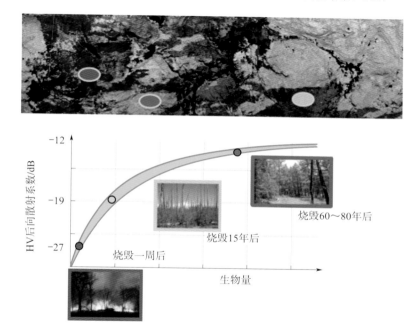

图 3-7　不同生物量与 HV 极化后向散射系数之间的关系（P62）

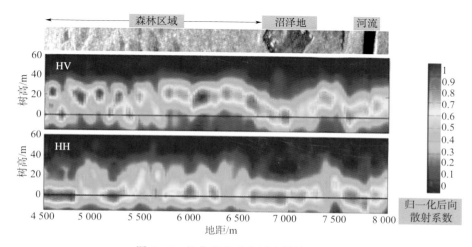

图 3-8　极化干涉森林树高测量（P62）

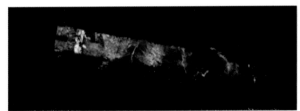

研究区P波段全极化SAR图像

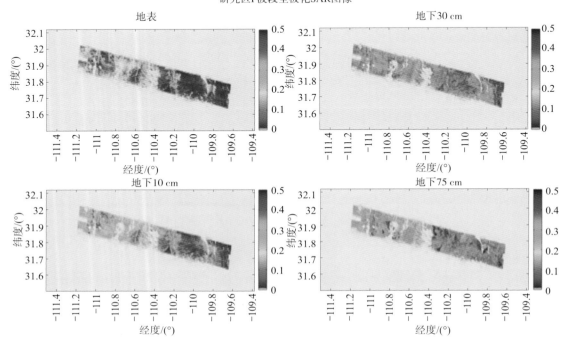

图 3-10　全极化土壤湿度测量 （P64）

极化方式：蓝色—HH，绿色—VV，红色—HV

图 3-12　法拉第旋转角对极化融合的影响 （P65）

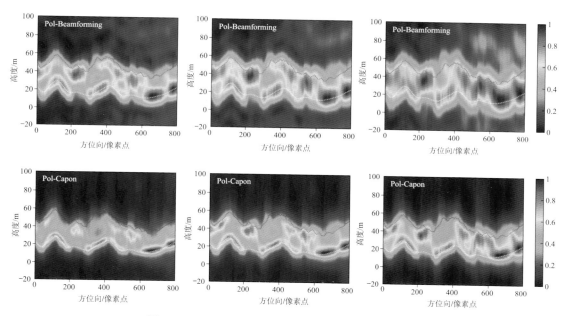

图 3 - 33 TropiSAR2009 热带雨林层析成像 (P81)

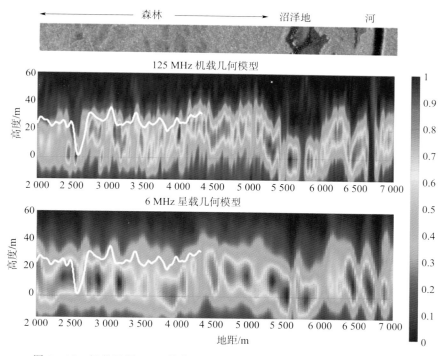

图 3 - 38 极化层析 SAR 技术反演森林区植被高度向反射率分布 (P87)

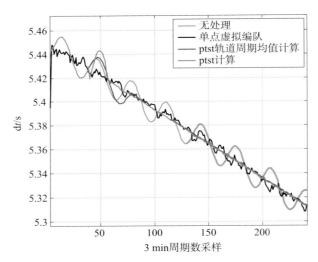

图 4 - 21　轨道相位时间偏差的确定 （P114）

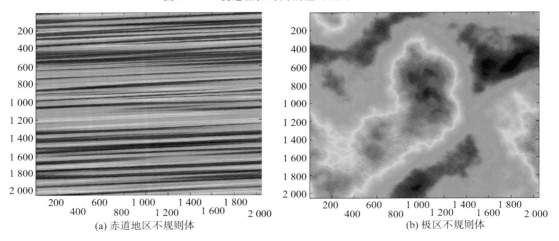

(a) 赤道地区不规则体

(b) 极区不规则体

图 5 - 3　美国 Northwest Research Associates Inc. 模拟生成的不规则体结构 （P123）

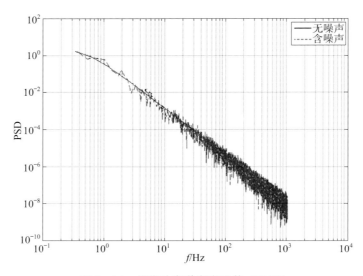

图 5 - 14　相位功率谱密度函数 （P132）

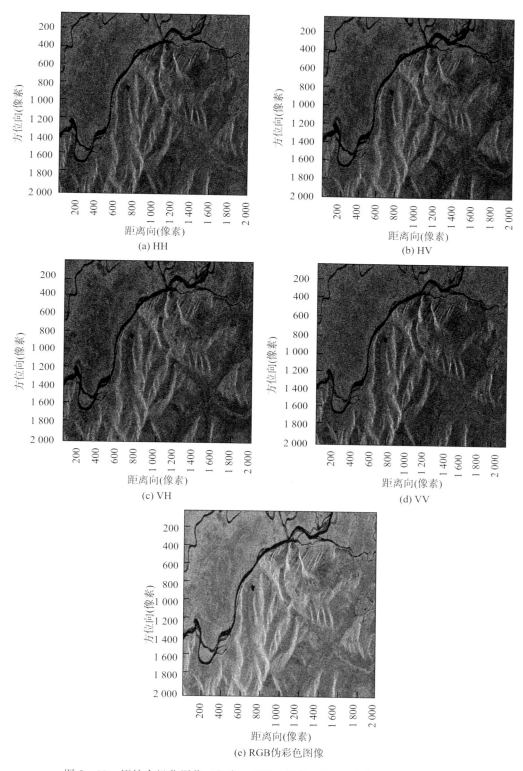

(a) HH

(b) HV

(c) VH

(d) VV

(e) RGB伪彩色图像

图 5-39　原始全极化图像（红色：HH，绿色：HV，蓝色：VV，P153）

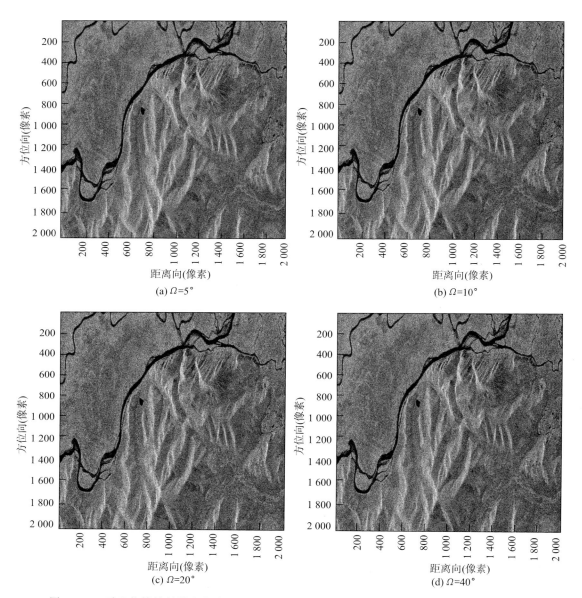

图 5-40　受法拉第旋转效应影响全极化图像（红色：HH，绿色：HV，蓝色：VV，P154）

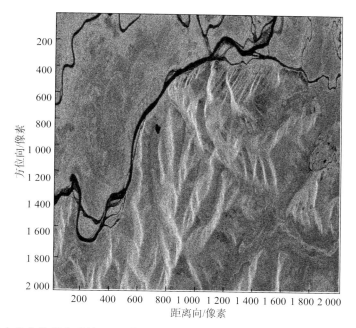

图 5 - 47　原始全极化数据合成的 RGB 伪彩色图像（红色：HH，绿色：HV，蓝色：VV，P169）

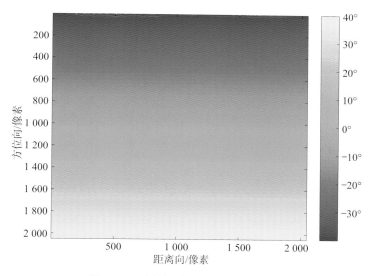

图 5 - 48　原始法拉第旋转角（P170）

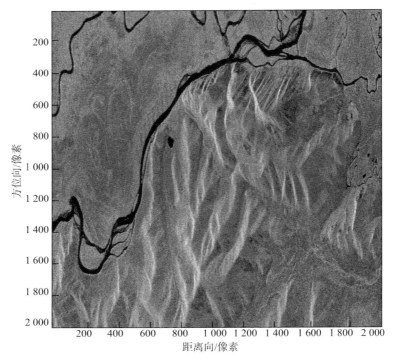

图 5 - 49　受影响全极化数据合成的 RGB 伪彩色图像（红色：HH，绿色：HV，蓝色：VV，P170）

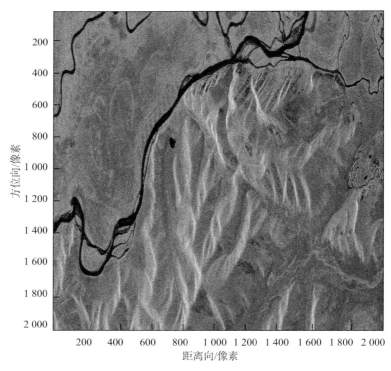

图 5 - 50　补偿后全极化 RGB 伪彩色图像（红色：HH，绿色：HV，蓝色：VV，P171）

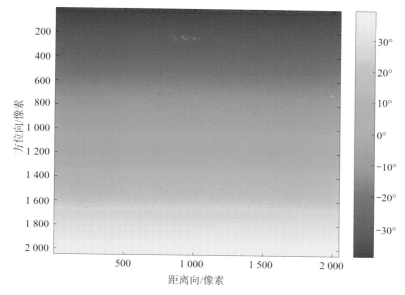

图 5 - 51 估计法拉第旋转角 （P172）

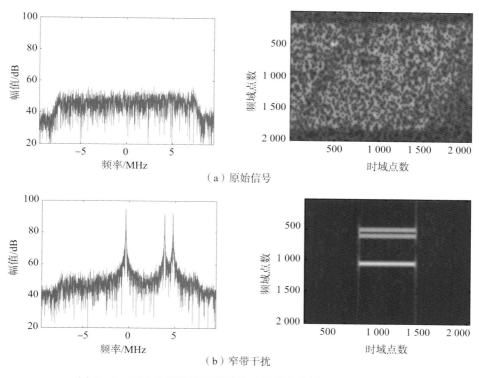

（a）原始信号

（b）窄带干扰

图 6 - 4 不同干扰情况下频谱及时频谱比较图 （P178 - P179）

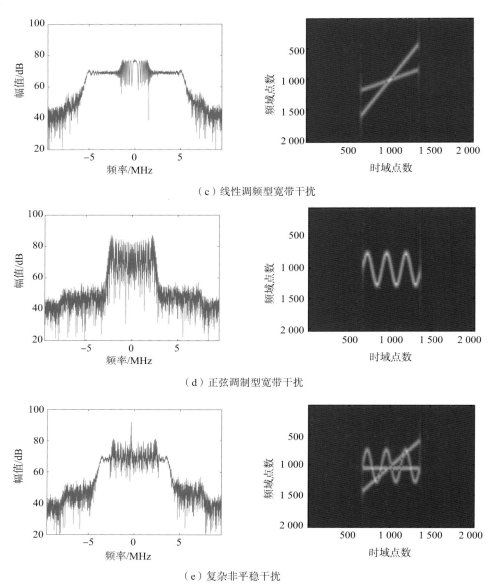

（c）线性调频型宽带干扰

（d）正弦调制型宽带干扰

（e）复杂非平稳干扰

图 6-4　不同干扰情况下频谱及时频谱比较图（续，P178-P179）

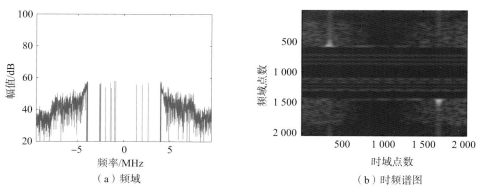

（a）频域　　　　　　　　　　　（b）时频谱图

图 6-6　复杂非平稳干扰情况下陷波处理结果图（P182）

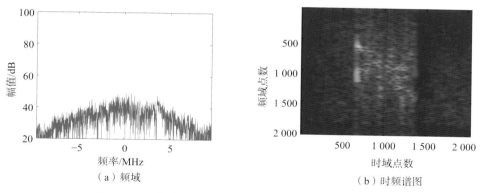

（a）频域　　　　　　　　　（b）时频谱图

图 6-7　复杂非平稳干扰情况下 LMS 处理结果 （P182）

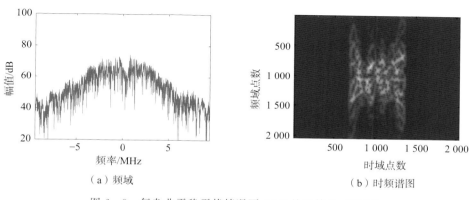

（a）频域　　　　　　　　　（b）时频谱图

图 6-8　复杂非平稳干扰情况下 ALE 处理结果 （P183）

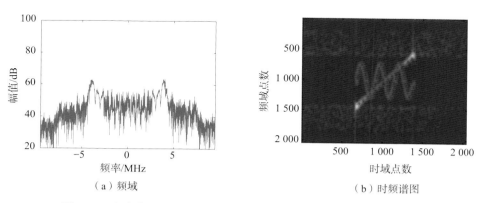

（a）频域　　　　　　　　　（b）时频谱图

图 6-9　复杂非平稳干扰情况下特征子空间滤波法处理结果 （P183）

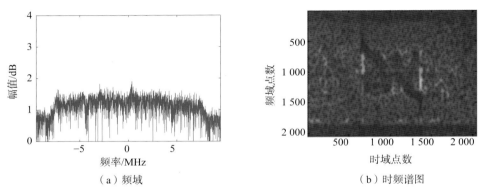

（a）频域　　　　　　　　　　　　　（b）时频谱图

图 6 - 10　复杂非平稳干扰情况下时频非相干滤波处理结果（P184）

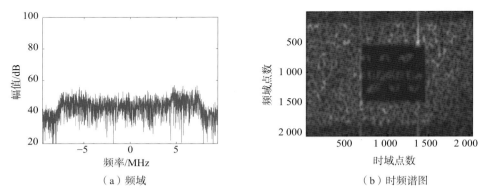

（a）频域　　　　　　　　　　　　　（b）时频谱图

图 6 - 11　复杂非平稳干扰情况下时频相干滤波处理结果（P185）

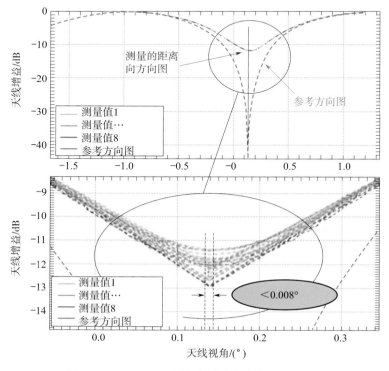

图 7 - 4　TerraSAR 距离向波束指向情况（P205）

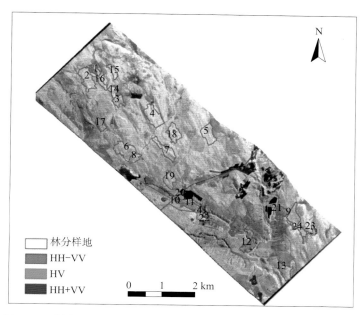

图 8 - 1 研究区极化 SAR Pauli - RGB 合成图及林分分布图 （P223）

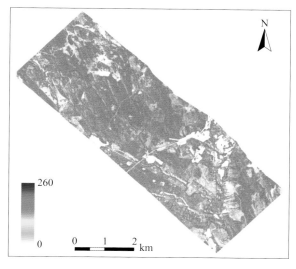

图 8 - 4 森林 AGB 分布图 （P225）

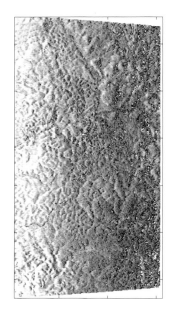

图 8-9　试验区全极化 SAR 数据
PauliRGB 彩色合成图（P237）

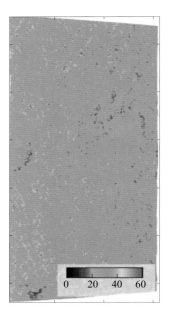

图 8-10　基于多基线固定消光系数算法
森林高度估计精度评价（P237）

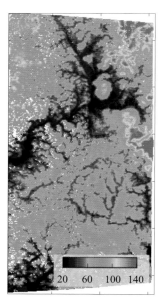

图 8-12　基于多基线固定消光系数算法林下地形反演结果（P238）

图 8－14　TropiSAR 2009 Paracou 试验区地理位置（P239）

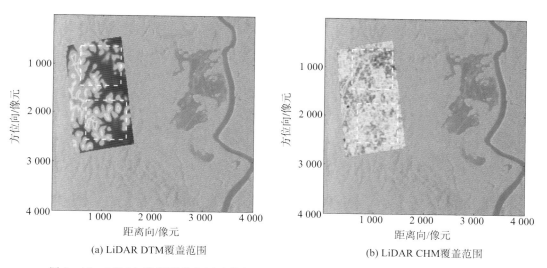

（a）LiDAR DTM覆盖范围　　　　　　　　　　（b）LiDAR CHM覆盖范围

图 8－15　LiDAR 数据覆盖范围及其在 Pauli 基合成 RGB SAR 影像上的位置（P240）

图 8－16　层析剖面在 Pauli 基合成 RGB SAR 影像上的位置（P241）

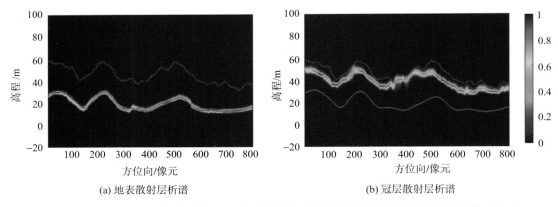

(a) 地表散射层析谱   (b) 冠层散射层析谱

图 8 - 17 SKP - IMLE 极化层析 SAR 方法获取的地表散射层析谱和冠层散射层析谱（P242）

图中红色实线和红色虚线分别表示 LiDAR 数据获取的林下地形高度和森林冠层高度

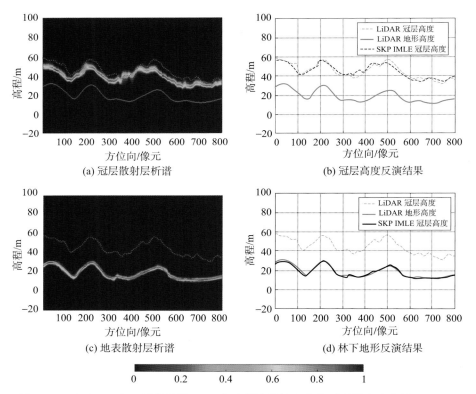

(a) 冠层散射层析谱   (b) 冠层高度反演结果

(c) 地表散射层析谱   (d) 林下地形反演结果

图 8 - 18 SKP - IMLE 极化层析 SAR 方法提取植被高和林下地形高度分析（P242）

红色实线和红色虚线分别表示 LiDAR 数据获取的林下地形高度和森林冠层高度

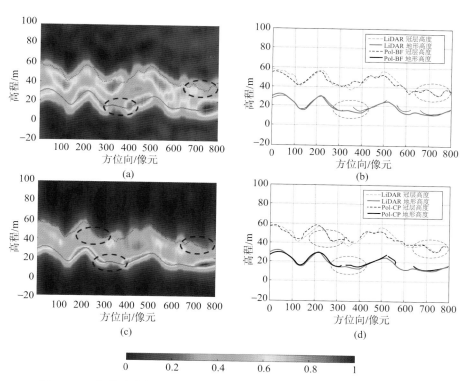

图 8-19　极化谱分析层析 SAR 方法提取植被高和林下地形高度　（P243）

红色实线和红色虚线分别表示 LiDAR 数据获取的林下地形高度和森林冠层高度

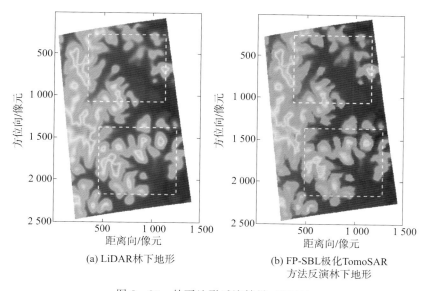

(a) LiDAR林下地形

(b) FP-SBL极化TomoSAR
方法反演林下地形

图 8-20　林下地形反演结果　（P244）

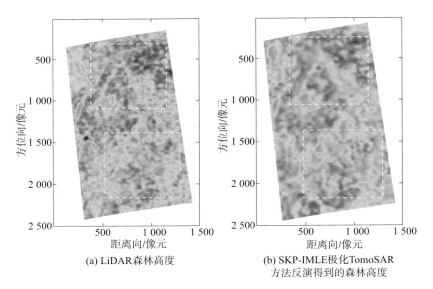

(a) LiDAR森林高度

(b) SKP-IMLE极化TomoSAR
方法反演得到的森林高度

图 8-21　森林高度反演结果 （P244）